理工系のための

微分積分 I

鈴木　武・山田　義雄
柴田　良弘・田中　和永
共　著

内田老鶴圃

本書の全部あるいは一部を断わりなく転載または
複写(コピー)することは，著作権および出版権の
侵害となる場合がありますのでご注意下さい．

まえがき

　本書は，大学理工系1，2年生を対象とした基礎科目としての微分積分の教科書である．

　本書によって読者は微分，積分の様々な計算法を習得するとともに，解析学の基礎としての微分積分学を論理的，体系的に学ぶことができ，さらに進んだ数学，および専門科目を学ぶうえでの基礎学力を養うことができるであろう．

　本書の特色として，1. 高校で学んだ数学からの円滑な接続に配慮しつつ，2. 基礎概念にもとづき厳密に体系的に述べ，3. 述べられている主要なすべての定理，命題には厳密性を保ちながら詳細に証明をつけ，4. 例題を豊富に取り上げて解説していることである．さらに発展的内容（7, 8, 9章）についても述べられており，これらは1年生後半から2年生の読者を対象としたものである．

　基礎課程を終えた読者が専門課程，さらには大学院に進級後，あるいはまた卒業後に社会人として微積分の知識が必要となったとき，本書が十分に役立つことも念頭において書かれている．

　本書の内容の概略を説明する．

　1章は，高校で学んだ数学から大学で学ぶ数学への円滑な橋渡しを意図して書かれた内容である．2章では，実数の連続性，数列・関数の極限の概念など，本書全体を通して基礎となる事柄が丁寧に述べられる．3章は1変数関数の微分を扱い，4章では1変数関数の積分について述べられる．3, 4章の内容は高校で学んだ事柄と重複した部分もあるが，2章で述べられた基礎概念にもとづき，論理的に厳密に諸定理が導かれ，これによって高校ではあつかわれていない，より広範なクラスの関数が対象とされていることがわかる．5章では多変数関数の微分を扱い，偏微分とその応用について述べられている．6章では多変数関数の積分について述べられる．この章では重積分の変数変換の公式の証明等も丁寧かつ厳密に述べられている．7章では，一様収束など，関数列の収束に関した事柄や，整級数の性質，縮小写像の原理などが述べられる．8章はベクトル解析にあてられ，グリーンの定理，ガウスの発散定理，ストークスの定理などが述べられている．9章では，陰関数定理と逆写像定理が証明とともに詳しく述べられる．3〜6章の中で形式的に用いた計算手法の正当性が7, 9章の諸定理によって保証される．通常の大学1年次で学ぶ内容としては，1章

から6章までが標準となるであろう．

本書に付随した演習書「微分積分 問題と解説 I」と「微分積分 問題と解説 II」が本出版社により企画されており，本書とともに同書を併用されることにより，本文の理解がより深まるであろう．

本書を執筆するにあたり

　　福井常孝他著：解析学入門（内田老鶴圃）
　　入江昭二他著：微分積分上，下（内田老鶴圃）
　　笠原晧司著：微分積分学（サイエンス社）
　　溝畑茂著：数学解析上，下（朝倉書店）
　　W. ルディン著（近藤基吉，柳原二郎訳）：現代解析学（共立出版）
　　入江昭二著：位相解析入門（岩波書店）

をとくに参考にさせて頂いた．ここに深く感謝する次弟である．

本書を出版するにあたり，内田老鶴圃社長・内田悟氏，同・内田学氏，同編集部・笠井千代樹氏には大変お世話になった．ここに心より深く感謝いたしたい．

2007年1月　　　　　　　　　　　　　　　　　　　　　　　　著　者

学習のためのガイド

本書は章番号に従って読み進む以外に下図の矢印のように読むことができる．講義の進行状況等にあわせて学習して頂きたい．

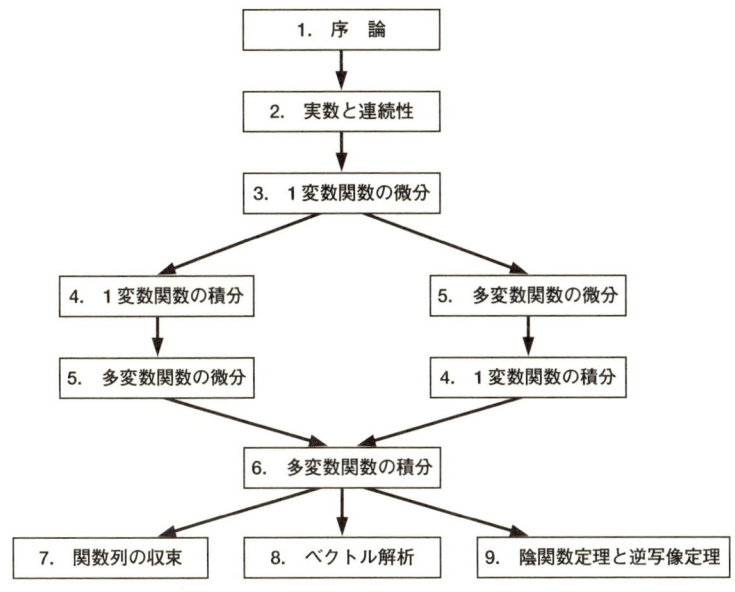

なお，7, 8, 9章の内容を扱っていない微分積分の教科書も多く見受けられる．大学1年次の微分積分としては1〜6章の内容が中心になるであろう．

各章の内容と関連を以下に表す．1章においては高等学校での数学から大学での数学へスムーズに接続するように配慮し，高等学校での基本的な関数の微分の復習をすると共に初等的に逆三角関数を導入している．続く2〜6章において微分積分の基本的な内容をいわゆるエプシロン–デルタ論法も込め，例題を豊富に取り入れ，それらに丁寧な解説を行っている．

なお，＊印の項目は若干進んだ内容なので初読の際にはスキップして読み進めてもよい．

7, 8, 9章は1〜6章の知識の下で独立に読み進むことができ，さらに進んだ

学習のためのガイド

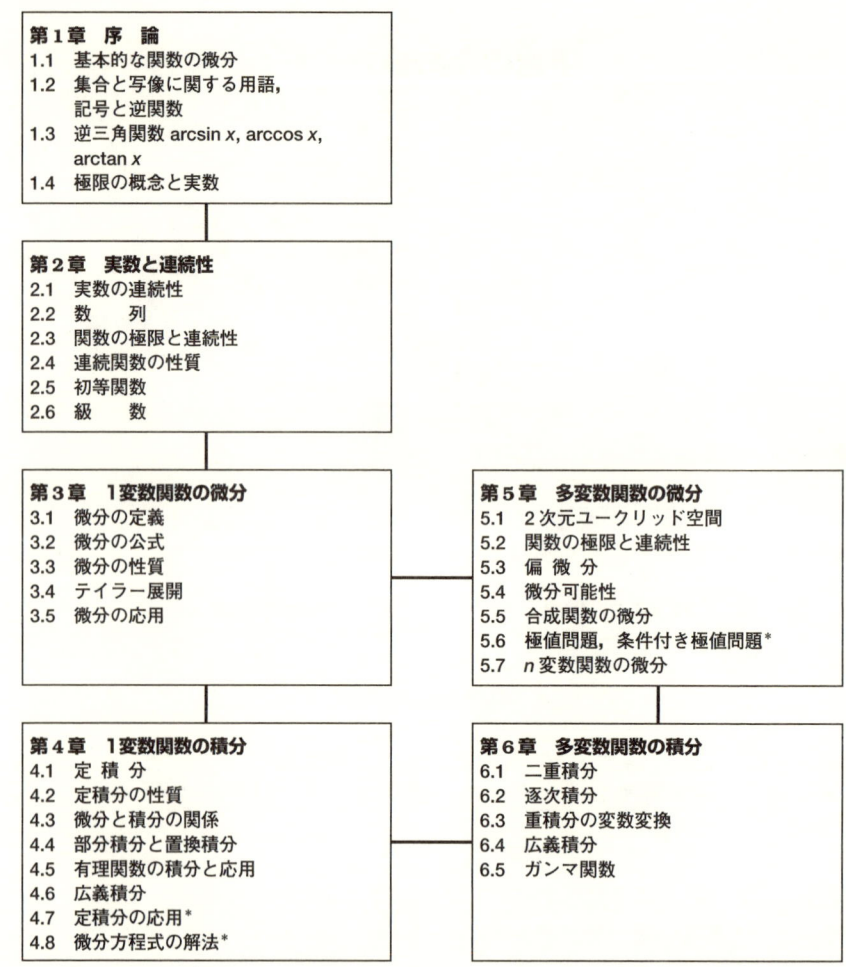

話題を扱っている．特に†印の項目は，学生諸君の興味，専門分野にあわせて選択し学習することができる．

第7章　関数列の収束
7.1　関数列の各点収束と一様収束
7.2　連続関数列の一様収束
7.3　極限関数の微分・積分
7.4　関数項級数
7.5　いたるところ微分できない連続関数†
7.6　助変数に関する一様収束
7.7　条件収束†
7.8　整級数
7.9　関数空間 $C(I)$ と縮小写像の原理
7.10　常微分方程式の解の一意存在

第8章　ベクトル解析
8.1　ベクトル値写像とその微分
8.2　$\mathbb{R}^2$, $\mathbb{R}^3$ における曲線, 曲面
8.3　曲面の曲面積と関数の線積分, 面積分
8.4　ガウスの発散定理, ストークスの定理
8.5　ガウスの発散定理, ストークスの定理の応用
8.6　$\mathbb{R}^n$ におけるガウスの発散定理

第9章　陰関数定理と逆写像定理
9.1　定理の紹介
9.2　陰関数定理
9.3　ベクトル値写像
9.4　縮小写像の原理
9.5　陰関数定理（一般形）と逆写像定理
9.6　$\mathbb{R}^n$ における k 次元曲面

微分積分 I

目　　次

まえがき ………………………………………………………………… i
学習のためのガイド …………………………………………………… iii

第1章　序　　論 ………………………………………………… 1～26
1.1　基本的な関数の微分 …………………………………………… 2
1.2　集合と写像に関する用語，記号と逆関数 …………………… 7
1.3　逆三角関数 arcsin x, arccos x, arctan x ………………… 13
1.4　極限の概念と実数 ……………………………………………… 19
　　演習問題 1 …………………………………………………………… 22

第2章　実数と連続性 …………………………………………… 27～71
2.1　実数の連続性 …………………………………………………… 28
2.2　数　　列 ………………………………………………………… 30
2.3　関数の極限と連続性 …………………………………………… 42
2.4　連続関数の性質 ………………………………………………… 50
2.5　初等関数 ………………………………………………………… 54
2.6　級　　数 ………………………………………………………… 56
　　演習問題 2 …………………………………………………………… 70

第3章　1変数関数の微分 ……………………………………… 73～124
3.1　微分の定義 ……………………………………………………… 74
3.2　微分の公式 ……………………………………………………… 79
3.3　微分の性質 ……………………………………………………… 85
3.4　テイラー展開 …………………………………………………… 90
3.5　微分の応用 ……………………………………………………… 101
　　演習問題 3 …………………………………………………………… 122

第4章　1変数関数の積分 ……………………………… 125〜183

- 4.1　定積分 ……………………………………………… 126
- 4.2　定積分の性質 ……………………………………… 134
- 4.3　微分と積分の関係 ………………………………… 136
- 4.4　部分積分と置換積分 ……………………………… 139
- 4.5　有理関数の積分と応用 …………………………… 143
- 4.6　広義積分 …………………………………………… 153
- 4.7　定積分の応用 ……………………………………… 162
- 4.8　微分方程式の解法 ………………………………… 166
- 演習問題 4 ……………………………………………… 182

第5章　多変数関数の微分 ……………………………… 185〜228

- 5.1　2次元ユークリッド空間 ………………………… 186
- 5.2　関数の極限と連続性 ……………………………… 189
- 5.3　偏微分 ……………………………………………… 194
- 5.4　微分可能性 ………………………………………… 197
- 5.5　合成関数の微分 …………………………………… 201
- 5.6　極値問題，条件付き極値問題 …………………… 209
- 5.7　n 変数関数の微分 ………………………………… 216
- 演習問題 5 ……………………………………………… 226

参考文献 …………………………………………………… 1
略解 ………………………………………………………… 3
索引 ………………………………………………………… 13

微分積分 II 目次

第6章 多変数関数の積分

- 6.1 二重積分
- 6.2 逐次積分
- 6.3 重積分の変数変換
- 6.4 広義積分
- 6.5 ガンマ関数
- 演習問題 6

第7章 関数列の収束

- 7.1 関数列の各点収束と一様収束
- 7.2 連続関数列の一様収束
- 7.3 極限関数の微分・積分
- 7.4 関数項級数
- 7.5 いたるところ微分できない連続関数
- 7.6 助変数に関する一様収束
- 7.7 条件収束
- 7.8 整級数
- 7.9 関数空間 $C(I)$ と縮小写像の原理
- 7.10 常微分方程式の解の一意存在
- 演習問題 7

第8章 ベクトル解析

- 8.1 ベクトル値写像とその微分
- 8.2 $\mathbb{R}^2$, $\mathbb{R}^3$ における曲線,曲面
- 8.3 曲面の曲面積と関数の線積分,面積分
- 8.4 ガウスの発散定理,ストークスの定理
- 8.5 ガウスの発散定理,ストークスの定理の応用
- 8.6 $\mathbb{R}^n$ におけるガウスの発散定理
- 演習問題 8

第9章 陰関数定理と逆写像定理

- 9.1 定理の紹介
- 9.2 陰関数定理
- 9.3 ベクトル値写像
- 9.4 縮小写像の原理
- 9.5 陰関数定理(一般形)と逆写像定理
- 9.6 $\mathbb{R}^n$ における k 次元曲面
- 演習問題 9

第1章

序　　論

　この章では高等学校で学んだ基本的な関数の微分法を復習すると共に,逆三角関数 $\arcsin x$, $\arccos x$, $\arctan x$ を $\sin x$, $\cos x$, $\tan x$ の逆関数として導入し,その基本的な性質を学ぶ.$\arcsin x$, $\arccos x$, $\arctan x$ は x^n, $\sin x$, $\cos x$, $\tan x$, e^x, $\log x$ と共に初等関数と呼ばれ,今後 x^n, $\sin x$, $\cos x$, $\tan x$, e^x, $\log x$ と同様に自由に使いこなしてゆくこととなる.

　また本章の後半では高校数学では曖昧に定義されていた極限等の概念を見直し,第2章以降の序とする.

1.1 基本的な関数の微分

a) x^n, $\sin x$, $\cos x$, $\tan x$, e^x, $\log x$ の微分

関数 $y = f(x)$ が $x = x_0$ で連続とは, $y = f(x)$ のグラフが $(x_0, f(x_0))$ でつながっていること, すなわち

$$\lim_{x \to x_0} f(x) = f(x_0)$$

が成立するときをいう. また $y = f(x)$ のグラフに $(x_0, f(x_0))$ において接線が引けるとき, 言い換えれば, 次の極限

$$\lim_{x \to x_0} \frac{f(x) - f(x_0)}{x - x_0}$$

が存在するとき, $f(x)$ は $x = x_0$ で微分可能であるといい, 上記の極限を $f'(x_0)$ または $\frac{df}{dx}(x_0)$ と表し, $f(x)$ の $x = x_0$ における微係数と呼ぶ. 微係数は次のようにかくこともできる.

$$f'(x_0) = \lim_{h \to 0} \frac{f(x_0 + h) - f(x_0)}{h}.$$

高等学校で習ったように, x^n ($n = 1, 2, 3, \cdots$), $\sin x$, $\cos x$, e^x は実数軸上で連続かつ微分可能であり

$$\frac{d}{dx} x^n = n x^{n-1} \quad (n = 1, 2, 3, \cdots), \tag{1.1}$$

$$\frac{d}{dx} \sin x = \cos x, \qquad \frac{d}{dx} \cos x = -\sin x, \tag{1.2}$$

$$\frac{d}{dx} e^x = e^x, \tag{1.3}$$

が成立する. また x^n ($n = -1, -2, -3, \cdots$) は $x = 0$ を除いて連続かつ微分可能であり

$$\frac{d}{dx} x^n = n x^{n-1} \quad (n = -1, -2, -3, \cdots) \tag{1.4}$$

1.1 基本的な関数の微分

が成り立つ．$\tan x$ については $x = \cdots, -\frac{3}{2}\pi, -\frac{1}{2}\pi, \frac{1}{2}\pi, \frac{3}{2}\pi, \cdots$ を除いて連続かつ微分可能であり

$$\frac{d}{dx}\tan x = \frac{1}{\cos^2 x} \quad (x \neq \cdots, -\frac{3}{2}\pi, -\frac{1}{2}\pi, \frac{1}{2}\pi, \frac{3}{2}\pi, \cdots). \tag{1.5}$$

e^x の逆関数 $\log x$ は正の実数 $x > 0$ に対して定義され，連続かつ微分可能であり

$$\frac{d}{dx}\log x = \frac{1}{x} \quad (x > 0) \tag{1.6}$$

が成立する．

上記の関数の微分と次の性質を組み合わせることによりいろいろな関数の微分ができる．

微分の性質 $f(x), g(x)$ を微分可能な関数とすると次が成立する．

（i）**和とスカラー倍の微分** $f(x) + g(x), cf(x)$（c は定数）は微分可能であり

$$\frac{d}{dx}(f(x) + g(x)) = f'(x) + g'(x), \tag{1.7}$$

$$\frac{d}{dx}(cf(x)) = cf'(x) \tag{1.8}$$

が成立する．

（ii）**積の微分** $f(x)g(x)$ は微分可能であり

$$\frac{d}{dx}(f(x)g(x)) = f'(x)g(x) + f(x)g'(x) \tag{1.9}$$

が成立する．

（iii）**商の微分** $g(x) \neq 0$ のとき，$\frac{f(x)}{g(x)}$ は微分可能であり

$$\frac{d}{dx}\left(\frac{f(x)}{g(x)}\right) = \frac{f'(x)g(x) - f(x)g'(x)}{g(x)^2} \tag{1.10}$$

が成立する．

（iv）**合成関数の微分** $f(x)$ と $g(x)$ の合成関数 $g(f(x))$ は微分可能であり

$$\frac{d}{dx}(g(f(x))) = g'(f(x))f'(x) \tag{1.11}$$

が成立する．

例 1.1.1 x^{-n} $(n = 1, 2, \cdots)$ の微分

$f(x) = 1$, $g(x) = x^n$ として性質 (1.10) を用いることにより, (1.4) は (1.1) より従う.

問 1.1 (1.5) を (1.10) と (1.2) より導け.

問 1.2 次の関数を微分せよ.

(i) $\dfrac{1}{\sin^2 x + \sin x + 1}$

(ii) $\dfrac{e^{\sin x}}{\cos x + 2}$

b) 対数微分法

$g(x), h(x)$ を微分可能な関数であり $g(x) > 0$ をみたすとする. このとき

$$f(x) = g(x)^{h(x)} \tag{1.12}$$

の形の関数を微分するときに有効な対数微分法を紹介しよう.

次のように計算する. (1.12) の両辺の対数をとると

$$\log f(x) = h(x) \log g(x). \tag{1.13}$$

したがって

$$f(x) = e^{h(x) \log g(x)}. \tag{1.14}$$

合成関数の微分法 (1.11), 積の微分法 (1.9) 等により (1.14) の右辺は微分可能である, すなわち $f(x)$ は微分可能であることに注意し, さらに合成関数の微分法を用いて (1.13) の両辺を微分すると

$$\frac{f'(x)}{f(x)} = (h(x) \log g(x))' = h'(x) \log g(x) + h(x) \frac{g'(x)}{g(x)}.$$

よって

$$\begin{aligned}
f'(x) &= f(x) \left(h'(x) \log g(x) + h(x) \frac{g'(x)}{g(x)} \right) \\
&= g(x)^{h(x)} \left(h'(x) \log g(x) + h(x) \frac{g'(x)}{g(x)} \right).
\end{aligned}$$

この方法を**対数微分法**と呼ぶ．

以上を命題としてまとめておこう．

命題 1.1.2 $g(x)$, $h(x)$ を微分可能な関数であり，$g(x) > 0$ が成り立つとすると関数 $g(x)^{h(x)}$ も微分可能であり

$$\frac{d}{dx}\left(g(x)^{h(x)}\right) = g(x)^{h(x)}\left(h'(x)\log g(x) + h(x)\frac{g'(x)}{g(x)}\right)$$

が成立する．

例題 1.1.3 次の関数を微分せよ．
 (i) x^x $(x > 0)$
 (ii) $x^{(x^x)}$ $(x > 0)$
 (iii) $x^{x-1}(x+1)^{-x}$ $(x > 0)$

[**解答**] (i) $g(x) = h(x) = x$ として命題 1.1.2 を用いれば

$$\frac{d}{dx}(x^x) = x^x(\log x + 1).$$

(ii) $f(x) = x^{(x^x)}$ とおき，対数をとり微分すると

$$\begin{aligned}\frac{f'(x)}{f(x)} &= (x^x \log x)' = (x^x)' \log x + \frac{x^x}{x} \\ &= x^x\left((\log x + 1)\log x + \frac{1}{x}\right).\end{aligned}$$

ここで (i) の結果を用いた．まとめると

$$\frac{d}{dx}\left(x^{(x^x)}\right) = x^{(x^x)} x^x \left((\log x + 1)\log x + \frac{1}{x}\right).$$

(iii) $f(x) = x^{x-1}(x+1)^{-x}$ とおき，対数をとると

$$\log f(x) = (x-1)\log x - x\log(x+1).$$

微分すると

$$\begin{aligned}\frac{f'(x)}{f(x)} &= \log x + \frac{x-1}{x} - \log(x+1) - \frac{x}{x+1} \\ &= \log\frac{x}{x+1} - \frac{1}{x(x+1)}.\end{aligned}$$

よって

$$\frac{d}{dx}\left(x^{x-1}(x+1)^{-x}\right) = x^{x-1}(x+1)^{-x}\left(\log\frac{x}{x+1} - \frac{1}{x(x+1)}\right).$$

問 1.3
(i) 次の関数を微分せよ．(1) $x^{\log x}$，(2) $(x^x)^x$．
(ii) $x^{(x^x)}$ と $(x^x)^x$ の大小を比較せよ．

例題 1.1.4 関数 $f(x) = \left(1 + \frac{1}{x}\right)^x$ は $x > 0$ において単調増加であることを示せ．

[**解答**] 対数をとると $\log f(x) = x \log\left(1 + \frac{1}{x}\right)$ であるから，微分して

$$\begin{aligned}\frac{f'(x)}{f(x)} &= \log\left(1 + \frac{1}{x}\right) + x\frac{-\frac{1}{x^2}}{1 + \frac{1}{x}} \\ &= \log\left(1 + \frac{1}{x}\right) - \frac{1}{1+x}.\end{aligned}$$

ここで

$$\log(1+y) > \frac{y}{1+y} \qquad (y > 0) \tag{1.15}$$

であることに注意して (問 1.4 参照)，$y = \frac{1}{x}$ とおけば，$x > 0$ のとき $f'(x) > 0$ が従う．よって $x > 0$ において $f(x)$ は単調増加．

問 1.4 $y > 0$ において

$$\frac{y}{1+y} < \log(1+y) < y \tag{1.16}$$

を示せ．この不等式の前半は (1.15) である．

注意 1.1.5 例題 1.1.4 において (1.16) の後半より $x > 0$ に対して

$$\log f(x) = x\log\left(1 + \frac{1}{x}\right) < x \cdot \frac{1}{x} = 1.$$

すなわち $f(x) < e \ (x > 0)$ がわかる．

ここで $f(n) = \left(1 + \frac{1}{n}\right)^n$ は高等学校で e を定義するために用いられていたことを思いだそう．以上により $\left(1 + \frac{1}{n}\right)^n$ は単調増加な，無限大に発散することのない数列であることがわかる．

次に逆関数の微分について述べる．その前に集合と関数に関する用語と記号について整理する．

1.2 集合と写像に関する用語, 記号と逆関数

関数 x^{-n}, $\tan x$, $\log x$ はすべての実数 x に対して定義されているわけではなく，それぞれ 0 でない実数全体，$x = \cdots, -\frac{3}{2}\pi, -\frac{1}{2}\pi, \frac{1}{2}\pi, \frac{3}{2}\pi, \cdots$ でない実数全体，正の実数全体上で定義されている．このような状況を簡潔に表すための用語と記号を導入しよう．ここで導入する用語，記号は本書を通じて使われることとなる．

a) 集合と写像

2 つの空でない集合 A, B が与えられたとき，集合 A から集合 B への**写像** (map, mapping) f とは，A の各元 $x \in A$ に対して，B の 1 つの元 $f(x)$ を対応させるものをいい，

$$f: A \to B; x \mapsto f(x)$$

と表す．

また A を写像 f の **定義域** と呼び，次で定義される集合 $f(A)$ を A の f による **像** (image, range) と呼ぶ．

$$f(A) = \{f(x) \mid x \in A\}.$$

本書では, 集合として実数全体あるいはその一部分からなる集合 (実数全体の部分集合) を扱うことが多い．ここではよく使われる集合をあげよう．

(ⅰ) 実数全体のなす集合を $\mathbb{R}$ とかく．
(ⅱ) 自然数全体のなす集合を $\mathbb{N}$ とかく．すなわち $\mathbb{N} = \{1, 2, 3, \cdots\}$．
(ⅲ) 整数全体のなす集合を $\mathbb{Z}$ とかく．すなわち
$\mathbb{Z} = \{\cdots, -2, -1, 0, 1, 2, 3, \cdots\}$．

(iv) 有理数全体のなす集合を $\mathbb{Q}$ とかく. すなわち
$$\mathbb{Q} = \{\tfrac{m}{n} \mid m \in \mathbb{Z}, n \in \mathbb{N}\}.$$

これらの集合は非常に重要かつ普遍的な集合であるので, 通常の集合とは異なり特別な書体 $\mathbb{R}, \mathbb{N}, \mathbb{Z}, \mathbb{Q}$ を用いて表す[*1].

$\mathbb{R}$ 等についてよく現れるのは, $a < b$ をみたす実数 a, b に対して a より大かつ b より小の実数からなる集合 $\{x \in \mathbb{R} \mid a < x < b\}$ である. この集合は記号 (a, b) を用いて表され, a, b を端点とする **開区間** (open interval) と呼ぶ.

$$(a, b) = \{x \in \mathbb{R} \mid a < x < b\}.$$

同様に a 以上かつ b 以下の実数からなる集合を

$$[a, b] = \{x \in \mathbb{R} \mid a \leq x \leq b\}$$

と表す[*2]. この集合を a, b を端点とする **閉区間** (closed interval) と呼ぶ. さらに

$$[a, b) = \{x \in \mathbb{R} \mid a \leq x < b\},$$
$$(a, b] = \{x \in \mathbb{R} \mid a < x \leq b\}$$

も用いる. これらの集合は **半開区間** と呼ばれる.

次の集合もよく用いられる.

$$(a, \infty) = \{x \in \mathbb{R} \mid a < x\},$$
$$[a, \infty) = \{x \in \mathbb{R} \mid a \leq x\},$$
$$(-\infty, a) = \{x \in \mathbb{R} \mid x < a\},$$
$$(-\infty, a] = \{x \in \mathbb{R} \mid x \leq a\}.$$

これらの集合は **半無限区間** と呼ばれる. また $\mathbb{R} = (-\infty, \infty)$ とかくことがある.

また $\mathbb{R}, (a, b), [a, b], [a, b), (a, b], (a, \infty), [a, \infty), (-\infty, a), (-\infty, a]$ の形の集合をまとめて **区間** (interval) と呼ぶ.

[*1] **R**, **N**, **Z**, **Q** 等の書体が用いられることもある.

[*2] 記号 "$\leq$" は "$\leqq$" と同じ意味である. "$\geq$" も "$\geqq$" と同じ意味で用いる.

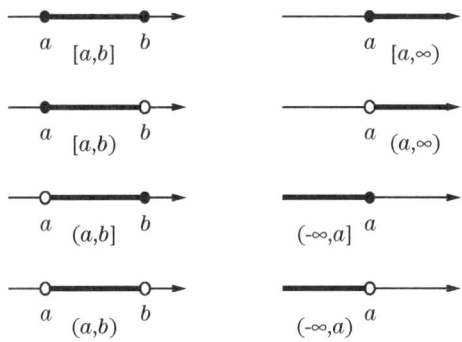

図 1.1 いろいろな区間（黒丸はその点を含み，白丸は含まない）

以上の記号を用いると関数 log は $(0, \infty)$ から $\mathbb{R}$ への写像ということができ，

$$\log : (0, \infty) \to \mathbb{R}; \, x \mapsto \log x$$

とかくことができる．なお，実数の部分集合から実数 (の部分集合) への写像を **関数** (function) と呼ぶので，log は $(0, \infty)$ を定義域とする関数ということもできる．

b) 1 対 1 写像, 上への写像, 逆写像

次の用語も定義しておこう．

定義 1.2.1 写像 $f : A \to B$ に対して

（ⅰ） f が **1 対 1** (one-to-one) であるとは $a, b \in A$ に対して

$$a \neq b \implies f(a) \neq f(b),$$

いいかえれば，

$$f(a) = f(b) \implies a = b$$

が成立するときをいう．

（ⅱ） f が **上への** (onto, surjective) 写像であるとは，A の f による像と B が一致するとき，すなわち

$$f(A) = B$$

が成り立つときをいう．いいかえれば，f が上への写像であるとは，B の任意の元 $y \in B$ に対して $f(x) = y$ をみたす $x \in A$ が少なくともひとつ存在するときをいう．

問 1.5 次の写像 (関数) は 1 対 1 写像であるか? 上への写像であるか? 判定せよ．
(ⅰ) $f_1 : \mathbb{R} \to \mathbb{R};\ x \mapsto x^2$
(ⅱ) $f_2 : \mathbb{R} \to \mathbb{R};\ x \mapsto x^3 + 3x$
(ⅲ) $f_3 : \mathbb{R} \to \mathbb{R};\ x \mapsto x^3 - 3x$
(ⅳ) $f_4 : \mathbb{R} \to \mathbb{R};\ x \mapsto \dfrac{x}{1+|x|}$

ここで次の命題が成立することに注意しよう．

命題 1.2.2 $f : A \to B;\ x \mapsto f(x)$ が上への，1 対 1 写像ならば f の逆写像 $f^{-1} : B \to A$ が存在する．すなわち

$$f^{-1}(f(x)) = x, \tag{1.17}$$

$$f(f^{-1}(y)) = y \tag{1.18}$$

をすべての $x \in A, y \in B$ に対してみたす写像 $f^{-1} : B \to A$ が存在する．

c) 単調増加関数とその微分

実数の部分集合上で定義された関数に対して 1 対 1 であることと次の単調性は密接に関連する．

定義 1.2.3 $I \subset \mathbb{R}$ を区間*3 とする．
(ⅰ) $f : I \to \mathbb{R}$ が **単調増加** (monotone increasing) であるとは，すべての $x, y \in I$ に対して

$$x < y \implies f(x) \leq f(y)$$

が成立するときをいう．また

$$x < y \implies f(x) < f(y)$$

が成立するとき，**狭義単調増加** (strictly increasing) であるという．

---

*3 先にも述べたが $\mathbb{R}, (a,b), [a,b], [a,b), (a,b], [a,\infty), [a,\infty), (-\infty,a), (-\infty,a]$ の形の集合をまとめて区間と呼ぶ．

1.2 集合と写像に関する用語，記号と逆関数　　11

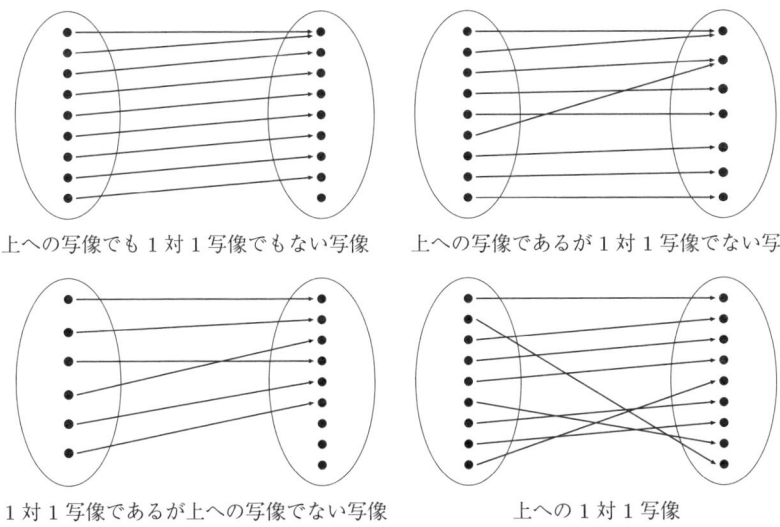

上への写像でも1対1写像でもない写像　　　上への写像であるが1対1写像でない写像

1対1写像であるが上への写像でない写像　　　　　　上への1対1写像

図 1.2　いろいろな写像

(ii)　同様に $f: I \to \mathbb{R}$ が

$$x < y \implies f(x) \geq f(y),$$
$$(\text{または} \quad x < y \implies f(x) > f(y))$$

が成立するとき，**単調減少** (monotone decreasing) (または **狭義単調減少** (strictly decreasing)) という．

注意 1.2.4　単調増加 (減少) と狭義単調増加 (減少) と区別するために，単調増加 (減少) であることを広義単調増加 (減少) あるいは非減少 (非増加) と呼ぶことがある．

　区間 I, J について $f: I \to J$ が上への狭義単調増加 (あるいは狭義単調減少) 連続関数ならば，$f(x)$ は I から J 上への1対1関数となる．また $f(x)$ が微分可能であり

$$f'(x) > 0 \quad (\text{あるいは } f'(x) < 0) \quad (x \in I)$$

が成立するならば，$f(x)$ は狭義単調増加 (あるいは狭義単調減少) となる．

$f(x)$ の逆関数 $f^{-1}(x)$ について次が成立する.

命題 1.2.5 関数 $f(x)$ は区間 I で定義された微分可能な関数で I 上で $f'(x) > 0$ (あるいは $f'(x) < 0$) をみたすとする. ここで $J = f(I)$ とすると, f は J 上定義される逆関数 $f^{-1}(x) : J \to I$ をもつ. さらに f^{-1} は J 上微分可能であり

$$\left(f^{-1}\right)'(x) = \frac{1}{f'(f^{-1}(x))} \qquad (x \in J) \tag{1.19}$$

が成立する.

［証明］ここでは $f^{-1}(x)$ が微分可能であることを認め[*4], (1.19) を示すこととする. $f^{-1}(x)$ は $f(x)$ の逆関数であるから

$$f(f^{-1}(x)) = x \qquad (x \in J)$$

が成立する. 合成関数の微分法 (1.11) を用いると

$$f'(f^{-1}(x)) \left(f^{-1}\right)'(x) = 1 \qquad (x \in J)$$

が成り立つ. よって (1.19) が成立する. ∎

注意 1.2.6 $y = f(x)$ の逆関数 $x = f^{-1}(y)$ の微分に関する公式 (1.19) は次の形にかかれることが多い.

$$\frac{dx}{dy} = \frac{1}{\frac{dy}{dx}}.$$

例 1.2.7 $f : \mathbb{R} \to (0, \infty); x \mapsto e^x$ の逆関数の $f^{-1} : (0, \infty) \to \mathbb{R}; x \mapsto \log x$ の微分は $f'(x) = e^x$, $f'(f^{-1}(x)) = e^{\log x} = x$ であるから, (1.19) より次が成立する.

$$\frac{d}{dx} \log x = \frac{1}{x}.$$

1.3 逆三角関数 arcsin x, arccos x, arctan x

この節では高等学校で学んだ $\sin x$, $\cos x$, $\tan x$ を元にして逆三角関数を定義し, その基本的な性質を求める.

[*4] 厳密には定理 3.2.7 で述べる.

a) 逆正弦関数 arcsin x と逆余弦関数 arccos x

$\sin x, \cos x$ は $\mathbb{R}$ を定義域とする周期関数であり，共に 1 対 1 ではない．したがって $\sin x, \cos x$ の逆関数を考えるためには $\sin x, \cos x$ の定義域を制限して考える必要がある．ここでは $\sin x$ の定義域を $[-\frac{\pi}{2}, \frac{\pi}{2}]$ に，$\cos x$ の定義域を $[0, \pi]$ に制限して考えよう．このように制限すると

$$\sin x : \left[-\frac{\pi}{2}, \frac{\pi}{2}\right] \to [-1, 1]; \quad x \mapsto \sin x, \tag{1.20}$$

$$\cos x : [0, \pi] \to [-1, 1]; \quad x \mapsto \cos x \tag{1.21}$$

は共に上への 1 対 1 写像，さらに $\sin x$ は狭義単調増加，$\cos x$ は狭義単調減少関数となり，共に逆関数をもつ．それぞれの逆関数を arcsin x, arccos x あるいは $\sin^{-1} x$, $\cos^{-1} x$ とかく．本書では $\sin^{-1} x$, $\cos^{-1} x$ は $\frac{1}{\sin x}$, $\frac{1}{\cos x}$ と間違えやすいので arcsin x, arccos x を主に用いてゆく．定義域等を明示すると

$$\arcsin x : [-1, 1] \to \left[-\frac{\pi}{2}, \frac{\pi}{2}\right]; x \mapsto \arcsin x,$$

$$\arccos x : [-1, 1] \to [0, \pi]; \quad x \mapsto \arccos x.$$

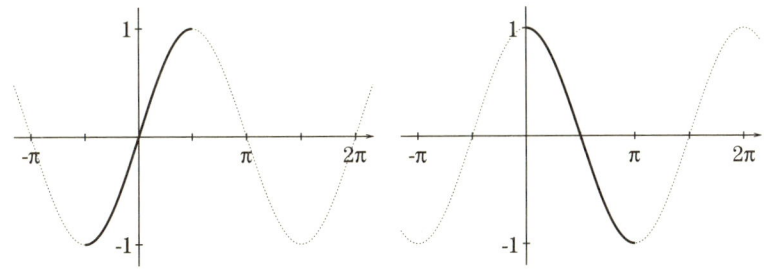

図 1.3 $\sin x, \cos x$ のグラフ

注意 1.3.1 $\sin x$ の逆関数を定義するために上では定義域を $[-\frac{\pi}{2}, \frac{\pi}{2}]$ に制限したが，もちろん他の区間—たとえば $[\frac{\pi}{2}, \frac{3\pi}{2}]$—に制限した関数

$$f : \left[\frac{\pi}{2}, \frac{3\pi}{2}\right] \to [-1, 1]; x \mapsto f(x) = \sin x$$

を考えても逆関数 $f^{-1}: [-1,1] \to [\frac{\pi}{2}, \frac{3\pi}{2}]$ を定義できる（ここでは，上で定義した (1.20) の逆関数 $\arcsin x : [-1,1] \to [-\frac{\pi}{2}, \frac{\pi}{2}]$ と区別するために $f^{-1}(x)$ という記号を用いている）．しかし，$\arcsin x$ と $f^{-1}(x)$ の間には

$$f^{-1}(x) = \pi - \arcsin x \quad (x \in [-1,1]) \tag{1.22}$$

なる関係があり，(1.20) の逆関数 $\arcsin x$ について調べれば $f^{-1}(x)$ について改めて調べる必要がないことがわかる．以下，本書では逆三角関数として (1.20)–(1.21) の逆関数のみを扱うこととする．

問 1.6 (1.22) を示せ．

$\arcsin x, \arccos x$ の定義より次が成立する．

$$\sin(\arcsin x) = x \quad (x \in [-1,1]), \qquad \arcsin(\sin\theta) = \theta \quad \left(\theta \in \left[-\frac{\pi}{2}, \frac{\pi}{2}\right]\right),$$
$$\cos(\arccos x) = x \quad (x \in [-1,1]), \qquad \arccos(\cos\theta) = \theta \quad (\theta \in [0, \pi])$$

とくに $x = 0, \pm\frac{1}{2}, \pm\frac{1}{\sqrt{2}}, \pm\frac{\sqrt{3}}{2}, \pm 1$ 等に対しては具体的に $\arcsin x, \arccos x$ の値を求めることができる．

問 1.7 表 1.4 の空欄をすべて埋めよ．

表 1.4

x	-1	$-\frac{\sqrt{3}}{2}$	$-\frac{1}{\sqrt{2}}$	$-\frac{1}{2}$	0	$\frac{1}{2}$	$\frac{1}{\sqrt{2}}$	$\frac{\sqrt{3}}{2}$	1
$\arcsin x$	$-\frac{\pi}{2}$								$\frac{\pi}{2}$
$\arccos x$	π								0

$\arcsin x, \arccos x$ のグラフは図 1.5 のようになる．

ここで $y = \sin x, y = \cos x$ のグラフを $y = x$ で折り返したものがそれぞれ $y = \arcsin x, y = \arccos x$ のグラフとなること，$y = \arcsin x$ ($y = \arccos x$) のグラフの傾きは常に 1 以上 (-1 以下) であり，$x = \pm 1$ において ∞ ($-\infty$) となることに注意してほしい．

1.3 逆三角関数 arcsin x, arccos x, arctan x

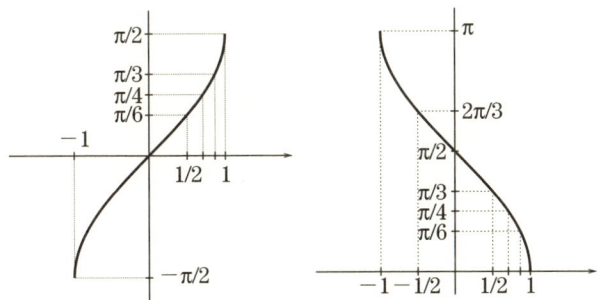

図 1.5 arcsin x, arccos x のグラフ

arcsin x と arccos x には次の関係がある．

補題 1.3.2 $x \in [-1, 1]$ に対して，次が成立する．
(i) $\arccos x = \frac{\pi}{2} - \arcsin x$
(ii) $\cos(\arcsin x) = \sqrt{1 - x^2}$

[証明] (i) $x \in [-1, 1]$ とし，$\theta = \arcsin x$ とする．このとき $\theta \in [-\frac{\pi}{2}, \frac{\pi}{2}]$ かつ $\sin \theta = x$ である．ここで $\frac{\pi}{2} - \theta \in [0, \pi]$ であり

$$\cos\left(\frac{\pi}{2} - \theta\right) = \sin \theta = x$$

であるから，$\arccos x = \frac{\pi}{2} - \theta$. よって (i) が成立する．

(ii) 同様に $x \in [-1, 1]$, $\theta = \arcsin x \in [-\frac{\pi}{2}, \frac{\pi}{2}]$ としよう．$\cos \theta \geq 0$ に注意すれば，

$$\cos(\arcsin x) = \cos \theta = \sqrt{1 - \sin^2 \theta} = \sqrt{1 - x^2}.$$

よって (ii) も成立する． ∎

問 1.8 $x \in [-1, 1]$ とする．次を示せ．
(i) $\arcsin(-x) = -\arcsin x$
(ii) $\arccos(-x) = \pi - \arccos x$
(iii) $\sin(\arccos x) = \sqrt{1 - x^2}$
(iv) $\arcsin(\sqrt{1 - x^2}) = \arccos |x|$
(v) $\arccos(\sqrt{1 - x^2}) = \arcsin |x|$

次に arcsin x, arccos x の微分を求めよう．

補題 1.3.3 $x \in (-1, 1)$ において $\arcsin x, \arccos x$ は微分可能であり

$$\frac{d}{dx} \arcsin x = \frac{1}{\sqrt{1-x^2}}, \tag{1.23}$$

$$\frac{d}{dx} \arccos x = -\frac{1}{\sqrt{1-x^2}} \tag{1.24}$$

が成立する.

[**証明**] $f(x) = \sin x$ は $x \in \left(-\frac{\pi}{2}, \frac{\pi}{2}\right)$ において $f'(x) = \cos x > 0$ をみたすので, 命題 1.2.5 により, 区間 $(-1, 1)$ において $f^{-1}(x) = \arcsin x$ は微分可能であり

$$\begin{aligned}\frac{d}{dx} \arcsin x &= (f^{-1})'(x) = \frac{1}{f'(f^{-1}(x))} \\ &= \frac{1}{\cos(\arcsin x)} = \frac{1}{\sqrt{1-x^2}}.\end{aligned}$$

ここで補題 1.3.2 (ii) を用いた. よって (1.23) が示された. (1.24) は補題 1.3.2 (i) より直ちに従う. ∎

問 1.9 次の関数を微分せよ.

(ⅰ) $\arcsin(x^2)$ (ⅱ) $(\arcsin x)^2$
(ⅲ) $\frac{1}{2} x \sqrt{1-x^2} + \frac{1}{2} \arcsin x$ (ⅳ) (ⅲ) の計算結果を図形を用いて説明せよ.

b) 逆正接関数 $\arctan x$

次に $\tan x$ の逆関数 $\arctan x$ を定義しよう. $\sin x, \cos x$ と同様に逆関数を定義するためには定義域を制限する必要がある. ここでは $\left(-\frac{\pi}{2}, \frac{\pi}{2}\right)$ に制限する. すると

$$\tan x : \left(-\frac{\pi}{2}, \frac{\pi}{2}\right) \to \mathbb{R}; x \mapsto \tan x$$

は狭義単調増加かつ上への 1 対 1 写像となり, 逆関数が存在する. この逆関数を $\arctan x$ あるいは $\tan^{-1} x$ とかく. 本書では $\tan^{-1} x$ は $\frac{1}{\tan x}$ と間違えやすいので $\arctan x$ を用いることとする. 定義域等を明示すると

1.3 逆三角関数 arcsin x, arccos x, arctan x

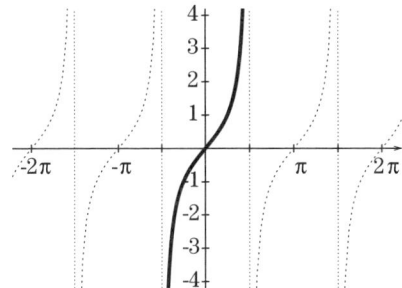

図 1.6 tan x のグラフ

$$\arctan x : \mathbb{R} \to \left(-\frac{\pi}{2}, \frac{\pi}{2}\right); x \mapsto \arctan x.$$

逆関数の定義より

$$\tan(\arctan x) = x \quad (x \in \mathbb{R}),$$
$$\arctan(\tan \theta) = \theta \quad \left(\theta \in \left(-\frac{\pi}{2}, \frac{\pi}{2}\right)\right)$$

が成立している.

$x = 0, \pm\frac{1}{\sqrt{3}}, \pm 1, \pm\sqrt{3}$ 等に対して具体的に $\arctan x$ の値を求めることができる.

問 1.10 （ⅰ）表 1.7 の空欄を埋めよ.
（ⅱ）$\displaystyle\lim_{x \to \infty} \arctan x$, $\displaystyle\lim_{x \to -\infty} \arctan x$ を求めよ.

表 1.7

x	$-\sqrt{3}$	-1	$-\frac{1}{\sqrt{3}}$	0	$\frac{1}{\sqrt{3}}$	1	$\sqrt{3}$
$\arctan x$				0			

$\arctan x$ のグラフは図 1.8 のようになる.

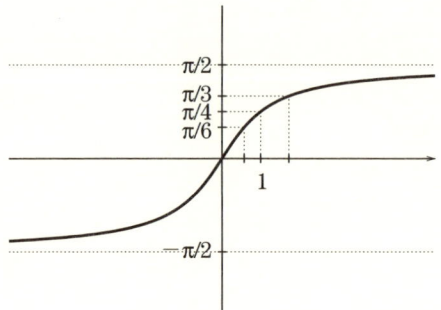

図 1.8 arctan x のグラフ

問 1.11 次の命題は正しいか否かを判定し, 正しい場合は証明を, 正しくない場合はその理由を述べよ.

(ⅰ) $\arctan x = \dfrac{\arcsin x}{\arccos x}$

(ⅱ) $\cos(\arctan x) = \dfrac{1}{\sqrt{x^2+1}}$

(ⅲ) $\sin(\arctan x) = \dfrac{x}{\sqrt{x^2+1}}$

次に arctan x の微分を求める.

補題 1.3.4

$$\frac{d}{dx}\arctan x = \frac{1}{x^2+1} \quad (x \in \mathbb{R}).$$

[**証明**] 命題 1.2.5 を $f(x) = \tan x : (-\frac{\pi}{2}, \frac{\pi}{2}) \to \mathbb{R}$ に適用すると $f'(x) = \frac{1}{\cos^2 x} = \tan^2 x + 1$, $f'(f^{-1}(x)) = f'(\arctan x) = x^2 + 1$ により

$$\frac{d}{dx}\arctan x = \frac{1}{f'(f^{-1}(x))} = \frac{1}{x^2+1}.$$

よって示された. ∎

問 1.12 次の関数を微分せよ.

(ⅰ) $\arctan(x^2)$

(ⅱ) $(\arctan x)^2$

(ⅲ) $\arctan(\cot x)$

以上述べてきた $\arcsin x$, $\arccos x$, $\arctan x$ は $\sin x$, $\cos x$, $\tan x$ と同様に以後使いこなしてゆくこととなる．章末の演習問題に逆三角関数を含んだ関数のグラフをかく問題等の応用問題をあげる．読者は本文中の問と合わせて取り組んで頂きたい．なお初等関数としては他によく用いられるものとして双曲関数 $\sinh x$, $\cosh x$, $\tanh x$ およびその逆関数である逆双曲関数 $\text{arcsinh}\, x$, $\text{arccosh}\, x$, $\text{arctanh}\, x$ があげられる．これらについても演習問題で取りあげることとする．

1.4 極限の概念と実数

前節まで高等学校で学んだ微分積分の復習と共に逆三角関数について学んできた．この節では高等学校でも学んだ極限について見直しを行い，次章以降で行う厳密な理論の構築への導入とする．ここでは題材として

- 正の実数 $a > 0$ と有理数でない実数 x が与えられたとき a の x 乗 a^x はどのように定めたらよいか？

を取りあげ考察しよう．高等学校では a^x は有理数 x のときにのみ定義され，x が有理数でない実数のときの a^x は明確には与えられていない．特別な場合である e^x についても同様である[*5]．以下ではまず $2^{\sqrt{2}}$ を例として考えてみよう．

まず $a > 0$ の有理数乗 $a^{\frac{m}{n}}$ ($m \in \mathbb{Z}$, $n \in \mathbb{N}$) の定め方から復習しよう．$a^{\frac{1}{n}}$ とは"n 乗したら a となる実数"であり，$a^{\frac{m}{n}}$ は $a^{\frac{1}{n}}$ を m 乗した数，すなわち $a^{\frac{m}{n}} = (a^{\frac{1}{n}})^m$ により定められるのであった．いうまでもないが，$2^{\frac{1}{2}} = \sqrt{2}$ は 2 乗して 2 となる数であり，それは有理数ではなく

$$\sqrt{2} = 1.4142135623... \tag{1.25}$$

と表されるのであった．(1.25) の意味は (有理数からなる) 数列

$$r_1 = 1, \quad r_2 = 1.4, \quad r_3 = 1.41, \quad r_4 = 1.414, \quad r_5 = 1.4142, \quad \cdots$$
$$\tag{1.26}$$

を考えるとき $\lim_{n \to \infty} r_n = \sqrt{2}$ という意味であった．

[*5] 高等学校でも e^x の微分積分を学んでいるが，e^x の定義がしっかりと与えられていないので，厳密なものとは言い難い．

では 2 の $\sqrt{2}$ 乗 $2^{\sqrt{2}}$ はどのように定めたらよいだろうか? (1.26) により定められた数列 r_n に対して，まず 2^{r_n} を考える．r_n は有理数であるから 2^{r_n} はすでに定められている．$n \to \infty$ とするとき 2^{r_n} は収束するだろうか? もし収束するならば，その極限値を $2^{\sqrt{2}}$ とすればよいであろう．

注意 1.4.1 $\sqrt{2}$ に収束する有理数からなる数列にはいろいろなものがある．たとえば

- $b_1 = 2, b_{n+1} = \frac{1}{2}b_n + \frac{1}{b_n}$ $(n = 1, 2, \cdots)$,
- $c_n = r_n + (-1)^n \frac{1}{n}$ $(n = 1, 2, \cdots)$, ただし, r_n は (1.26) で定められたもの

等があげられる．$2^{\sqrt{2}}$ を定義するためには $\sqrt{2}$ に収束するどのような有理数の列 r_n をとっても，2^{r_n} は同一の極限に収束することを示す必要があるが，ここではまず (1.26) で定められた r_n に対して 2^{r_n} は極限をもつか否かを集中的に考えることとする．

まず $r_1 < r_2 < r_3 < \cdots < r_n < r_{n+1} < \cdots$ であるから

$$2^{r_1} < 2^{r_2} < 2^{r_3} < \cdots < 2^{r_n} < 2^{r_{n+1}} < \cdots.$$

また $r_n < 2$ がすべての n について成立するので，すべての n について

$$2^{r_n} < 2^2 = 4.$$

が成立する．したがって数列 2^{r_n} $(n = 1, 2, \cdots)$ は n が大きくなるにつれ，増加してゆくが，4 を超えることがない．この数列 2^{r_n} は収束するだろうか? より一般的に

(A) 次をみたす数列 a_n $(n = 1, 2, \cdots)$ は極限をもつだろうか? (収束するだろうか?)
  1) $a_1 \leq a_2 \leq \cdots \leq a_n \leq a_{n+1} \leq \cdots$,
  2) しかしながら $a_n \to \infty$ $(n \to \infty)$ とならない．

高等学校では数列 a_n が a に収束するとは "$n \to \infty$ のとき a_n が a に限りなく近づくこと" と学んでいるが，上の 1), 2) をみたす数列に対して極限となるべき値 a は存在するのであろうか?

1.4 極限の概念と実数

次に一般に有理数でない実数 x に対して 2 の x 乗 2^x はどのように定義したらよいだろうか? $x = \sqrt{2}$ のときと同様に考えるならば次が疑問となるであろう.

(B) すべての実数 x 対して x に収束する有理数からなる数列 r_n は存在するのだろうか?

存在するとすれば, ついで 2^{r_n} が収束するか否か等が問題となる.

このような問題 (A), (B) は 2^x の定義以外にもいろいろな重要な場面で現れる. 他の例をあげよう.

例 1.4.2 自然対数の底 e

高等学校で行ったように $b_n = \left(1 + \dfrac{1}{n}\right)^n$ の極限として自然対数の底 e を定めるとすると, 数列 b_n が極限をもつか否かは, 自然対数の底 e が存在するかという重要な例となる. もちろん数列 b_n は (A) での条件 1), 2) をみたしている (注意 1.1.5 を参照).

例 1.4.3 円周率 π

直径 1 の円に内接する正 2^n 角形を考え, その外周の長さを c_n とする. $n \to \infty$ のとき c_n は極限をもつだろうか?

問 1.13 例 1.4.3 における c_n は (A) の条件 1), 2) をみたすことを示せ.

先走れば, 上の疑問 (A), (B) の答は共に肯定的であるが, これらの問は自然対数の底 e, 円周率 π の定義にかかわることからもわかるように実数とは何か? どのような数列が収束するか? 数列の極限値とは何か? という根源的な問題にかかわるものとなっている. 次の章ではこの話題を詳しく取りあげると共に厳密に極限等の概念を再構成してゆく.

(注) 上記の e, π は無理数であり,
$$e = 2.71828182845904523536\cdots$$
$$\pi = 3.14159265358979323846\cdots$$
である.

演習問題 1

1.1 $\sec x$, $\operatorname{cosec} x$, $\cot x$ を次により定める.
$$\sec x = \frac{1}{\cos x}, \quad \operatorname{cosec} x = \frac{1}{\sin x}, \quad \cot x = \frac{1}{\tan x} = \frac{\cos x}{\sin x}.$$
$y = \sec x$, $y = \operatorname{cosec} x$, $y = \cot x$ のグラフを描き, $\sec x$, $\operatorname{cosec} x$, $\cot x$ の微分を求めよ

1.2 次の関数の逆関数をそれぞれ $\operatorname{arcsec} x$, $\operatorname{arccosec} x$, $\operatorname{arccot} x$ とかく[*6].
$$\sec x : \left[0, \frac{\pi}{2}\right) \cup \left(\frac{\pi}{2}, \pi\right] \to (-\infty, -1] \cup [1, \infty), \ x \mapsto \sec x,$$
$$\operatorname{cosec} x : \left[-\frac{\pi}{2}, 0\right) \cup \left(0, \frac{\pi}{2}\right] \to (-\infty, -1] \cup [1, \infty), \ x \mapsto \operatorname{cosec} x,$$
$$\cot x : (0, \pi) \to (-\infty, \infty), \ x \mapsto \cot x,$$

$y = \operatorname{arcsec} x$, $y = \operatorname{arccosec} x$, $y = \operatorname{arccot} x$ のグラフを描き, $\operatorname{arcsec} x$, $\operatorname{arccosec} x$, $\operatorname{arccot} x$ の微分を求めよ (ヒント: 次の問を用いてもよい).

1.3 $I \subset \mathbb{R}$ を区間とし, $f(x)$ を I 上定義された微分可能な関数で I 上 $f(x) \neq 0$, $f'(x) > 0$ (あるいは $f'(x) < 0$) をみたすものとする. ここで
$$g(x) = \frac{1}{f(x)}$$
とし, $J = g(I)$ とすると $g(x)$ は J 上定義される逆関数 $g^{-1} : J \to I$ をもつ. このとき次が成立することを示せ.
$$(g^{-1})'(x) = -\frac{1}{x^2 f'(g^{-1}(x))}.$$

1.4 次の関数のグラフを描き, 最大値, 最小値を求めよ.
 (i) $y = \arctan(x+2) - \arctan(x)$.
 (ii) $y = \operatorname{arccot}\left(\frac{1}{x+2}\right) - \operatorname{arccot}\left(\frac{1}{x}\right)$ $(x \neq 0, -2)$.

1.5 $a \in (0, 1)$ とする. 次図は $y = \arcsin x$ のグラフである.
 (i) 網かけ部の面積を求めよ.
 (ii) $\displaystyle\int_0^a \arcsin x \, dx$ を求めよ.

[*6] $\sec^{-1} x$, $\operatorname{cosec}^{-1} x$, $\cot^{-1} x$ とかかれることも多い.

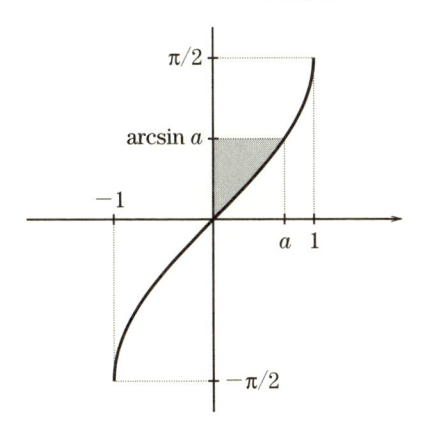

図 1.9

同様の方法により $\int \arccos x \, dx$, $\int \arctan x \, dx$ を求めよ．

1.6 双曲関数 次で定義される $\sinh x$, $\cosh x$, $\tanh x$ を双曲関数 (hyperbolic function) と呼ぶ．

$$\sinh x = \frac{e^x - e^{-x}}{2}, \quad \cosh x = \frac{e^x + e^{-x}}{2}, \quad \tanh x = \frac{\sinh x}{\cosh x}.$$

次を示せ．

(i) $\cosh^2 - \sinh^2 x = 1$.
(ii) $1 - \tanh^2 x = \dfrac{1}{\cosh^2 x}$.
(iii) $\sinh(x+y) = \sinh x \cosh y + \cosh x \sinh y$.
(iv) $\cosh(x+y) = \cosh x \cosh y + \sinh x \sinh y$.
(v) $\dfrac{d}{dx} \sinh x = \cosh x$.
(vi) $\dfrac{d}{dx} \cosh x = \sinh x$.
(vii) $\dfrac{d}{dx} \tanh x = \dfrac{1}{\cosh^2 x}$.

1.7 逆双曲関数 演習問題 1.6 で定義された $\sinh x$, $\cosh x$, $\tanh x$ はそれぞれ, $\mathbb{R}$, $[0, \infty)$, $\mathbb{R}$ 上で狭義単調増加であり, 逆関数

$$\operatorname{arcsinh} : \mathbb{R} \to \mathbb{R},$$
$$\operatorname{arccosh} : [1, \infty) \to [0, \infty),$$
$$\operatorname{arctanh} : (-1, 1) \to \mathbb{R}$$

が定義できる．これらは逆双曲関数[*7]と呼ばれる．

 (ⅰ) 次を示せ.
$$\operatorname{arcsinh} x = \log(x + \sqrt{x^2+1}), \quad \operatorname{arccosh} x = \log|x + \sqrt{x^2-1}|,$$
$$\operatorname{arctanh} x = \frac{1}{2} \log \frac{1+x}{1-x}.$$

 (ⅱ) $\operatorname{arcsinh} x, \operatorname{arccosh} x, \operatorname{arctanh} x$ の微分を求めよ．

[*7] $\sinh^{-1} x, \cosh^{-1} x, \tanh^{-1} x$ とかかれることも多い．

コラム

ニュートンおよびライプニッツにより発明された微分積分学は，それが自然科学における現象を説明するために非常に有効であるがゆえに広く受け入れられ，理論の厳密化，精密化等をはじめとする実にさまざまな発展を続け今日に至っている．

特にニュートンは自然法則の記述に微分方程式を導入し，その解析のための様々な手法を開発し，そして微分方程式を解くことによりいろいろな自然現象が簡単で美しい法則から説明できることを示した．そしてそのときから科学の記述は微分方程式により行われることとなった．このコラムでは初期にニュートンにより見いだされた惑星運動に関するケプラーの法則に関する話題を紹介しよう．

ケプラーは惑星の運動に関する観測，計算等により惑星の運動に関して次の法則を見いだした．

(1) 惑星は太陽をひとつの焦点とする楕円上を運動する．
(2) 太陽と惑星を結ぶ動系は同一時間内に等しい面積を走破する (面積速度一定の法則)．
(3) 惑星軌道の長半径の 3 乗は公転周期の 2 乗に比例する．

これらの惑星の運動の性質はニュートンにより次の 2 つの法則より導かれることが示された．

(a) **万有引力の法則**　2 質点間に働く力は 2 つの質量の積に比例し，距離の 2 乗に反比例する．
(b) **運動方程式 (運動の第 2 法則)**　質点の加速度は質点に働く力に比例し，質量に反比例する．

より詳しく見てみよう．太陽は原点 $(0,0,0)$ にあるとし，惑星の質量を $m > 0$，時刻 t での位置を $(x_1(t), x_2(t), x_3(t))$ とする．万有引力の法則によると，太陽から惑星に及ぼされる力の大きさは $\frac{Cm}{x_1(t)^2 + x_2(t)^2 + x_3(t)^2}$ (太陽の質量の影響，万有引力定数は比例定数 $C > 0$ に組み込んでいる) であり，力の向きは惑星から太陽を見る方向なので，惑星に働く力は

$$-\frac{Cm}{(x_1(t)^2 + x_2(t)^2 + x_3(t)^2)^{3/2}}(x_1(t), x_2(t), x_3(t))$$

である．よって運動方程式は

$$m\left(\frac{d^2x_1}{dt^2}(t), \frac{d^2x_2}{dt^2}(t), \frac{d^2x_3}{dt^2}(t)\right)$$
$$= -\frac{Cm}{(x_1(t)^2 + x_2(t)^2 + x_3(t)^2)^{3/2}}(x_1(t), x_2(t), x_3(t))$$

となる.したがって $x_1(t), x_2(t), x_3(t)$ は

$$\begin{cases} \dfrac{d^2x_1}{dt^2}(t) = -\dfrac{C}{(x_1(t)^2 + x_2(t)^2 + x_3(t)^2)^{3/2}} x_1(t), \\ \dfrac{d^2x_2}{dt^2}(t) = -\dfrac{C}{(x_1(t)^2 + x_2(t)^2 + x_3(t)^2)^{3/2}} x_2(t), \\ \dfrac{d^2x_3}{dt^2}(t) = -\dfrac{C}{(x_1(t)^2 + x_2(t)^2 + x_3(t)^2)^{3/2}} x_3(t) \end{cases} \quad (1.27)$$

をみたすこととなる.このような微分項を含んだ方程式を **微分方程式** と呼ぶ.ニュートンは微分方程式 (1.27) を解き,解 $(x_1(t), x_2(t), x_3(t))$ がケプラーの法則 (1)–(3) をみたすことを証明し,惑星の運動は万有引力の法則と運動方程式により説明できることを示した.この議論は微分積分学とニュートン力学の有用性を示す決定的なものであり,以降の科学において微分積分学と微分方程式はなくてはならないものとなった.

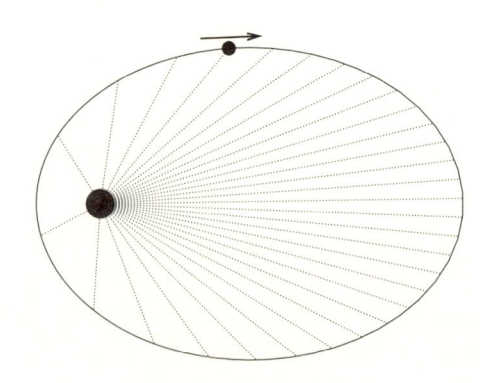

図 1.10 太陽と太陽の回りを運行する惑星の軌道

惑星は太陽をひとつの焦点とする楕円上を運動する.図中の点線は一定時間ごとに惑星と太陽をつなぐ直線を描いたものであり,各々の小さい扇形の図形の面積は一定である(面積速度一定の法則).

第2章 実数と連続性

　本章では実数の連続性公理をもとにして，数列の極限・収束や関数の連続性などの概念を数学的に厳密に定義しなおす．これらの定義に基づき，数列や級数が収束するための判定方法，連続関数の性質などについて述べる．本章では基礎的事項を説明するが，微分・積分を展開していくうえで必須となる事項であり，非常に重要である．

2.1 実数の連続性

実数の集合 $\mathbb{R}$ のもつ基本的性質は
 (1) 加減乗除の四則演算ができること，
 (2) 大小関係が定まること，
 (3) 実数の連続性が成り立つこと，
の3つに分類される．このうち (1), (2) については説明する必要もないと思われるので，とくに (3) の性質について解説する．そのために実数の集合に関する用語の準備から始めよう．

 A を空ではない実数の集合とする．A が **上に有界** (bounded from above) であるとは，すべての $x \in A$ に対して $x \leq a$ となる a が存在することをいい，このような a を A の **上界** (upper bound) という．ここで，a が A の上界ならば $b > a$ をみたす任意の実数 b も A の上界になることに注意しておく．念のため A の最大値について述べておこう．

定義 2.1.1 A を空ではない実数の集合とする．m が A の **最大値** (maximum) であるとは
 (ⅰ) m は A の上界である，
 (ⅱ) $m \in A$,
をみたすことをいう．このとき $m = \max A$ と表す．

 A が上に有界な集合であるとき，$\max A$ が定まる場合もあれば，定まらない場合もある．たとえば2つの集合 $B = [1,2]$, $C = (1,2)$ はともに上に有界であるが，$\max B = 2$ となるのに対し，集合 C は最大値をもたない．しかしながら C において 2 という値が C の上界のなかで重要な値であることは，B における最大値の重要性と変わらない．このような考えを一般化して上限の概念を与えよう．

定義 2.1.2 A を上に有界な空ではない実数の集合とする．m が A の最小上界であるとき m を A の **上限** (supremum) であるといい，$m = \sup A$ と表す．
 言い換えれば
 (ⅰ) m は A の上界である，(ⅱ) a が A の上界であれば $m \leq a$ である，

2.1 実数の連続性

となることである．また A が上に有界でないとき $\sup A = \infty$ と表す．

上の定義において (ii) は m が A の上界のうちの最小値であることを意味している．

注意 2.1.3 定義 2.1.2 において (ii) の対偶をとると "$a < m$ ならば a は A の上界でない" となるから，(ii) は

$$a < m \text{ ならば } a < x \text{ をみたす } x \in A \text{ が存在する}$$

と言い換えることができることに注意しよう．

問 2.1 上に有界な集合が最大値をもてば，上限に一致することを示せ．

例 2.1.4 $A_1 = [a,b]$, $A_2 = (a,b)$ において $\sup A_1 = \sup A_2 = b$ である．

同様にして，下界，下に有界，下限の概念も定義される．すなわち実数の集合 A について，すべての $x \in A$ に対して $x \geq a$ をみたすような定数 a を A の**下界** (lower bound) といい，A が下界をもつとき A は**下に有界** (bounded from below) という．定義 2.1.1 において '上界' を '下界' で置き換えたものが A の**最小値** (minimum) となり，$\min A$ と表される．A が下に有界であるとき最大下界があれば，それを A の**下限** (infimum) といい，$\inf A$ とかく．A が上にも下にも有界であるとき，A は単に**有界** (bounded) であるという．

ここで実数の連続性に関する大事な性質をあげておこう．証明を要する結果であるが，そのためには実数の構成法などの基本的性質を詳しく述べなければならない．深く立ち入るのを避け，無条件に成立する公理の形で述べる．

実数の連続性公理

上に有界な集合は必ず上限をもつ．下に有界な集合は必ず下限をもつ．

実数の連続性公理を出発点として，数列の極限，実数の無限小数による展開などの理論を厳密に展開していくことが可能となる．また，直感的には数直線が切れ目なくつながっているとしてよい．

定理 2.1.5

(i) 自然数全体のなす集合 $\mathbb{N}$ は上に非有界である．

(ii) a, b を任意の正数とするとき $na > b$ をみたす自然数 n が存在する（**アルキメデス** (Archimedes) **の公理**）．

(iii) a, b を $a < b$ をみたす任意の実数とするとき，$a < p < b$ をみたす有理数 p が存在する（**有理数の稠密性**）．

[**証明**]

（ⅰ） $\mathbb{N}$ が上に有界であると仮定すると，連続性公理より $\sup \mathbb{N} = \alpha < \infty$ が定まる．$\alpha - 1$ は $\mathbb{N}$ の上界ではないから，$\alpha - 1 < m$ をみたす $m \in \mathbb{N}$ が存在する．これより $\alpha < m + 1 \in \mathbb{N}$ であるから，α が上限であることに矛盾する．

（ⅱ） $\mathbb{N}$ は上に非有界だから $\dfrac{b}{a} < n$ をみたす $n \in \mathbb{N}$ が存在することに注意すればよい．

（ⅲ） $a \leq 0$ のときは (ⅱ) より $n + a > 0$ をみたす $n \in \mathbb{N}$ が存在する．このときは a, b の代わりに $n + a, n + b$ を考えればよいので，最初から $0 < a < b$ としてよい．(ⅱ) より $\dfrac{1}{b-a} < m \in \mathbb{N}$ が存在するから，$b - a > \dfrac{1}{m}$．次に $n - 1 \leq ma < n$ をみたす $n \in \mathbb{N}$ を選ぶと

$$a < \frac{n}{m} \leq a + \frac{1}{m} < a + (b - a) = b.$$

これより $p = \dfrac{n}{m} \in \mathbb{Q}$ とすればよい． ∎

2.2 数　　列

a) 数列の極限

$\{a_n\}$ を無限数列とする．第 1 章で述べたように，高校数学では "$\{a_n\}$ が α に収束する" とは "n を限りなく大きくするとき，a_n が限りなく α に近づく" ということであった．実数の連続性に基づいて "α に限りなく近づく" ということを厳密に定義しよう．数学的に正確に述べると，"どんなに小さな正数 ϵ をとってきても，ϵ に応じて n を大きくすれば $|a_n - \alpha| < \epsilon$ となる" ということである．数列の "収束" を簡潔かつ正確に述べよう．

定義 2.2.1 数列 $\{a_n\}$ が α に**収束** (convergence) するとは，任意の正数 ϵ に対してある N を選べば，$n \geq N$ なるすべての n について

$$|a_n - \alpha| < \epsilon$$

をみたすことをいう．このとき α を数列 $\{a_n\}$ の**極限** (limit) といい

$$\lim_{n\to\infty} a_n = \alpha \quad \text{または} \quad a_n \to \alpha \ (n\to\infty)$$

とかく（図 2.1）．

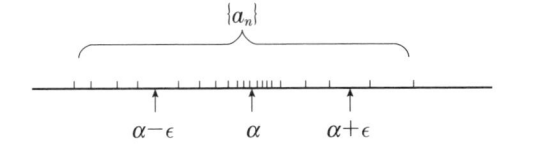

図 2.1 極限

上の定義において N は ϵ に応じて選ばれる自然数であり，ϵ を小さくすれば，それに応じて N は大きくなる．

例 2.2.2 $\displaystyle\lim_{n\to\infty}\frac{1}{n}=0$ となることはよく知られているが，上の定義に基づき改めて考えてみよう．ϵ を正数とすると

$$\frac{1}{n} < \epsilon \iff n > \frac{1}{\epsilon}$$

であるから，N として $N > \dfrac{1}{\epsilon}$ をみたす自然数，たとえば $N = \left[\dfrac{1}{\epsilon}\right] + 1$（ただし，$[a] =$ 正数 a の整数部分）をとれば，

$$n \geq N \text{ をみたすすべての } n \text{ について } \frac{1}{n} < \epsilon$$

となり，求める結果が得られる．ここで $\epsilon = 10^{-2}$ ならば $N = 101$，$\epsilon = 10^{-3}$ ならば $N = 1001$ となるように ϵ に応じて N は変化する．

数列 $\{a_n\}$ が収束しないとき $\{a_n\}$ は**発散** (divergence) するという．重要なのは正（または負）の無限大に発散する場合である．$\{a_n\}$ が正の無限大に発散するとは，n を限りなく大きくすれば a_n も限りなく大きくなるということであるが，数学的に丁寧に述べると，どんなに大きな正数 M をとっても n が十分大きければ $a_n > M$ となるということである．定義の形で記そう．

定義 2.2.3 数列 $\{a_n\}$ が**正の無限大に発散**するとは，任意の正数 M に対して，ある N を選べば $n \geq N$ なるすべての n について $a_n > M$ が成立することをいう．このとき

$$\lim_{n\to\infty} a_n = \infty \quad \text{または} \quad a_n \to \infty \ (n\to\infty)$$

とかく. 同様に数列 $\{a_n\}$ が**負の無限大に発散**するとは, 任意の正数 M に対して, ある N を選べば $n \geq N$ なるすべての n について $a_n < -M$ が成立することをいう. このとき

$$\lim_{n\to\infty} a_n = -\infty \quad \text{または} \quad a_n \to -\infty \ (n \to \infty)$$

とかく.

b) 極限の基本的性質

定理 2.2.4 収束する数列は有界である.

[**証明**] 数列 $\{a_n\}$ について $\lim_{n\to\infty} a_n = \alpha$ とする. 定義 2.2.1 において, とくに $\epsilon = 1$ ととれば, ある N が存在して $n \geq N$ なるすべての n に対して $|a_n - \alpha| < 1$ である. これより

$$\alpha - 1 < a_n < \alpha + 1 \quad (n \geq N)$$

が成立する. そこで $M_* = \min\{a_1, a_2, \cdots, a_{N-1}, \alpha - 1\}$, $M^* = \max\{a_1, a_2, \cdots, a_{N-1}, \alpha + 1\}$ とおけば

$$\text{すべての } n \geq 1 \text{ について } M_* \leq a_n \leq M^*$$

となり, $\{a_n\}$ の有界性がわかる. ∎

次は数列の収束を扱うときにとても役立つ定理である.

定理 2.2.5 はさみうちの定理

数列 $\{a_n\}$, $\{b_n\}$, $\{c_n\}$ が $a_n \leq b_n \leq c_n$ $(n \in \mathbb{N})$ をみたすとする. このとき $\lim_{n\to\infty} a_n = \lim_{n\to\infty} c_n = \alpha$ ならば, $\lim_{n\to\infty} b_n = \alpha$ である.

[**証明**] 任意の ϵ に対して N_1, N_2 を十分大きくとれば

$$|a_n - \alpha| < \epsilon \ (n \geq N_1), \quad |c_n - \alpha| < \epsilon \ (n \geq N_2)$$

が成り立つ. そこで $N = \max\{N_1, N_2\}$ とすれば, $n \geq N$ なるすべての n について

$$\alpha - \epsilon < a_n < \alpha + \epsilon, \quad \alpha - \epsilon < c_n < \alpha + \epsilon$$

となる. 仮定 $a_n \leq b_n \leq c_n$ を用いると

$$\alpha - \epsilon < a_n \le b_n \le c_n < \alpha + \epsilon \quad (n \ge N)$$

すなわち $|b_n - \alpha| < \epsilon \ (n \ge N)$ となり，$\lim_{n\to\infty} b_n = \alpha$ である． ∎

定理 2.2.6 $\{a_n\}$, $\{b_n\}$ はともに収束列とする．
(i) $\lim_{n\to\infty}(a_n \pm b_n) = \lim_{n\to\infty} a_n \pm \lim_{n\to\infty} b_n$
(ii) $\lim_{n\to\infty} ca_n = c \lim_{n\to\infty} a_n \quad$ (c は定数)
(iii) $\lim_{n\to\infty}(a_n b_n) = \lim_{n\to\infty} a_n \cdot \lim_{n\to\infty} b_n$
(iv) $b_n \ne 0$ かつ $\lim_{n\to\infty} b_n \ne 0$ ならば，$\lim_{n\to\infty} \dfrac{a_n}{b_n} = \dfrac{\lim_{n\to\infty} a_n}{\lim_{n\to\infty} b_n}$

[**証明**] $\lim_{n\to\infty} a_n = \alpha$, $\lim_{n\to\infty} b_n = \beta$ とすると，任意の ϵ に対して N_1, N_2 を十分大きくとれば

$$|a_n - \alpha| < \epsilon \quad (n \ge N_1) \quad \text{および} \quad |b_n - \beta| < \epsilon \quad (n \ge N_2)$$

が成立する．(i)，(ii) は明らかであるから，(iii) を示そう．

$$\begin{aligned} |a_n b_n - \alpha\beta| &= |(a_n - \alpha)b_n + \alpha(b_n - \beta)| \\ &\le |a_n - \alpha||b_n| + |\alpha||b_n - \beta| \end{aligned}$$

を利用する．定理 2.2.4 より，すべての $n \in \mathbb{N}$ に対して $|b_n| \le M$ をみたす M が存在するから，$n \ge \max\{N_1, N_2\}$ において

$$|a_n b_n - \alpha\beta| \le M|a_n - \alpha| + |\alpha||b_n - \beta| \le (M + |\alpha|)\epsilon$$

が成立する．ここで $M + |\alpha|$ は定数であるから，$(M + |\alpha|)\epsilon$ もやはり任意の正数である．よって $\lim_{n\to\infty} a_n b_n = \alpha\beta$ である．

(iv) を示すためには，$\dfrac{a_n}{b_n} = a_n \cdot \dfrac{1}{b_n}$ とみれば，(iii) の性質を考えて $\lim_{n\to\infty} \dfrac{1}{b_n} = \dfrac{1}{\beta}$ を示せば十分である．任意の $\epsilon > 0$ に対し $n \ge N_2$ ならば

$$|\beta| - |b_n| \le ||b_n| - |\beta|| \le |b_n - \beta| < \epsilon$$

である．とくに $\epsilon = |\beta|/2$ ととれば，$n \ge N^*$ なるとき $|b_n| \ge |\beta|/2$ をみたす $N^* \in \mathbb{N}$ を選ぶことができる．したがって $n \ge \max\{N_2, N^*\}$ ならば

$$\left|\frac{1}{b_n} - \frac{1}{\beta}\right| = \frac{|b_n - \beta|}{|b_n\beta|} \leq \frac{2|b_n - \beta|}{|\beta|^2} \leq \frac{2\epsilon}{|\beta|^2}$$

である．ここで $2/|\beta|^2$ は定数であるから，$2\epsilon/|\beta|^2$ も任意の正数である．したがって $\lim_{n\to\infty} \frac{1}{b_n} = \frac{1}{\beta}$ である． ∎

注意 2.2.7 上の定理 2.2.6 (iii) の証明では，任意の正数 ϵ に対して $n \geq \max\{N_1, N_2\}$ のとき

$$|a_n b_n - \alpha\beta| < (M + |\alpha|)\epsilon \tag{2.1}$$

となることを示したが，収束の定義で示すべき不等式 $|a_n b_n - \alpha\beta| < \epsilon$ とはギャップがあると思う読者もいるかもしれない．この点については，上の証明において N_1, N_2 は ϵ に応じて定まる数であるから，$N_1 = N_1(\epsilon), N_2 = N_2(\epsilon)$ と表すとわかりやすい．$N(\epsilon) = \max\{N_1(\epsilon), N_2(\epsilon)\}$ とおけば，$n \geq N(\epsilon)$ をみたすすべての n に対して (2.1) となる．したがって ϵ の代わりに $\epsilon/(M+|\alpha|)$ と改めれば $n \geq N(\epsilon/(M+|\alpha|))$ のとき $|a_n b_n - \alpha\beta| < \epsilon$ が成立し，収束を定義する不等式と同じ形となる．同様なことは (iv) の証明についてもいえる．

例題 2.2.8

(ⅰ) $0 < a < 1$ のとき $\lim_{n\to\infty} a^n$ を求めよ．

(ⅱ) $a > 0$ のとき $\lim_{n\to\infty} a^{1/n}$ を求めよ． (ⅲ) $\lim_{n\to\infty} n^{1/n}$ を求めよ．

[解答]

(ⅰ) $0 < a < 1$ であるから，$a = \dfrac{1}{1+h}$，$h > 0$ と表すことができる．2 項展開により $(1+h)^n = 1 + nh + \cdots + h^n > nh$ であるから，$0 < a^n = \dfrac{1}{(1+h)^n} < \dfrac{1}{nh}$．ここで $\lim_{n\to\infty} \dfrac{1}{nh} = 0$ だから，はさみうちの定理（定理 2.2.5）より $\lim_{n\to\infty} a^n = 0$ である．

(ⅱ) $a > 1$ とすると $a^{1/n} > 1$ であるから，$a^{1/n} = 1 + b_n$，$b_n > 0$ と表すことができる．$a = (1+b_n)^n = 1 + nb_n + \cdots + b_n^n > nb_n$ であるから，$0 < b_n < \dfrac{a}{n}$．定理 2.2.5 より $\lim_{n\to\infty} b_n = 0$，すなわち $\lim_{n\to\infty} a^{1/n} = 1$ である．$0 < a < 1$ のときは $a = \dfrac{1}{c}$，$c > 1$ と表せるから $a^{1/n} = c^{-1/n}$．よって今までの議論より

$$\lim_{n\to\infty} a^{1/n} = \frac{1}{\lim_{n\to\infty} c^{1/n}} = 1$$

となる.

(iii) (ii) と同様に $n^{1/n} = 1 + c_n$, $c_n > 0$ とおく. このとき

$$n = (1+c_n)^n = 1 + nc_n + \frac{n(n-1)}{2}c_n^2 + \cdots + c_n^n > \frac{n(n-1)}{2}c_n^2$$

であるから, $0 < c_n < \sqrt{\dfrac{2}{n-1}}$. 定理 2.2.5 より $\lim_{n\to\infty} c_n = 0$ となり, $\lim_{n\to\infty} n^{1/n} = 1$ が導かれる.

問 2.2 次の数列 $\{a_n\}$ の極限を求めよ.

(i) $a_n = \dfrac{\sin n}{n}$

(ii) $a_n = \dfrac{1^2 + 2^2 + 3^2 + \cdots + n^2}{n^3}$

(iii) $a_n = \dfrac{n!}{n^n}$

(iv) $a_n = \dfrac{a^n}{n!}$ (a は正定数)

例題 2.2.9 数列 $\{a_n\}$ が $\lim_{n\to\infty} a_n = \alpha$ をみたせば

$$\lim_{n\to\infty} \frac{a_1 + a_2 + \cdots + a_n}{n} = \alpha$$

となることを示せ.

[**解答**] $b_n = a_n - \alpha$ とおけば, $\dfrac{a_1 + a_2 + \cdots + a_n}{n} - \alpha = \dfrac{b_1 + b_2 + \cdots + b_n}{n}$ となるから, $\lim_{n\to\infty} \dfrac{b_1 + b_2 + \cdots + b_n}{n} = 0$ を示せば十分である. 仮定より任意の正数 ϵ に対して十分大きな $N \in \mathbb{N}$ をとれば

$$|b_n| < \epsilon \quad (n \geq N)$$

をみたす. したがって $n \geq N$ のとき

$$\left|\frac{b_1 + b_2 + \cdots + b_n}{n}\right| \leq \frac{|b_1 + b_2 + \cdots + b_{N-1}| + (|b_N| + |b_{N+1}| + \cdots + |b_n|)}{n}$$

$$\leq \frac{|b_1 + b_2 + \cdots + b_{N-1}|}{n} + \frac{(n - N + 1)\epsilon}{n}$$

$$\leq \frac{|b_1 + b_2 + \cdots + b_{N-1}|}{n} + \epsilon \ .$$

ここで $\frac{1}{n} \to 0 \ (n \to \infty)$ に注意すれば，$N_0 \geq N$ をさらに大きくとることにより，$n \geq N_0$ のとき

$$\frac{|b_1 + b_2 + \cdots + b_{N-1}|}{n} < \epsilon$$

とできる．したがって $n \geq N_0$ ならば

$$\left|\frac{b_1 + b_2 + \cdots + b_n}{n}\right| < \epsilon + \epsilon = 2\epsilon$$

が成り立つ．2ϵ は任意の正数であるから題意が示された．

問 2.3 収束する数列 $\{a_n\}$, $\{b_n\}$ が $a_n \geq b_n$ $(n \in \mathbb{N})$ をみたせば，$\lim_{n \to \infty} a_n \geq \lim_{n \to \infty} b_n$ となることを示せ．

問 2.4 （ⅰ） $\lim_{n \to \infty} (a_{n+1} - a_n) = \alpha$ ならば $\lim_{n \to \infty} \frac{a_n}{n} = \alpha$ となることを示せ．
（ⅱ） $a_n > 0$ かつ $\lim_{n \to \infty} \frac{a_{n+1}}{a_n} = \beta$ ならば $\lim_{n \to \infty} a_n^{1/n} = \beta$ となることを示せ．
（ⅲ） $\lim_{n \to \infty} \left|\frac{a_{n+1}}{a_n}\right| = \gamma < 1$ ならば $\lim_{n \to \infty} a_n = 0$ となることを示せ．

最後に，1.4 節での疑問 (B) に肯定的に答えられること，すなわち任意の実数は有理数からなる数列の極限となることを示しておこう．

定理 2.2.10 任意の実数 x に対して，$p_n \in \mathbb{Q}$ $(n \in \mathbb{N})$ かつ $\lim_{n \to \infty} p_n = x$ をみたす数列 $\{p_n\}$ が存在する．

［証明］ 有理数の稠密性（定理 2.1.5 (ⅲ)）より，各 $n \in \mathbb{N}$ に対して $x - \frac{1}{n} < p_n < x + \frac{1}{n}$ をみたす有理数 p_n が存在する．ここで $\lim_{n \to \infty} \left(x \pm \frac{1}{n}\right) = x$ であるから，はさみうちの定理（定理 2.2.5）より $\lim_{n \to \infty} p_n = x$ である． ∎

c) 単調数列

これまでは収束することが知られているか，または収束することが予想される数列を主として扱ってきた．それでは数列が与えられたとき，収束するかどうかはどのように判定すればよいだろうか？

この問題について，まず単調数列の場合を考える．数列 $\{a_n\}$ が，すべての n について $a_n \leq a_{n+1}$ をみたすとき**単調増加** (monotone increasing) である

といい，$a_n \geq a_{n+1}$ をみたすとき**単調減少** (monotone decreasing) であるという．単調増加数列または単調減少数列を**単調数列** (monotone sequence) という．1.4 節では単調数列の収束に関する疑問 (A) を投げかけたが，その答えを定理の形にまとめよう．

定理 2.2.11 上に有界な単調増加数列はその上限に収束する．また下に有界な単調減少数列はその下限に収束する．

[**証明**] $\{a_n\}$ が上に有界な単調増加数列であるとして証明する．$\{a_n\}$ は上に有界な集合であるから，実数の連続性公理より $\sup_n a_n = \alpha < \infty$ が定まる．ϵ を任意の正数とすると，$\alpha - \epsilon$ は $\{a_n\}$ の上界ではないから

$$\alpha - \epsilon < a_N \leq \alpha$$

となる a_N が存在する．また数列の単調性より $n \geq N$ なるすべての n についても $\alpha - \epsilon < a_n \leq \alpha$ が成り立つ．よって $\lim_{n \to \infty} a_n = \alpha$ である． ■

注意 2.2.12 単調増加数列 $\{a_n\}$ が上に非有界ならば，$a_n \to \infty \ (n \to \infty)$ である．したがって単調数列 $\{a_n\}$ が収束するための必要十分条件は，$\{a_n\}$ が有界であることがわかる．

例 2.2.13 高校数学では**ネピア**(J. Nepier) **の数**と呼ばれる e は

$$e = \lim_{n \to \infty} \left(1 + \frac{1}{n}\right)^n$$

と定義されていた．ここでは $a_n = \left(1 + \frac{1}{n}\right)^n$ とおくと数列 $\{a_n\}$ は上に有界な単調増加数列となり，収束することを示しておこう．
$a_n = \dfrac{(n+1)^n}{n^n}$ であるから，2 項展開により

$$\begin{aligned}
a_n &= \frac{1}{n^n} \sum_{k=0}^{n} {}_n C_k n^{n-k} = \sum_{k=0}^{n} \frac{1}{k!} \frac{n!}{(n-k)! n^k} \\
&= 1 + \sum_{k=1}^{n} \frac{1}{k!} \frac{n}{n} \cdot \frac{n-1}{n} \cdots \frac{n-k+1}{n} \\
&= 1 + 1 + \sum_{k=2}^{n} \frac{1}{k!} \cdot 1 \cdot \left(1 - \frac{1}{n}\right) \cdots \left(1 - \frac{k-1}{n}\right)
\end{aligned}$$

となり，n を $n+1$ に置き換えれば

$$a_{n+1} = 2 + \sum_{k=2}^{n+1} \frac{1}{k!} 1 \cdot \left(1 - \frac{1}{n+1}\right) \cdots \left(1 - \frac{k-1}{n+1}\right)$$

となる．ここで各 $k = 2, 3, \cdots, n$ に対して

$$\frac{1}{k!} 1 \cdot \left(1 - \frac{1}{n}\right) \cdots \left(1 - \frac{k-1}{n}\right) < \frac{1}{k!} 1 \cdot \left(1 - \frac{1}{n+1}\right) \cdots \left(1 - \frac{k-1}{n+1}\right)$$

となることに注意すれば

$$a_n < a_{n+1},$$

すなわち $\{a_n\}$ は単調増加数列となることがわかる．さらに $k \geq 2$ のとき $\frac{1}{k!} \leq \frac{1}{2^{k-1}}$ だから，すべての n において

$$a_n < 2 + \sum_{k=2}^{n} \frac{1}{k!} < 2 + \sum_{k=2}^{n} \frac{1}{2^{k-1}} < 3.$$

これより $\{a_n\}$ は有界数列であるから，定理 2.2.11 より数列 $\{a_n\}$ は収束することがわかる．

問 2.5 $\displaystyle\lim_{n\to\infty} \left(1 - \frac{1}{n}\right)^{-n}$ を求めよ．

問 2.6 次のように定義される数列は有界な単調数列となることを示し，その極限を求めよ．

(i) $a_{n+1} = \sqrt{a_n + 1}, \quad a_1 = 1$　　(ii) $b_{n+1} = \frac{1}{2}b_n + \frac{1}{b_n}, \quad b_1 = 2$

d) 数列の収束判定法

ここでは必ずしも単調と限らない数列の収束判定法を考える．$\{a_n\}$ を有界な数列とする．数列 $\{\alpha_n\}$ を

$$\alpha_n = \sup\{a_n, a_{n+1}, a_{n+2}, \cdots\} = \sup_{k \geq n} a_k$$

によって定義すると

$$\alpha_1 \geq \alpha_2 \geq \cdots \geq \alpha_n \geq \alpha_{n+1} \geq \cdots \geq \inf_{n \geq 1} a_n$$

が成り立つから，$\{\alpha_n\}$ は有界な単調減少数列となる．よって定理 2.2.11 から極限 $\alpha^* = \lim_{n\to\infty} \alpha_n$ が存在する．この値を数列 $\{a_n\}$ の **上極限** (superior limit) と呼び

$$\alpha^* = \varlimsup_{n\to\infty} a_n \quad \text{または} \quad \alpha^* = \limsup_{n\to\infty} a_n$$

と表す．同様に

$$\beta_n = \inf\{a_n, a_{n+1}, a_{n+2}, \cdots\} = \inf_{k\geq n} a_k$$

によって定義すると，$\{\beta_n\}$ は有界な単調増加数列となることがわかり，定理 2.2.11 から極限 $\beta^* = \lim_{n\to\infty} \beta_n$ が存在する．この値を数列 $\{a_n\}$ の **下極限** (inferior limit) と呼び

$$\beta^* = \varliminf_{n\to\infty} a_n \quad \text{または} \quad \beta^* = \liminf_{n\to\infty} a_n$$

と表す．

　有界数列については必ず上極限，下極限をもつことがわかり，大小関係 $\beta^* \leq \alpha^*$ が成り立つ．数列が収束するかどうかについては次の結果がある．

定理 2.2.14 数列 $\{a_n\}$ について $\varlimsup_{n\to\infty} a_n = \varliminf_{n\to\infty} a_n = \alpha$ ならば，$\lim_{n\to\infty} a_n = \alpha$ である．また，逆も成立する．

　[**証明**] ϵ を任意の正数とする．$\varlimsup_{n\to\infty} a_n = \alpha$ であるから，N_1 を十分大きくとれば $n \geq N_1$ のとき $\alpha - \epsilon < \alpha_n = \sup_{k\geq n} a_k < \alpha + \epsilon$．とくに $a_n < \alpha + \epsilon$ $(n \geq N_1)$ が成立する．同様にして $\varliminf_{n\to\infty} a_n = \alpha$ より，N_2 を十分大きくとれば $\alpha - \epsilon < a_n$ $(n \geq N_2)$ の成立することが示される．したがって

$$n \geq \max\{N_1, N_2\} \quad \text{ならば} \quad |a_n - \alpha| < \epsilon,$$

すなわち $\lim_{n\to\infty} a_n = \alpha$ が成り立つ．

　逆に $\alpha - \epsilon < a_n < \alpha + \epsilon$ $(n \geq N)$ が成立していれば，$n \geq N$ をみたすすべての n において

$$\alpha - \epsilon \leq \beta_n = \inf_{k\geq n} a_k \leq \alpha_n = \sup_{k\geq n} a_k \leq \alpha + \epsilon$$

が成立する．上極限，下極限の定義よりこれらはいずれも α に一致することがわかる．　∎

ここでコーシー列について定義しておこう．

定義 2.2.15 数列 $\{a_n\}$ が**コーシー列**（Cauchy sequence）であるとは，任意の正数 ϵ に対して

$$p, q \geq N \quad \text{なるすべての } p, q \text{ について} \quad |a_p - a_q| < \epsilon$$

となるように N を選ぶことができることをいう．

上の定義を数直線に即して直感的に述べると，巾が ϵ の区間をとったとき，この区間を数直線に沿って適当にスライドさせれば，ある番号より先の a_n はすべてこの区間内におさまるようにできることをいう．コーシー列の概念（図2.2）を利用して数列の収束判定法を述べる．

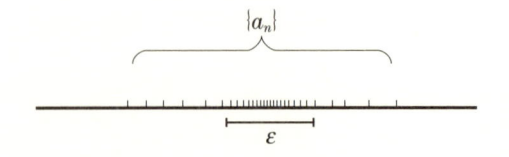

図 2.2 コーシー列の概念図

定理 2.2.16 数列 $\{a_n\}$ が収束するための必要十分条件は $\{a_n\}$ がコーシー列となることである．

［証明］ 十分条件となることを示そう．コーシー列の定義より，任意の $\epsilon > 0$ に対し，N を十分大きくとれば $k, l \geq N$ のとき $|a_k - a_l| < \epsilon$ となり，これより

$$a_k < a_l + \epsilon \quad (k, l \geq N) \tag{2.2}$$

が成り立つ．とくに $l = N$ とおけば $a_k < a_N + \epsilon \ (k \geq N)$ であるから

$$a_k < \max\{a_1, a_2, \cdots, a_{N-1}, a_N + \epsilon\}, \quad k \in \mathbb{N}$$

となり，数列 $\{a_n\}$ が上に有界であることがわかる．同様にして下に有界であることも示される．

次に $l \geq N$ を固定しておき，k を $k \geq m \geq N$ の範囲を動かして集合 $\{a_k \mid k \geq m\}$ の上限をとると，(2.2) より

$$\alpha_m = \sup_{k \geq m} a_k \leq a_l + \epsilon$$

が示される．これより $m, l \geq N$ のとき

$$\alpha_m - \epsilon \leq a_l \tag{2.3}$$

が成立する．次に m を固定し，$l \geq n \geq N$ の範囲で a_l の下限をとる．$\beta_n = \inf_{l \geq n} a_l$ とおけば，(2.3) から

$$m, n \geq N \quad \text{ならば} \quad \alpha_m - \epsilon \leq \beta_n \tag{2.4}$$

が成り立つ．$\{a_n\}$ の上極限，下極限をそれぞれ α^*，β^* とおけば $\alpha^* = \lim_{m \to \infty} \alpha_m$，$\beta^* = \lim_{n \to \infty} \beta_n$ である．したがって (2.4) において $m \to \infty$，$n \to \infty$ とすれば $\alpha^* - \epsilon \leq \beta^*$，すなわち

$$0 \leq \alpha^* - \beta^* \leq \epsilon$$

となる．ここで ϵ は任意の正数であるから，$\alpha^* - \beta^* = 0$ が成立する．実際，$\alpha^* - \beta^* > 0$ と仮定すると，$\epsilon = (\alpha^* - \beta^*)/2$ とおけば，$\alpha^* - \beta^* \leq 0$ となり矛盾する．以上の議論より，$\alpha^* = \beta^*$ となり，定理 2.2.14 より，数列 $\{a_n\}$ の収束することがわかる．

なお，必要性の証明は容易であるから省略する． ∎

最後に必ずしも極限値をもつとは限らない有界な無限数列に関するボルツァーノ–ワイエルシュトラス (Bolzano-Weierstrass) の定理を述べておく．

定理 2.2.17　ボルツァーノ–ワイエルシュトラスの定理

有界な無限数列は収束する無限部分列を含む．

[証明]　$\{a_k\}$ を無限個の要素からなる有界数列とする．有界であるからすべての $k \in \mathbb{N}$ について $b_1 \leq a_k \leq c_1$ をみたす b_1, c_1 が存在する．この区間 $[b_1, c_1]$ を2等分すると $[b_1, (b_1+c_1)/2]$ か $[(b_1+c_1)/2, c_1]$ のうちどちらかは無限個の要素 a_k を含む．無限個の要素を含む区間を $[b_2, c_2]$ とおく．この操作を続け，$[b_n, c_n]$ は無限個の a_k を含むように数列 $\{b_n\}, \{c_n\}$ を定める（図 2.3）．定義の仕方より $\{b_n\}, \{c_n\}$ はそれぞれ有界な単調増加数列，単調減少数列となるから，極限 $\lim_{n \to \infty} b_n = \alpha_*$，$\lim_{n \to \infty} c_n = \alpha^*$ が定まる．さらに $(c_n - b_n) = 2^{-(n-1)}(c_1 - b_1)$

図 2.3

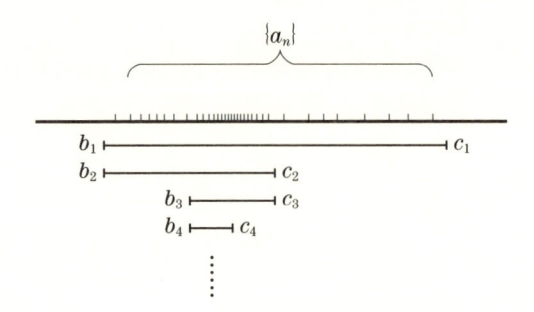

であるから，$\lim_{n\to\infty}(c_n - b_n) = 0$ より $\alpha^* = \alpha_*$ が成立する．ここで $[b_n, c_n]$ に含まれる a_k ($k > k_{n-1}$) のうち最も番号が小さいものを a_{k_n} とする．

$$b_n \leq a_{k_n} \leq c_n \quad \text{かつ} \quad \lim_{n\to\infty} b_n = \lim_{n\to\infty} c_n = \alpha^*$$

であるから，定理 2.2.5 より部分列 $\{a_{k_n}\}$ は収束する． ∎

注意 2.2.18 定理 2.2.17 で主張する収束部分列の選び方は他にも考えられる．無限数列 $\{a_k\}$ について $\limsup_{n\to\infty} a_n = \alpha$ とおくと，任意の $n \in \mathbb{N}$ に対して上極限の定義より，m_n を十分大きくとれば

$$\alpha \leq \sup_{k \geq m_n} a_k < \alpha + \frac{1}{n}$$

とできる．これより $\alpha - \frac{1}{n} < a_{k_n} < \alpha + \frac{1}{n}$ をみたす $a_{k_n} (\neq \alpha)$ が存在することがわかる．このようにして部分列 $\{a_{k_n}\}$ を選べば $\lim_{k_n \to \infty} a_{k_n} = \alpha$ となる．

同様にして $\liminf_{n\to\infty} a_n = \beta$ とすれば，部分列 $\{a_{k_n^*}\}$ を $\lim_{k_n^* \to \infty} a_{k_n^*} = \beta$ となるように選ぶことができる．

2.3 関数の極限と連続性

a) 関数の極限

関数の**極限** (limit) を考える．数列の極限と同様に

$$\lim_{x \to a} f(x) = \alpha$$

2.3 関数の極限と連続性

は，高校数学では "x を a と異なる値をとりながら限りなく a に近づけるとき，関数 $f(x)$ は限りなく α に近づく" ということであり，"限りなく近く" というあいまいな表現が使われていた．数学的に正確に表すと，"$f(x)$ が限りなく α に近づく" ということは，任意に正数 ϵ をとったとき

$$|f(x) - \alpha| < \epsilon$$

が成り立つということであり，この不等式が ϵ に応じて x を a の十分近くにとれば成り立つことをいう．"x を a の十分近くにとれば" ということは，$\epsilon > 0$ に応じて十分小さな $\delta > 0$ をとれば $|x - a| < \delta$ をみたすことをいう．同様に

$$\lim_{x \to \infty} f(x) = \alpha$$

とは，任意の正定数 $\epsilon > 0$ をとったとき x が十分大きければ

$$|f(x) - \alpha| < \epsilon$$

となることである．

定義 2.3.1

(i) $f(x)$ を $x = a$ の近傍[*1] で定義された関数とする（ただし $f(x)$ は $x = a$ で定義されていなくてよい）．$x \to a$ のとき $f(x)$ の極限が α であるとは，任意の正数 ϵ に対して（ϵ に応じて）十分小さな $\delta > 0$ を選べば，$0 < |x - a| < \delta$ なるすべての x について

$$|f(x) - \alpha| < \epsilon \tag{2.5}$$

をみたすことをいう．このとき

$$\lim_{x \to a} f(x) = \alpha \quad \text{または} \quad f(x) \to \alpha \ (x \to a)$$

と表す．

(ii) $f(x)$ は (b, ∞) で定義された関数とする．$x \to \infty$ のとき $f(x)$ の極限が α であるとは，任意の正数 ϵ に対して（ϵ に応じて）十分大きな $M > 0$ を選べば，$x > M$ なるすべての x について

[*1] $x = a$ の ϵ 近傍とは $(a - \epsilon, a + \epsilon)$ の形の開区間をいい，$x = a$ の近傍とはある ϵ 近傍を含む集合をいう．

$$|f(x) - \alpha| < \epsilon \tag{2.6}$$

をみたすことをいう．このとき

$$\lim_{x \to \infty} f(x) = \alpha \quad \text{または} \quad f(x) \to \alpha \ (x \to \infty)$$

と表す．

注意 2.3.2

（ⅰ）定義 2.3.1（ⅰ）において x が $0 < x - a < \delta$ をみたすすべての x について (2.5) が成立するとき，α を $f(x)$ の**右極限**といい

$$\lim_{x \to a+0} f(x) = \alpha$$

と表す．**左極限** $\lim_{x \to a-0} f(x)$ についても同様に定義される．

（ⅱ）$f(x)$ が $(-\infty, b)$ で定義されているとき，定義 2.3.1（ⅱ）において $\lim_{x \to -\infty} f(x) = \alpha$ とは，任意の正数 ϵ に対して十分大きな M が存在して，$x < -M$ をみたすすべての x に対して (2.6) が成立することをいう．

例題 2.3.3 $\lim_{x \to \pm\infty} \left(1 + \dfrac{1}{x}\right)^x = e$ を示せ．

[解答] $x \to \infty$ のときを考える．$n = [x]$ とおくと，$n \leq x < n+1$ であるから，$1 + \dfrac{1}{n+1} < 1 + \dfrac{1}{x} \leq 1 + \dfrac{1}{n}$ となり

$$\left(1 + \frac{1}{n+1}\right)^n < \left(1 + \frac{1}{x}\right)^x < \left(1 + \frac{1}{n}\right)^{n+1}$$

が成立する．一方，$\lim_{n \to \infty} \left(1 + \dfrac{1}{n}\right)^n = e$ であるから

$$\lim_{n \to \infty} \left(1 + \frac{1}{n+1}\right)^n = \lim_{n \to \infty} \frac{\left(1 + \frac{1}{n+1}\right)^{n+1}}{\left(1 + \frac{1}{n+1}\right)} = \frac{\lim_{n \to \infty} \left(1 + \frac{1}{n+1}\right)^{n+1}}{\lim_{n \to \infty} \left(1 + \frac{1}{n+1}\right)} = e$$

および

$$\lim_{n\to\infty}\left(1+\frac{1}{n}\right)^{n+1} = \lim_{n\to\infty}\left(1+\frac{1}{n}\right)^n \cdot \lim_{n\to\infty}\left(1+\frac{1}{n}\right) = e$$

となる．$[x] \to \infty$ のとき $n \to \infty$ となるから，はさみうちの定理（定理 2.2.5）より $\lim_{x\to\infty}\left(1+\frac{1}{x}\right)^x = e$ となる．

$x \to -\infty$ のときも $\lim_{n\to\pm\infty}\left(1-\frac{1}{n}\right)^{-n} = e$ （問 2.5）に注意すれば，上と同様の論法で $\lim_{x\to-\infty}\left(1+\frac{1}{x}\right)^x = e$ も示される．

例題 2.3.4 $\lim_{x\to+0} x\log x = 0$ を示せ．

[解答] $\log x = -y$ とおけば，$x \to +0$ は $y \to \infty$ に対応するから

$$\lim_{x\to+0} x\log x = -\lim_{y\to\infty}\frac{y}{e^y} \tag{2.7}$$

である．ここで

$$\lim_{n\to\infty}\frac{n}{e^n} = 0 \tag{2.8}$$

に注意する．実際 $e > 1$ であるから $e = 1+a$, $a > 0$ とおけば，2 項展開により $e^n = (1+a)^n > 1+na+\frac{n(n-1)}{2}a^2$ となる．よって

$$0 < \frac{n}{e^n} < \frac{2n}{n(n-1)a^2} = \frac{2}{(n-1)a^2}$$

となるからはさみうちの定理より (2.8) がわかる．

もとの問題にもどり，$n = [y]$ とおくと $n \leq y < n+1$ であるから

$$\frac{n}{e^{n+1}} < \frac{y}{e^y} < \frac{n+1}{e^n}$$

となる．(2.8) より $\lim_{n\to\infty}\frac{n}{e^{n+1}} = \lim_{n\to\infty}\frac{n+1}{e^n} = 0$ である．したがって，再びはさみうちの定理より $\lim_{y\to\infty}\frac{y}{e^y} = 0$ となる．この結果と (2.7) より例題の主張が得られる．

問 2.7 次の極限を求めよ．

(i) $\displaystyle\lim_{x\to 0}\frac{2\sin x - \sin 2x}{x^3}$　　(ii) $\displaystyle\lim_{x\to 0}(1+x)^{1/x}$

(iii) $\displaystyle\lim_{x\to\infty}(1+x)^{1/x}$　　(iv) $\displaystyle\lim_{x\to 0}\frac{\log_a(1+x)}{x}$ $(a>0)$

(v) $\displaystyle\lim_{x\to +0}\frac{1}{1+e^{1/x}}$　　(vi) $\displaystyle\lim_{x\to -0}\frac{1}{1+e^{1/x}}$

ここで関数の極限について次の定理が成り立つことに注意する．

定理 2.3.5

(i) f が $I=\{x|\ 0<|x-a|<b\}$ で定義されているとき $\displaystyle\lim_{x\to a}f(x)=\alpha$ となるための必要十分条件は $\displaystyle\lim_{n\to\infty}a_n=a$ をみたすすべての数列 $\{a_n\}\subset I$ について $\displaystyle\lim_{n\to\infty}f(a_n)=\alpha$ が成立することである．

(ii) f が $I=[c,\infty)$ （または $(-\infty,d]$）で定義されているとき $\displaystyle\lim_{x\to\infty}f(x)=\alpha$ （または $\displaystyle\lim_{x\to-\infty}f(x)=\alpha$）となるための必要十分条件は $\displaystyle\lim_{n\to\infty}a_n=\infty$ （または $\displaystyle\lim_{n\to\infty}a_n=-\infty$）をみたすすべての数列 $\{a_n\}\subset I$ について $\displaystyle\lim_{n\to\infty}f(a_n)=\alpha$ が成立することである．

[**証明**]

(i) （必要性）任意の $\epsilon>0$ に対して十分小さい $\delta>0$ が存在し，$0<|x-a|<\delta$ をみたすすべての $x\in I$ について $|f(x)-\alpha|<\epsilon$ が成立する．数列 $\{a_n\}$ は $\displaystyle\lim_{n\to\infty}a_n=a$ をみたすから，十分大きな N をとれば $n\geq N$ なるすべての n について $|a_n-a|<\delta$ である．したがって $|f(a_n)-\alpha|<\epsilon\ (n\geq N)$ が成立し，これより $\displaystyle\lim_{n\to\infty}f(a_n)=\alpha$ である．

（十分性）背理法を用いて証明する．"任意の $\epsilon>0$ に対して十分小さい $\delta>0$ が存在し，$0<|x-a|<\delta$ をみたすすべての $x\in I$ について $|f(x)-\alpha|<\epsilon$ が成立する"，ことを否定すると，$\epsilon_0>0$ をうまくとればどんな $\delta>0$ に対しても $0<|x_\delta-a|<\delta$ かつ $|f(x_\delta)-\alpha|\geq\epsilon_0$ をみたす $x_\delta\in I$ が存在することになる．とくに $\delta=1/n$ とすれば $a_n=x_{1/n}$ とおいて

$$0<|a_n-a|<\frac{1}{n}\quad \text{かつ}\quad |f(a_n)-\alpha|\geq\epsilon_0$$

が成り立つ．これより数列 $\{a_n\}$ は $\displaystyle\lim_{n\to\infty}a_n=a$ をみたしながら $\{f(a_n)\}$ は決して α に収束しない．これは仮定に矛盾し，証明が終わる．

(ii) (i) の証明と本質的には同じであるので省略する．　∎

最後に関数の極限が存在するか否か，判定するための条件を述べておこう．

2.3 関数の極限と連続性

定理 2.3.6　コーシーの判定法

（ⅰ）関数 $f(x)$ が $0<|x-a|\leq d$ で定義されているとき極限 $\lim_{x\to a}f(x)$ が存在するための必要十分条件は，任意の正数 ϵ に対して $\delta>0$ を十分小さくとれば，$0<|x_1-a|<\delta, 0<|x_2-a|<\delta$ をみたすすべての x_1,x_2 について $|f(x_1)-f(x_2)|<\epsilon$ となることである．

（ⅱ）関数 $f(x)$ が $x>b$ で定義されているとき極限 $\lim_{x\to\infty}f(x)$ が存在するための必要十分条件は，任意の正数 ϵ に対して $R>0$ を十分大きくとれば，$x_1>R, x_2>R$ をみたすすべての x_1,x_2 について $|f(x_1)-f(x_2)|<\epsilon$ となることである．

[証明]

（ⅰ）$\{x_n\}$ を $\lim_{n\to\infty}x_n=a$ をみたす数列とすると，仮定より $\{f(x_n)\}$ はコーシー列となり，定理 2.2.16 より $\lim_{n\to\infty}f(x_n)=l$ が存在する．一方 $\{x_n^*\}$ を $\lim_{n\to\infty}x_n^*=a$ をみたす別の数列とすると，仮定より $\{f(x_n^*)\}$ もやはりコーシー列となり，定理 2.2.16 より $\lim_{n\to\infty}f(x_n^*)=l^*$ が存在する．ここで任意の $\epsilon>0$ に対し，δ を仮定に現れる正数とする．$N\in\mathbb{N}$ を十分大きくとれば，$n\geq N$ をみたすすべての $n\in\mathbb{N}$ について $|x_n-a|<\delta, |x_n^*-a|<\delta$ をみたすから，仮定より $|f(x_n)-f(x_n^*)|<\epsilon$ となる．ここで $n\to\infty$ とすれば $|l-l^*|\leq\epsilon$．$\epsilon>0$ は任意の正数であるから $l=l^*$．すなわち $\lim_{n\to\infty}x_n=a$ をみたす任意の数列 $\{x_n\}$ について $\{f(x_n)\}$ は同一の極限 l をもつことになり，定理 2.3.5 より $\lim_{x\to a}f(x)=l$ となる．必要性の部分の証明は省略する．

（ⅱ）の証明は（ⅰ）と本質的には同じである．　■

注意 2.3.7　上の定理と類似の結果は右極限 $\lim_{x\to a+0}f(x)$，左極限 $\lim_{x\to a-0}f(x)$ および $\lim_{x\to-\infty}f(x)$ の存在に関しても成立する．

問 2.8　（ⅰ）定理 2.3.6 (ⅰ) の必要性の部分の証明を与えよ．
（ⅱ）定理 2.3.6 (ⅱ) の証明を与えよ．

b) 関数の連続性

区間 I で定義された関数 f を考える．f の連続性について極限を用いる定義と，ϵ,δ を用いる定義と 2 通りの定義を述べておこう．

定義 2.3.8　関数 $f:I\to\mathbb{R}$ が I 内の点 $x=a$ で**連続** (continuous) であるとは

$$\lim_{x \to a} f(x) = f(a)$$

をみたすことをいう.なお,$a \in I$ が区間 I の左端点(または右端点)となるときには,$x = a$ で連続であるとは $\lim_{x \to a+0} f(x) = f(a)$ (または $\lim_{x \to a-0} f(x) = f(a)$) をみたすことをいう.

I 内のすべての点において f が連続であるとき,f は I 上の**連続関数** (continuous function) であるという.

上の定義において $a \in I$ における連続性を ϵ, δ を用いて表そう.定義 2.3.1 を利用すれば次のように表すことができる.

定義 2.3.9 関数 $f : I \to \mathbb{R}$ が $x = a \in I$ で連続であるとは,任意の正数 ϵ に対して(ϵ に応じて)$\delta > 0$ を適当に選べば,$|x - a| < \delta$ なるすべての $x \in I$ について

$$|f(x) - f(a)| < \epsilon \tag{2.9}$$

をみたすことをいう(図 2.4).

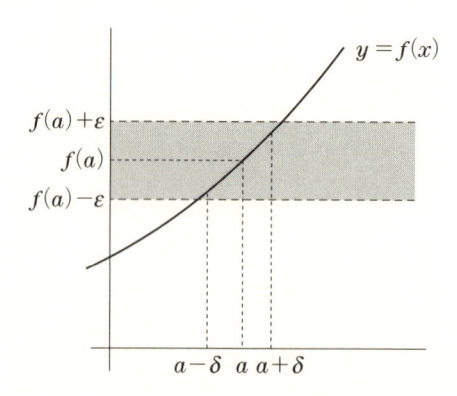

図 2.4 連続

関数 f の連続性を主張するとき ϵ, δ を用いて定義 2.3.9 の (2.9) を利用することも多いが,次の定理も大変重要である.

定理 2.3.10 関数 $f : I \to \mathbb{R}$ が $x = a \in I$ で連続となるための必要十分条件は,$\lim_{n \to \infty} a_n = a$ となるすべての点列 $\{a_n\} \subset I$ について $\lim_{n \to \infty} f(a_n) = f(a)$ が成立することである.

[証明] 定理 2.3.5 (i) の証明において α を $f(a)$ に置き換えて証明を繰り返せばよい. ∎

定理 2.3.10 を用いると，よく登場する関数である，多項式，$\sin x$, $\cos x$, 指数関数などは任意の点で連続であるし，対数関数 $\log x$ は $x > 0$ で連続であることがわかる．また連続関数 f, g が与えられたとき，$f \pm g, fg$ も連続関数となり，$\dfrac{f}{g}$ は $g(x) \neq 0$ となる点 x において連続となることが定理 2.2.6 よりわかる．したがって有理関数（分母，分子がともに多項式である関数）については分母が 0 でない点において連続である．

ここで合成関数の連続性に注意しておこう．

定理 2.3.11 関数 $f(x)$ は $x = a$ で連続，$g(y)$ は $y = f(a)$ で連続ならば，合成関数 $g(f(x))$ は $x = a$ で連続である．

[証明] 点列 $\{x_n\}$ は $\lim\limits_{n \to \infty} x_n = a$ をみたすとする．このとき $f(x)$ の $x = a$ での連続性より，$\lim\limits_{n \to \infty} f(x_n) = f(a)$ となる．また $g(y)$ の $y = f(a)$ での連続性より，$\lim\limits_{n \to \infty} g(f(x_n)) = g(f(a))$ となり証明が終わる． ∎

例 2.3.12 $f(x) = \dfrac{\sin x}{x}$, $x \neq 0$ とする．このとき $f(x)$ は $x \neq 0$ において連続であることは上の考察から従う．一方 $\lim\limits_{x \to 0} f(x) = 1$ であるから，$x = 0$ において $f(0) = 1$ とおけば $f(x)$ はすべての点で連続となる．

例 2.3.13 $f(x) = x \log |x|$, $x \neq 0$ とする．このとき $\log |x|$ は $x \neq 0$ で連続であるから，$f(x)$ も $x \neq 0$ で連続である．一方，例題 2.3.4 より

$$\lim_{x \to 0} x \log |x| = 0$$

となる．よって $f(0) = 0$ とすれば，f は任意の点で連続となる．

問 2.9 関数 $f(x)$ を次のように定義するとき f の連続性を調べよ．

$$f(x) = \lim_{n \to \infty} \frac{x^{2n+1} + x^2}{2x^{2n} + 1}$$

2.4 連続関数の性質

この節では連続関数の基本的性質を述べる．

定理 2.4.1 連続関数の有界性

閉区間 $[a,b]$ で連続な関数 f は有界，すなわちすべての $x \in [a,b]$ において $|f(x)| \leq M$ をみたす定数 M が存在する．

[**証明**] f が有界でないと仮定すると，各自然数 $n \in \mathbb{N}$ ごとに $|f(x_n)| \geq n$ をみたす点 $x_n \in [a,b]$ が存在する．$\{x_n\}$ は有界列であるから，ボルツァーノ–ワイエルシュトラスの定理（定理 2.2.17）より，その部分列 $\{x_{n_k}\}$ を収束するように選べるので，$x_{n_k} \to x_0 \ (n_k \to \infty)$ としてよい．

$$|f(x_{n_k})| \geq n_k$$

において $n_k \to \infty$ とすれば，f の連続性より $f(x_{n_k}) \to f(x_0)$ となるから，$|f(x_0)| = \infty$ となり矛盾する． ■

注意 2.4.2 f の定義域が閉区間でないと上の定理は正しくない．たとえば $f(x) = \dfrac{1}{x-a}$ とすると，f は (a,b) $(b>a)$ で連続であるが，有界ではない．

定理 2.4.3 最大値と最小値の存在

閉区間 $[a,b]$ で連続な関数 f は最大値と最小値を必ずとる．

[**証明**] 定理 2.4.1 より集合 $A = \{f(x) \mid a \leq x \leq b\}$ は有界であるから，実数の連続性公理より上限と下限が存在する．これを

$$m^* = \sup A = \sup_{a \leq x \leq b} f(x) \qquad m_* = \inf A = \inf_{a \leq x \leq b} f(x)$$

とおく．各 $n \in \mathbb{N}$ に対し $m^* - \dfrac{1}{n}$ は A の上界ではないから $m^* - \dfrac{1}{n} \leq f(x_n) \leq m^*$ をみたす $x_n \in [a,b]$ が存在する．このとき点列 $\{x_n\}$ は有界列であるから，ボルツァーノ–ワイエルシュトラスの定理より，収束する部分列 $\{x_{n_k}\}$ を選ぶことができる．$x_{n_k} \to x^* \ (n_k \to \infty)$ とする．

$$a \leq x_{n_k} \leq b, \qquad m^* - \dfrac{1}{n_k} \leq f(x_{n_k}) \leq m^*$$

において $n_k \to \infty$ とすれば，$a \le x^* \le b$ かつ f の連続性より $f(x^*) = m^*$ となり，$m^* = \max_{a \le x \le b} f(x)$ である．
$m_* = \min_{a \le x \le b} f(x)$ の証明も同様である． ∎

定理 2.4.4　中間値の定理

f を閉区間 $[a,b]$ 上の連続な関数とする．$f(a)$ と $f(b)$ が異なるとき $f(a)$ と $f(b)$ の間の任意の値 μ に対して $f(c) = \mu$ となる $c \in [a,b]$ が存在する．

[証明]　$f(a) < f(b)$ として証明する．$f(a) < \mu < f(b)$ に対して，集合 $A = \{x \in [a,b] \mid f(x) < \mu\}$ を定義すると，A は有界集合であるから $\sup A = c \in [a,b]$ が定まる．上限の定義より，A の点からなる数列 $\{x_n\}$ を $a \le x_n \le c$ および $x_n \to c$ $(n \to \infty)$ をみたすように選べる．$f(x_n) < \mu$ であるから，f の連続性より $\lim_{n \to \infty} f(x_n) = f(c) \le \mu$ である（図 2.5）．

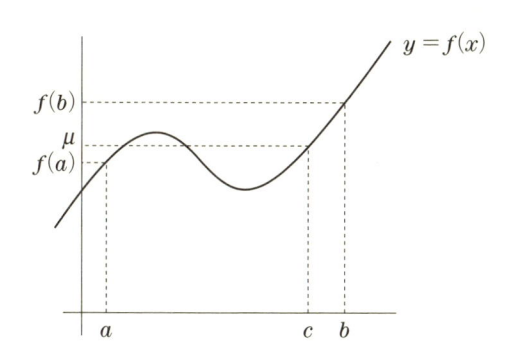

図 2.5　中間値

一方，数列 $\{y_n\}$ を $y_n > c$ および $y_n \to c$ をみたすようにとると，y_n は A に含まれないから $f(y_n) \ge \mu$ が成り立つ．ここで $n \to \infty$ とすれば f の連続性より $f(c) \ge \mu$ である．これらの結果を組み合わせれば $f(c) = \mu$ となる． ∎

問 2.10　n を奇数，$a_1, a_2, \cdots, a_n$ を実定数とするとき任意の α に対して $x^n + a_1 x^{n-1} + a_2 x^{n-2} + \cdots + a_n = \alpha$ をみたす解が少なくとも 1 つ存在することを示せ．

問 2.11　方程式 $\sin x - 2x \cos x = 0$ は $(0, \pi/2)$ 内に少なくとも 1 つ解をもつことを示せ．

a) 逆関数の連続性

中間値の定理を使って逆関数を構成できる．閉区間 $[a,b]$ 上の連続関数 f は狭義単調増加, すなわち

$$a \leq x_1 < x_2 \leq b \quad \text{ならば} \quad f(x_1) < f(x_2)$$

とする．中間値の定理により任意の $y \in [f(a), f(b)]$ に対して $y = f(x)$ をみたす $x \in [a,b]$ が存在し, しかも f の狭義単調増加性よりただ1つ定まる．この対応

$$y \to x$$

が f の**逆関数** (inverse function) である．1.2 節 (c) で表したように逆関数を $x = f^{-1}(y)$ と表す．f^{-1} が単調増加となることは明らかであろう．

この議論は f が狭義単調減少関数のときにも成り立ち, 狭義単調減少な逆関数 f^{-1} が定まる．

1.3 節では三角関数から逆三角関数を構成し, その性質を調べた．ここでは逆関数について基本的性質を定理にまとめよう．

定理 2.4.5 f を閉区間 $[a,b]$ で狭義単調増加（または狭義単調減少）な連続関数とする．$\alpha = f(a), \beta = f(b)$ とおくと, 閉区間 $[\alpha, \beta]$（または $[\beta, \alpha]$）で定義された逆関数 f^{-1} が定まり, f^{-1} も狭義単調増加（または狭義単調減少）な連続関数である．

[証明] f^{-1} の連続性を示せば十分である．f は狭義単調増加と仮定し, 任意の点 $y_0 \in [\alpha, \beta]$ において

$$f^{-1}(y_0 + h) - f^{-1}(y_0)$$

を考える．$h > 0$ とすると f^{-1} の単調増加性より $x_h = f^{-1}(y_0 + h) > f^{-1}(y_0)$ である．$h \downarrow 0$ のとき x_h は単調に減少し, しかも下に有界である．よって極限 $\lim_{h \to +0} x_h$ が定まり, この値を x_0 とおく．

$$y_0 + h = f(x_h)$$

において $h \downarrow 0$ とすれば, f の連続性より $y_0 = f(x_0)$, すなわち $x_0 = f^{-1}(y_0)$ であるから

$$\lim_{h\to +0} x_h = \lim_{h\to +0} f^{-1}(y_0 + h) = f^{-1}(y_0).$$

$h < 0$ のときも同様な議論を繰り返せばよく，f^{-1} の連続性が示される． ∎

b) 一様連続性

f が区間 I で連続ということは任意の $a \in I$ において f が連続となることであり，定義 2.3.9 では任意の ϵ に対してある δ が存在して

$$|x - a| < \delta \quad \text{なるすべての } x \in I \text{ において} \quad |f(x) - f(a)| < \epsilon \tag{2.10}$$

となることであった．このとき δ は ϵ と a に応じて決まる数であるから，$\delta = \delta(a, \epsilon)$ のように a, ϵ への依存性を明示するとわかりやすい．(2.10) において $\delta = \delta(\epsilon)$ が a とは無関係に ϵ のみに依存する数として定まる場合がある．これが第 4 章で必要となる一様連続性の概念である．

定義 2.4.6 $f : I \to \mathbb{R}$ が I で**一様連続** (uniformly continuous) であるとは任意の正数 ϵ に対して（ϵ のみに依存して定まる）正数 δ が存在して

$$|x - y| < \delta \quad \text{なるすべての } x, y \in I \text{ について} \quad |f(x) - f(y)| < \epsilon$$

をみたすことをいう．

このように一様連続性は単なる連続性よりも強い概念であり，$f : I \to \mathbb{R}$ が I で一様連続であれば，当然 I で連続となる．実は I が有界閉区間の場合は逆も成立する．

定理 2.4.7 有界閉区間 I で連続な関数 f は I で一様連続である．

［**証明**］ 背理法で示す．結論を否定すると，ある正数 ϵ_0 が存在してどんな正数 δ に対しても $|x_\delta - y_\delta| < \delta$ でありながら $|f(x_\delta) - f(y_\delta)| \geq \epsilon_0$ をみたすような $x_\delta, y_\delta \in I$ を選ぶことができる．とくに $\delta = \frac{1}{n}$ $(n \in \mathbb{N})$ のとき x_δ, y_δ をそれぞれ $x_n, y_n \in I$ と表せば

$$|x_n - y_n| < \frac{1}{n}, \qquad |f(x_n) - f(y_n)| \geq \epsilon_0 \tag{2.11}$$

をみたすことがわかる．ここで I は有界であるからボルツァーノ–ワイエルシュトラスの定理（定理 2.2.17）より $\{x_n\}$ の部分列で収束するものが存在し，I は閉区間であるから極限は I に含まれる．すなわち $\{x_n\}$ の部分列 $\{x_{n_k}\}$ で

$$\lim_{k\to\infty} x_{n_k} = a \in I$$

となるものが存在する．このとき (2.11) の最初の不等式より

$$\lim_{k\to\infty} y_{n_k} = a.$$

したがって f の連続性より

$$\lim_{k\to\infty} |f(x_{n_k}) - f(y_{n_k})| = |f(a) - f(a)| = 0$$

となる．しかし，これは (2.11) の最後の不等式に矛盾する． ∎

2.5 初 等 関 数

ここでは主として指数関数，対数関数について，前節の結果を利用してあらためて定義しなおしてみよう．

a) 巾関数 $x^p (p \in \mathbb{Q})$ の定義

まず $m \in \mathbb{N}$ に対して $y = f(x) = x^m$ $(x \geq 0)$ を考えると $x \geq 0$ において狭義単調増加な連続関数である．よって定理 2.4.5 より連続な逆関数

$$x = f^{-1}(y) = y^{1/m}, \qquad y \geq 0$$

が定まる．ここで x と y の役割を入れ換えれば $x \geq 0$ について狭義単調増加な連続関数 $y = x^{1/m}$ が定まる．

次に $y = g(x) = x^{1/m}$ とおき，$f(y) = y^n$ との合成関数 $h(x) = f(g(x))$ を考える．このとき

$$x^{n/m} = (x^{1/m})^n = f(g(x))$$

であるから，関数 $h(x) = x^{n/m}$ が定義され，定理 2.3.11 より h は連続である．

b) 指数関数 $a^x (a > 0,\ a \neq 1)$ の定義

指数関数 a^x $(a > 0, a \neq 1)$ を定義しておこう．話を簡単にするため $a > 1$，$x \geq 0$ とする．$x < 0$ のときは $a^x = \dfrac{1}{a^{-x}}$ とすることにより，a^x が $x \in \mathbb{R}$ で定義できる．また $0 < a < 1$ のときは $a^x = \left(\dfrac{1}{a}\right)^{-x}$ によって定めればよい．

2.5 初等関数

x が正の有理数とすると，$x = \frac{n}{m}$ $(m, n \in \mathbb{N})$ と表される．したがって，a) の議論から a^x は定義される．このとき x, y がともに有理数ならば，以下の**指数法則**

$$a^{x+y} = a^x a^y, \quad (a^x)^y = a^{xy}, \quad (ab)^x = a^x b^x \tag{2.12}$$

を示すのは難しくない．さらに有理数 p, q が $p < q$ をみたせば $a^p < a^q$ となることにも注意しておこう．

次に x が無理数のときを考えよう．このときは

$$a^x = \sup\{a^p \mid p \in \mathbb{Q},\ p < x\} \tag{2.13}$$

によって定義する．実際 $x < q$ をみたす有理数 q をとれば，$p \in \mathbb{Q}$, $p < x$ をみたすすべての p に対して $a^p < M = a^q$ である．したがって (2.13) において上限を定義する集合は有界となり，$\sup\{a^p \mid p \in \mathbb{Q},\ p < x\}$ が有限値として確定し，a^x が定まる．なお上限の定義より $\lim_{n \to \infty} p_n = x$, $p_n < x$, $p_n \in \mathbb{Q}$ および

$$a^x = \lim_{n \to \infty} a^{p_n} \tag{2.14}$$

をみたす単調増加数列 $\{p_n\}$ が存在する．実は $\lim_{n \to \infty} q_n = x$, $q_n < x$, $q_n \in \mathbb{Q}$ をみたす任意の単調増加数列 $\{q_n\}$ についても $\lim_{n \to \infty} a^{q_n} = a^x$ が成立する．

これを示すために $\lim_{n \to \infty} a^{q_n} = \alpha$ とおく．$p_n < x$ に対して $\lim_{m \to \infty} q_m = x$ であるから，$m \in \mathbb{N}$ を十分大きくとれば $p_n < q_m < x$ をみたすように q_m を選ぶことができる．これより $a^{p_n} < a^{q_m} \leq \alpha$ が成り立ち，$n \to \infty$ とすれば $a^x \leq \alpha$ が成立する．一方，$\{p_n\}$ と $\{q_n\}$ の役割を入れ換えれば $\alpha \leq a^x$ が示される．したがって $a^x = \alpha$ が成り立ち，$\{a^{p_n}\}, \{a^{q_n}\}$ は同一の極限に収束する．すなわち指数関数は (2.13) で定義したが，数列を用いると $\lim_{n \to \infty} p_n = x$, $p_n < x$, $p_n \in \mathbb{Q}$ をみたすどんな単調増加数列をとっても，数列の選び方に関係なく，(2.14) によって a^x を定義できることがわかった．

a^x の単調増加性は明らかだから，連続性について述べておこう．$f(x) = a^x$ とおくと，任意の $x \in \mathbb{R}$ において単調性より左極限 $f(x-0) = \lim_{h \to +0} f(x-h)$ および右極限 $f(x+0) = \lim_{h \to +0} f(x+h)$ が存在し，$f(x-0) \leq f(x+0)$ が成り立っている．そこで連続性を示すには $f(x-0) = f(x+0)$ を示せば十分である．有理数の稠密性（定理 2.1.5）を利用して $p < x < q$ をみたす $p, q \in \mathbb{Q}$ をとれば

$$a^p < a^x < a^q$$

である．$a^q - a^p = a^p(a^{q-p} - 1)$ となり，任意の $n \in \mathbb{N}$ に対して $0 < q-p < \dfrac{1}{n}$ をみたすように $p, q \in \mathbb{Q}$ がとれる．しかも $\displaystyle\lim_{n\to\infty} a^{1/n} = 1$ であるから，$p, q \in \mathbb{Q}$ $(p < x < q)$ を x の十分近くにとれば，$a^q - a^p$ はどれだけでも小さくできる．よって $f(x-0) = f(x+0)$ を示すことができる．

問 2.12 $a > 1$ のとき，以下を示せ．
$$\lim_{x\to\infty} a^x = \infty \quad \text{かつ} \quad \lim_{x\to-\infty} a^x = 0$$

最後に指数法則 (2.12) について述べる．まず x, y が有理数のときは成立していることに注意する．x または y が無理数のときには x, y に収束するような有理数からなる数列をとれば，極限移行によって (2.12) を示すことができる．

問 2.13 a^x について指数法則 (2.12) が成り立つことを示せ．

c) 対数関数

$a > 1$ のとき指数関数 $y = f(x) = a^x$ は狭義単調増加な連続関数であり，問 2.12 より値域は $(0, \infty)$ である．また，$0 < a < 1$ のとき $y = a^x$ は狭義単調減少な連続関数であり，値域は $(0, \infty)$ である．よって $y \in (0, \infty)$ に対して $y = f(x)$ より逆関数 $x = f^{-1}(y)$ が定まる．x, y を入れ換えて

$$f^{-1}(x) = \log_a x \tag{2.15}$$

と定義し，a を底とする**対数関数** (logarithmic function) が定まる．したがって，指数関数 a^x と対数関数 $\log_a x$ はお互いに逆関数の関係にある．なお，とくに $a = e$ のときに $\log_e x = \log x$ と表され，**自然対数関数** (natural logarithmic function) と呼ばれる．

2.6 級　　数

a) 無限級数

数列 $\{a_n\}$ が与えられたとき

$$a_1 + a_2 + a_3 + \cdots + a_n + \cdots$$

を**無限級数** (infinite series) といい $\sum_{k=1}^{\infty} a_k$ と表す．これはあくまで形式的な和であり，級数に意味をもたせるためには次のように考える．数列 $\{a_n\}$ の最初の n 項の和を S_n，すなわち

$$S_n = \sum_{k=1}^{n} a_k = a_1 + a_2 + a_3 + \cdots + a_n$$

とおく．この $\{S_n\}$ の収束発散によって級数の収束発散を定める．

定義 2.6.1 $n \to \infty$ で $\{S_n\}$ が収束するとき，級数 $\sum_{k=1}^{\infty} a_k$ は**収束する** (converge) といい，$\lim_{n \to \infty} S_n = \alpha$ ならば

$$\alpha = \sum_{k=1}^{\infty} a_k$$

と表す．また $\{S_n\}$ が発散するとき，級数 $\sum_{k=1}^{\infty} a_k$ は**発散する** (diverge) といい，とくに $\lim_{n \to \infty} S_n = \pm\infty$ ならば，$\sum_{k=1}^{\infty} a_k = \pm\infty$ と表す．

2.2 節で述べた数列の収束判定条件（定理 2.2.16) を利用すると，数列 $\{S_n\}$ が収束するための必要十分条件は $m > n$ について

$$|S_m - S_n| = |\sum_{k=n+1}^{m} a_k| \to 0 \quad (m, n \to \infty)$$

となることである．この結果を整理すれば次の定理が得られる．

定理 2.6.2 級数 $\sum_{k=1}^{\infty} a_k$ が収束するための必要十分条件は，任意の $\epsilon > 0$ に対して十分大きな N をとれば，$m > n \geq N$ をみたすすべての $m, n \in \mathbb{N}$ に対して

$$|\sum_{k=n+1}^{m} a_k| < \epsilon$$

となることである．

系 2.6.3 級数 $\sum_{k=1}^{\infty} a_k$ が収束すれば，$\lim_{n \to \infty} a_n = 0$ である．

[**証明**] 定理 2.6.2 において $m = n+1$ とすれば，$n \geq N$ のとき $|a_{n+1}| < \epsilon$ となることに注意すればよい． ∎

注意 2.6.4 系 2.6.3 の逆は正しくない．すなわち，数列 $\lim_{n \to \infty} a_n = 0$ であるからといって，級数 $\sum_{k=1}^{\infty} a_k$ が収束するとは限らない．実際 $\sum_{k=1}^{\infty} \frac{1}{k}$ を考えると，$2^{m+1} > n \geq 2^m$ なるとき部分和 S_n は

$$\begin{aligned}
S_n &\geq 1 + \frac{1}{2} + \left(\frac{1}{3} + \frac{1}{4}\right) + \left(\frac{1}{5} + \frac{1}{6} + \frac{1}{7} + \frac{1}{8}\right) + \cdots \\
&\qquad + \left(\frac{1}{2^{m-1}+1} + \cdots + \frac{1}{2^m}\right) \\
&> 1 + \frac{1}{2} + \left(\frac{1}{4} + \frac{1}{4}\right) + \left(\frac{1}{8} + \frac{1}{8} + \frac{1}{8} + \frac{1}{8}\right) + \cdots + \left(\frac{1}{2^m} + \cdots + \frac{1}{2^m}\right) \\
&= 1 + \frac{1}{2} + \frac{1}{2} + \frac{1}{2} + \cdots + \frac{1}{2} = 1 + \frac{m}{2}
\end{aligned}$$

であるから，上の不等式の右辺は $n \to \infty$ とともに発散する．このように，$\sum_{n=1}^{\infty} \frac{1}{n}$ は $\frac{1}{n} \to 0 \ (n \to \infty)$ であるにもかかわらず，発散する例である．

例題 2.6.5 $\sum_{k=1}^{\infty} \frac{1}{k^2}$ は収束することを示せ．

[**解答**] $k \geq 2$ のとき $\frac{1}{k^2} < \frac{1}{k(k-1)} = \frac{1}{k-1} - \frac{1}{k}$ であるから，$m > n$ のとき部分和 $\{S_n\}$ について

$$\sum_{k=n+1}^{m} \frac{1}{k^2} < \sum_{k=n+1}^{m} \frac{1}{k(k-1)} = \frac{1}{n} - \frac{1}{m} \to 0 \quad (m, n \to \infty)$$

となり，定理 2.6.2 より級数の収束がわかる．

b) 級数の収束判定法—正項級数

各項について $a_k \geq 0$ となるような級数 $\sum_{k=1}^{\infty} a_k$ を**正項級数** (positive series) という．ここでは正項級数が収束するかどうか，その判定法を考えよう．部分和 $S_n = \sum_{k=1}^{n} a_k$ は単調増加な数列であるから，数列 $\{S_n\}$ は有界であるか，または発散するかのいずれかである．

定理 2.6.6 正項級数 $\sum_{k=1}^{\infty} a_k$ が収束することと数列 $\{S_n\}$ が有界であることは同値である．

［証明］ 定理 2.2.11 より，$\{S_n\}$ が有界ならば級数は収束し，$\{S_n\}$ が発散すれば級数は発散するから定理の同値性が成立する． ∎

ネピア数 e については級数でも与えられることを証明しておこう．

例題 2.6.7 $\sum_{k=0}^{\infty} \dfrac{1}{k!} = e$, ただし $0! = 1$ である．

［解答］ まず級数 $\sum_{k=0}^{\infty} \dfrac{1}{k!}$ が収束することを示す．部分和

$$S_n = 1 + 1 + \frac{1}{2!} + \frac{1}{3!} + \cdots + \frac{1}{n!}$$

において，$n \geq 2$ のとき $n! = n(n-1)(n-2)\cdots 2 \cdot 1 \geq 2^{n-1}$ であるから

$$S_n < 1 + 1 + \frac{1}{2} + \frac{1}{2^2} + \cdots + \frac{1}{2^{n-1}} = 3 - \frac{1}{2^{n-1}}.$$

これより $\{S_n\}$ は有界列となり，定理 2.6.6 により級数は収束する．$\sum_{k=0}^{\infty} \dfrac{1}{k!} = e$ を示すために

$$\lim_{n \to \infty} \left(1 + \frac{1}{n}\right)^n = e$$

に注意する．$a_n = \left(1 + \dfrac{1}{n}\right)^n$ とおくと，2 項展開により

$$a_n = \frac{1}{n^n} \sum_{k=0}^{n} {}_nC_k n^{n-k} = \sum_{k=0}^{n} \frac{1}{k!} \cdot \frac{n(n-1)\cdots(n-k+1)}{n^k}$$
$$= \sum_{k=0}^{n} \frac{1}{k!} \cdot 1 \cdot \left(1 - \frac{1}{n}\right) \cdots \left(1 - \frac{k-1}{n}\right) < \sum_{k=0}^{n} \frac{1}{k!} = S_n.$$

よって

$$e = \lim_{n \to \infty} a_n \leq \lim_{n \to \infty} S_n = \sum_{k=0}^{\infty} \frac{1}{k!}. \tag{2.16}$$

次に $m \leq n$ をみたす $m \in \mathbb{N}$ を任意にとり固定する．

$$a_{n,m} := \frac{1}{n^n} \sum_{k=0}^{m} {}_nC_k n^{n-k} = \sum_{k=0}^{m} \frac{1}{k!} \cdot 1 \cdot \left(1 - \frac{1}{n}\right) \cdots \left(1 - \frac{k-1}{n}\right)$$

であるから，$n \to \infty$ とすれば

$$S_m = \sum_{k=0}^{m} \frac{1}{k!} = \lim_{n \to \infty} a_{n,m} \leq \lim_{n \to \infty} a_n = e.$$

この式は任意の m について成立するから，$m \to \infty$ とすれば

$$\lim_{m \to \infty} S_m = \sum_{k=0}^{\infty} \frac{1}{k!} \leq e. \tag{2.17}$$

よって (2.16), (2.17) から $\lim_{n \to \infty} S_n = e$ がわかる．

　正項級数の収束について定理 2.6.6 は収束のための必要十分条件を与えているが，実際に級数の収束・発散を判定するにはいろいろな判定法がある．以下，混乱のおそれがないときには $\sum_{n=1}^{\infty} a_n$ の代わりに単に $\sum a_n$ とかくことにする．

定理 2.6.8　比較判定法

　2 つの正項級数 $\sum a_n$, $\sum b_n$ について，ある正数 $C > 0$ を選べば，有限個の $n \in \mathbb{N}$ を除いて

$$a_n \leq C b_n$$

とする．

2.6 級数

(i) $\sum b_n$ が収束すれば $\sum a_n$ も収束する．

(ii) $\sum a_n$ が発散すれば $\sum b_n$ も発散する．

[証明] 仮定より N を大きくとれば $k \geq N$ となるすべての $k \in \mathbb{N}$ について $a_k \leq C b_k$．このとき

$$\sum_{k=N}^n a_k \leq C \sum_{k=N}^n b_k \qquad (2.18)$$

となることに注意する．

(i) $\sum b_n = M < \infty$ とする．このとき (2.18) の右辺 $\leq CM$ である．したがって左辺に $a_1, a_2, \cdots, a_{N-1}$ を加えると

$$S_n = \sum_{k=1}^n a_k \leq a_1 + a_2 + \cdots + a_{N-1} + CM < \infty$$

であるから，定理 2.6.6 より $\sum a_n$ も収束する．

(ii) $\sum a_n$ が発散すれば，$n \to \infty$ とすると (2.18) の左辺 $\to \infty$ である．よって $\sum b_n$ も発散することがわかる． ■

級数の収束・発散を調べたいときに，比較判定法を使うためには等比級数などのように収束・発散についてよく知られた級数と比較するわけである．

例 2.6.9 次の級数の収束発散を調べよう．

(i) $\displaystyle\sum_{n=1}^\infty \frac{n}{n^3+1}$ \qquad (ii) $\displaystyle\sum_{n=2}^\infty \frac{1}{\log n}$

(i) は例題 2.6.5 より $\sum \dfrac{1}{n^2} < \infty$ であるから，$\dfrac{n}{n^3+1} < \dfrac{1}{n^2}$ を利用すれば $\sum \dfrac{n}{n^3+1}$ の収束がわかる．

(ii) は $x > 1$ のとき $x > \log x$ であるから，$n \geq 2$ のとき $\dfrac{1}{\log n} > \dfrac{1}{n}$．よって $\sum \dfrac{1}{n}$ が発散することより $\sum \dfrac{1}{\log n}$ も発散することがわかる．

問 2.14 次の級数の収束・発散を調べよ．

(i) $\displaystyle\sum_{n=1}^\infty \frac{1}{\sqrt{n(n+1)}}$ \qquad (ii) $\displaystyle\sum_{n=1}^\infty \sin\frac{a}{n}$ \quad $(a>0)$

(iii) $\displaystyle\sum_{n=1}^\infty \left(1 - \cos\frac{a}{n}\right)$ \quad $(a>0)$ \qquad (iv) $\displaystyle\sum_{n=1}^\infty \frac{1}{n+1}\log\left(1+\frac{1}{n}\right)$

簡単で有益な正項級数の収束判定法をいくつか紹介しよう．

定理 2.6.10 コーシー (Cauchy) の判定法

$\sum a_n$ を正項級数とする．
（ⅰ） $\lim_{n\to\infty} a_n^{1/n} = r < 1$ ならば $\sum a_n$ は収束する．
（ⅱ） $\lim_{n\to\infty} a_n^{1/n} = r > 1$ ならば $\sum a_n$ は発散する．

［証明］（ⅰ）$r < 1$ とする．$\epsilon > 0$ を $r + \epsilon < 1$ をみたすように十分小さくとると，極限の定義より N を十分大きくとれば $n \geq N$ となるすべての $n \in \mathbb{N}$ について

$$a_n^{1/n} < r + \epsilon, \quad \text{したがって} \quad a_n < (r+\epsilon)^n$$

が成り立つ．ここで $\sum (r+\epsilon)^n$ は収束するから定理 2.6.8 より級数 $\sum a_n$ は収束する．

（ⅱ）$\lim_{n\to\infty} a_n^{1/n} = r > 1$ だから，十分大きい n について $a_n \geq 1$ である．したがって $\lim_{n\to\infty} a_n = 0$ とならないので，系 2.6.3 より級数は発散する． ∎

注意 2.6.11 上の判定法において極限 $\lim_{n\to\infty} a_n^{1/n}$ が定まらないときには，ほぼ同じ証明方法で以下の結果を示すことができる．
（ⅰ） $\limsup_{n\to\infty} a_n^{1/n} = r < 1$ ならば $\sum a_n$ は収束する．
（ⅱ） $\limsup_{n\to\infty} a_n^{1/n} = r > 1$ ならば $\sum a_n$ は発散する．

定理 2.6.12 ダランベール (d'Alembert) の判定法

$\sum a_n$ を正項級数とする．
（ⅰ） $\lim_{n\to\infty} \dfrac{a_{n+1}}{a_n} = r < 1$ ならば $\sum a_n$ は収束する．
（ⅱ） $\lim_{n\to\infty} \dfrac{a_{n+1}}{a_n} = r > 1$ ならば $\sum a_n$ は発散する．

［証明］

（ⅰ）$r < 1$ とする．$\epsilon > 0$ を $r + \epsilon < 1$ をみたすようにとると，N を十分大きくとれば

$$\frac{a_{n+1}}{a_n} < r + \epsilon \quad (n \geq N)$$

が成り立つ．とくに $n \geq N$ ならば，$a_n < (r+\epsilon)^{n-N} a_N$ となる．公比が 1 より小さい等比級数の収束性と定理 2.6.8 より級数 $\sum a_n$ は収束する．

(ii) $r > 1$ であるから，十分大きい N をとれば $n \geq N$ のとき $a_{n+1} > a_n$，すなわち

$$a_n > a_{n-1} > \cdots > a_N$$

である．したがって $\lim_{n\to\infty} a_n = 0$ とならないので，系 2.6.3 より級数は発散する． ∎

注意 2.6.13 $\lim_{n\to\infty} \dfrac{a_{n+1}}{a_n}$ が収束しないときは注意 2.6.11 と同様に次の結果が成立する：

(ⅰ) $\limsup_{n\to\infty} \dfrac{a_{n+1}}{a_n} = r < 1$ ならば $\sum a_n$ は収束する．

(ⅱ) $\liminf_{n\to\infty} \dfrac{a_{n+1}}{a_n} = r > 1$ ならば $\sum a_n$ は発散する．

例 2.6.14 a を正数，l を自然数とするとき級数 $\sum_{n=1}^{\infty} \dfrac{n^l}{a^n}$ の収束発散を調べる．$a_n = \dfrac{n^l}{a^n}$ とおくと，$n \to \infty$ のとき

$$\frac{a_{n+1}}{a_n} = \frac{(n+1)^l}{a^{n+1}} \cdot \frac{a^n}{n^l} = \left(1 + \frac{1}{n}\right)^l \cdot \frac{1}{a} \to \frac{1}{a}.$$

したがって定理 2.6.12 より，級数は $a > 1$ ならば収束し，$a < 1$ ならば発散する．

問 2.15 次の級数の収束・発散を調べよ．

(ⅰ) $\sum_{n=1}^{\infty} \dfrac{a^n}{n!}$ $(a > 0)$ (ⅱ) $\sum_{n=1}^{\infty} \dfrac{n^l}{n!}$ (l 自然数)

(ⅲ) $\sum_{n=1}^{\infty} \left(1 - \dfrac{1}{n}\right)^{n^2}$ (ⅳ) $\sum_{n=1}^{\infty} \dfrac{n!}{n^n}$ (ⅴ) $1 + \dfrac{1 \cdot 2}{1 \cdot 3} + \dfrac{1 \cdot 2 \cdot 3}{1 \cdot 3 \cdot 5} + \cdots$

コーシーやダランベールの判定法が使えないケースもある．たとえば $p > 0$ のとき級数 $\sum_{n=1}^{\infty} \dfrac{1}{n^p}$ の収束・発散を考える．このとき $a_n = \dfrac{1}{n^p}$ とおくと

$$a_n^{1/n} = \frac{1}{n^{p/n}} < 1, \qquad \frac{a_{n+1}}{a_n} = \frac{n^p}{(n+1)^p} < 1$$

であるが,定理 2.6.10 や定理 2.6.12 が適用できるわけではない.極限をとれば

$$\lim_{n\to\infty} a_n^{1/n} = 1 \quad \text{および} \quad \lim_{n\to\infty} \frac{a_{n+1}}{a_n} = 1$$

であるから,定理 2.6.10 や定理 2.6.12 における $r=1$ のケースとなり,これらの定理では判定できない.実際,注意 2.6.4 より級数は $p=1$ のとき発散し,例題 2.6.5 より $p=2$ のとき収束することがわかる.この例のようにコーシー,ダランベールの判定法において $r=1$ となる場合は別の判定方法を考えなければならない.

積分による判定 次の例題では積分を利用した判定法を紹介しよう.

例題 2.6.15 級数 $\sum_{n=1}^{\infty} \frac{1}{n^p}$,$p>0$ は $p>1$ で収束し,$0<p\leq 1$ で発散することを示せ.

[**解答**] 部分和 $S_n = \sum_{k=1}^{n} \frac{1}{k^p}$ の収束・発散を調べればよい.関数 $\frac{1}{x^p}$ は単調減少関数であるから図 2.6 より

$$\int_1^{n+1} \frac{1}{x^p} dx < S_n < 1 + \int_1^n \frac{1}{x^p} dx \tag{2.19}$$

が成り立つ.一方

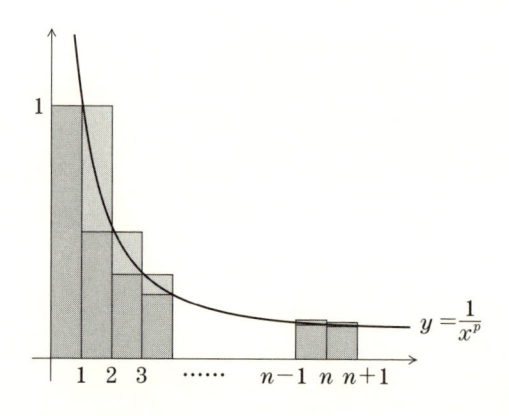

図 2.6

$$\int_1^m \frac{1}{x^p}dx = \begin{cases} \dfrac{1}{p-1}(1-m^{1-p}), & p \neq 1, \\ \log m, & p = 1, \end{cases}$$

であるから, $m \to \infty$ のとき積分は $p > 1$ のとき収束し, $p \leq 1$ のとき発散する. したがって (2.19) を用いれば $\sum \dfrac{1}{k^p}$ も $p > 1$ のとき収束し, $p \leq 1$ のとき発散することがわかる.

問 2.16 次の級数の収束・発散を調べよ.

(i) $\displaystyle\sum_{n=2}^{\infty} \frac{\log n}{n^2}$ (ii) $\displaystyle\sum_{n=2}^{\infty} \frac{1}{n(\log n)^p}$ $(p > 0)$

c) 級数の収束判定法—交代級数

各項の符号が交互に変わる級数を**交代級数**(または**交項級数**)(alternating series) という. たとえば

$$1 - \frac{1}{2} + \frac{1}{3} - \frac{1}{4} + \cdots \tag{2.20}$$

のような級数である. このような級数について次の収束判定法が知られている.

定理 2.6.16 ライプニッツ (Leibniz) の定理

$\{a_n\}$ が

$$a_n \geq a_{n+1} > 0 \quad (n = 1, 2, 3, \cdots) \quad \text{かつ} \quad \lim_{n \to \infty} a_n = 0$$

をみたせば, 交代級数 $\displaystyle\sum_{n=1}^{\infty}(-1)^{n-1}a_n$ および $\displaystyle\sum_{n=1}^{\infty}(-1)^n a_n$ は収束する.

[**証明**] 証明のアイデアは同じであるから, $\sum(-1)^{n-1}a_n$ の場合を考える. 第 1 項から第 n 項までの部分和を S_n とすると

$$S_{2m} = (a_1 - a_2) + (a_3 - a_4) + \cdots + (a_{2m-1} - a_{2m}),$$
$$S_{2m+1} = a_1 - (a_2 - a_3) - \cdots - (a_{2m} - a_{2m+1}),$$

であるから, $\{S_{2m}\}$ は単調増加数列, $\{S_{2m+1}\}$ は単調減少数列となる. しかも

$$S_{2m+1} = S_{2m} + a_{2m+1} > S_{2m} \tag{2.21}$$

であるから

$$0 < S_2 \le S_4 \le \cdots \le S_{2m} \le \cdots \le S_{2m+1} \le \cdots \le S_3 \le S_1$$

となる．これより $\{S_{2m}\}$ は上に有界な単調増加数列，$\{S_{2m+1}\}$ は下に有界な単調減少数列となり，定理 2.2.11 より極限 $\lim_{n\to\infty} S_{2m} = \alpha$，$\lim_{n\to\infty} S_{2m+1} = \beta$ が存在する．(2.21) において $n \to \infty$ とすれば，仮定より

$$\beta = \lim_{n\to\infty} S_{2m+1} = \lim_{n\to\infty} S_{2m} + \lim_{n\to\infty} a_{2m+1} = \alpha$$

となる．以上より $\lim_{n\to\infty} S_n = \alpha$ となり，交代級数 $\sum (-1)^{n-1} a_n$ は収束することがわかる． ■

定理 2.6.16 より級数 (2.20) は収束することがわかる．

d) 絶対収束級数

級数 $\sum |a_n|$ が収束するとき級数 $\sum a_n$ は **絶対収束** (absolute convergence) するといい，$\sum a_n$ を **絶対収束級数** (absolute convergent series) という．

定理 2.6.17 絶対収束する級数 $\sum a_n$ は収束する．

[証明] $m > n$ のとき

$$\left| \sum_{k=n+1}^{m} a_k \right| \le \sum_{k=n+1}^{m} |a_k|.$$

$\sum |a_n|$ は収束するから上式の右辺は $m, n \to \infty$ とともに 0 に収束する．よって定理 2.6.2 より $\sum a_n$ の収束することがわかる． ■

定理 2.6.17 の逆は成り立たない．すなわち $\sum a_n$ は収束するが，$\sum |a_n| = \infty$ となるものがある．たとえば，$\sum_{n=1}^{\infty} (-1)^{n-1} \frac{1}{n}$ である．このように $\sum |a_n| = \infty$ であるが，$\sum a_n$ は収束するとき，$\sum a_n$ は **条件収束** (conditional convergence) するという．

$\sum |a_n|$ は正項級数であるからこの級数が絶対収束するかどうかについては，正項級数の収束判定法が使える．以下では絶対収束する級数の性質を調べよう．

定理 2.6.18 $\sum a_n$ は絶対収束する級数で $\sum a_n = S$ とする．このとき $\sum a_n$ において項の順序を入れ替えた級数 $\sum a'_n$ も収束し，$\sum a'_n = S$ である．

[**証明**] まず $\sum a_n$ が正項級数のときを考える．$\sum a'_n$ は項の順序を入れ替えた級数だから $a'_1 = a_{n_1}, a'_2 = a_{n_2}, \cdots, a'_m = a_{n_m}, \cdots$，と表すことができる．任意の部分和について

$$S'_m = \sum_{n=1}^{m} a'_n \leq \sum_{n=1}^{N} a_n \leq S, \qquad N = \max\{n_1, n_2, \cdots, n_m\},$$

であるから，$\{S'_m\}$ は有界列となり $\sum a'_n$ は収束する．このとき上の不等式より $\sum a'_n \leq \sum a_n$ である．一方，$\sum a_n$ は $\sum a'_n$ の項の順序を入れ替えた級数とみなすこともできるから，上と同様の議論により $\sum a_n \leq \sum a'_n$ が成り立つ．以上より正項級数のときは $\sum a_n = \sum a'_n$ である．

次に $\sum a_n$ が一般の級数のときを考える．

$$b_n = \begin{cases} a_n & (a_n \geq 0) \\ 0 & (a_n < 0) \end{cases} \qquad c_n = \begin{cases} 0 & (a_n \geq 0) \\ -a_n & (a_n < 0) \end{cases}$$

とおけば，$\sum |a_n| = \sum b_n + \sum c_n$ は収束するから，$\sum b_n, \sum c_n$ は共に収束する正項級数である．また前述の議論により項の順序を入れ替えた級数 $\sum b'_n, \sum c'_n$ について，常に $\sum b_n = \sum b'_n$，$\sum c_n = \sum c'_n$ が成り立つ．ここで $a_n = b_n - c_n$ に注意すると，$a'_n = b'_n - c'_n$ となるから

$$\sum a'_n = \sum b'_n - \sum c'_n = \sum b_n - \sum c_n = \sum a_n$$

が成立する． ∎

級数の積 級数 $\sum a_n, \sum b_n$ に対して

$$c_n = a_1 b_n + a_2 b_{n-1} + \cdots + a_n b_1 = \sum_{k=1}^{n} a_k b_{n+1-k} \quad (n = 1, 2, 3, \cdots)$$

によって級数 $\sum c_n$ を定義する．このとき $\sum c_n$ を $\sum a_n$ と $\sum b_n$ の**積**という．

定理 2.6.19 級数 $\sum a_n, \sum b_n$ が絶対収束し，$\sum a_n = S, \sum b_n = T$ ならば級数の積 $\sum c_n$ も絶対収束し，$\sum c_n = ST$ が成り立つ．

[**証明**]

$$S_m = \sum_{k=1}^{m} a_k, \quad T_m = \sum_{k=1}^{m} b_k, \quad \tilde{S}_m = \sum_{k=1}^{m} |a_k|, \quad \tilde{T}_m = \sum_{k=1}^{m} |b_k|$$

とおく．絶対収束性より正数 $\tilde{S}, \tilde{T}$ をすべての $m \in \mathbb{N}$ について $\tilde{S}_m \leq \tilde{S}$, $\tilde{T}_m \leq \tilde{T}$ をみたすようにとれる．また

$$|c_n| \leq |a_1 b_n| + |a_2 b_{n-1}| + \cdots + |a_n b_1|$$

であるから

$$\sum_{k=1}^n |c_k| \leq |a_1 b_1| + (|a_1 b_2| + |a_2 b_1|) + \cdots + (|a_1 b_n| + |a_2 b_{n-1}| + \cdots + |a_n b_1|)$$
$$\leq |a_1|\tilde{T}_n + |a_2|\tilde{T}_{n-1} + \cdots + |a_n|\tilde{T}_1$$
$$\leq \tilde{T}_n(|a_1| + |a_2| + \cdots + |a_n|) \leq \tilde{S}_n \tilde{T}_n \leq \tilde{S}\tilde{T}.$$

これより $\sum c_n$ は絶対収束する．また $\tilde{c}_n = \sum_{k=1}^n |a_k b_{n+1-k}|$ とおくと，上と同様の議論で

$$\sum_{k=1}^n \tilde{c}_k \leq \tilde{S}_n \tilde{T}_n \leq \tilde{S}\tilde{T}$$

となるので正項級数 $\sum \tilde{c}_n$ も収束する．ここで

$$\left| \sum_{k=1}^n c_k - S_n T_n \right|$$
$$= |(a_2 b_n + a_3 b_{n-1} + \cdots + a_n b_2) + \cdots + a_n b_n|$$
$$\leq \tilde{c}_{n+1} + \cdots + \tilde{c}_{2n-1} = \sum_{k=n+1}^{2n-1} \tilde{c}_k$$

となることに注意する．上式の右辺は $n \to \infty$ とともに 0 に収束するから

$$\sum_{k=1}^\infty c_k = \lim_{n \to \infty} S_n T_n = ST$$

が示される． ∎

例題 2.6.20 a, b を任意の実数とするとき

$$\left(\sum_{n=0}^\infty \frac{a^n}{n!} \right) \left(\sum_{n=0}^\infty \frac{b^n}{n!} \right) = \sum_{n=0}^\infty \frac{(a+b)^n}{n!}$$

2.6 級　　数　　　　　　　　　　69

が成り立つことを示せ．

[解答] $a_n = \dfrac{a^n}{n!}$, $b_n = \dfrac{b^n}{n!}$ とおくとき $\sum a_n$, $\sum b_n$ はともに絶対収束することに注意する（問 2.15 (ⅰ) 参照）．このとき 2 つの級数の積 $\displaystyle\sum_{n=0}^{\infty} c_n$ は

$$\begin{aligned}c_n &= a_0 b_n + a_1 b_{n-1} + \cdots + a_n b_0 = \sum_{k=0}^{n} a_k b_{n-k} \\ &= \sum_{k=0}^{n} \frac{a^k}{k!} \cdot \frac{b^{n-k}}{(n-k)!} = \frac{1}{n!} \sum_{k=0}^{n} {}_n C_k a^k b^{n-k} = \frac{(a+b)^n}{n!}\end{aligned}$$

となる．よって定理 2.6.19 より上の関係が成立する．

注意 2.6.21 次の章で示される $e^x = \displaystyle\sum_{k=0}^{\infty} \dfrac{x^k}{k!}$ の関係を用いれば，例題 2.6.20 は指数法則 $e^a e^b = e^{a+b}$ が成り立つことを示している．

演習問題 2

2.1 次の数列 $\{a_n\}$ について極限を求めよ.
（ i ） $a_n = (n^2 + n)^{1/n}$
（ ii ） $a_n = n^k a^n$ 　　(a, k は $0 < a < 1$, $k \in \mathbb{N}$ をみたす定数)
（iii） $a_n = n \sin \dfrac{b}{n}$ 　　(b は正定数)
（iv） $a_n = \left(1 + \dfrac{c}{n}\right)^n$ 　　(c は正定数)

2.2 数列 $\{a_n\}, \{b_n\}$ を $a_0 > b_0 > 0$,
$$a_n = \frac{a_{n-1} + b_{n-1}}{2}, \quad b_n = \sqrt{a_{n-1} b_{n-1}}, \quad n = 1, 2, 3, \cdots,$$
で定義するとき, $\{a_n\}, \{b_n\}$ は同じ値に収束することを示せ.

2.3 数列 $\{a_n\}$ を次のように定義するとき, その収束・発散を調べよ.
（ i ） $a_1 > 0$, 　$a_{n+1} = \dfrac{1}{2}(a_n^2 - 2a_n + 3)$, 　$n = 1, 2, 3, \cdots$.
（ ii ） $a_1 > 0$, 　$a_{n+1} = a_1 + \dfrac{1}{a_n}$, 　$n = 1, 2, 3, \cdots$.

2.4 f, g を区間 I で定義された連続関数とする.
（ i ） $|f|$ は I で連続であることを示せ.
（ ii ） $F(x) = \max\{f(x), g(x)\}$, $G(x) = \min\{f(x), g(x)\}$ とおくとき, F, G はともに I で連続であることを示せ.

2.5 f, g を区間 I で定義された連続関数とする. 任意の有理数 $x \in I$ において $f(x) = g(x)$ が成立すれば, 区間 I 全体で f と g は一致することを示せ.

2.6 $\mathbb{R}$ 上で定義された連続関数 f はすべての $x, y \in \mathbb{R}$ において
$$f(x + y) = f(x) + f(y)$$
をみたすとする. このとき f はどんな関数となるか調べよ.

2.7 $a_n = \dfrac{(2n)!}{n^{2n}}$, $n = 1, 2, 3, \cdots$, とおく.
（ i ） $\lim\limits_{n \to \infty} a_n$ および $\lim\limits_{n \to \infty} a_n^{1/n}$ を求めよ.

(ii) 級数 $\sum_{n=1}^{\infty} a_n$ の収束・発散を調べよ.

(iii) $a_n = \dfrac{(3n)!}{n^{3n}}$, $n = 1, 2, 3, \cdots$, とおくとき (i), (ii) を考えよ.

2.8 次の級数の収束・発散を調べよ.

(i) $\sum_{n=2}^{\infty} \dfrac{\log n}{n^p}$ $(p > 0)$ (ii) $\sum_{n=1}^{\infty} n^a \log\left(1 + \dfrac{1}{n^2}\right)$ $(a > 0)$

2.9 次の級数の絶対収束, 条件収束について調べよ.

(i) $\sum_{n=1}^{\infty} \dfrac{\sin na}{n^2}$ $(a > 0)$ (ii) $\sum_{n=2}^{\infty} \dfrac{(-1)^n}{n \log n}$

2.10 数列 $\{a_n\}, \{b_n\}$ が $\sum a_n^2 < \infty$, $\sum b_n^2 < \infty$ をみたすとする.

(i) $\sum |a_n b_n| < \infty$ となることを示せ.

(ii) 不等式
$$\sum |a_n b_n| \leq \left(\sum a_n^2\right)^{1/2} \left(\sum b_n^2\right)^{1/2}$$

を示せ.

第3章

1変数関数の微分

　本章では1変数関数の微分の概念，その性質，さらに応用例について詳しく述べる．

　前章において関数の連続性について学んだが，ここではさらに深くその滑らかさ—関数のグラフが局所的に直線で近似可能であること—に言及し，種々の性質を導き，関数の特徴を精細に考察する．とくに平均値の定理，テイラーの定理は次章以降においても基礎となる重要な定理である．

3.1 微分の定義

区間 $I = (a, b)$ 上で定義された関数 $y = f(x)$ を考える．I に属する点 x_0 を固定したとき，x の関数

$$\psi(x) = \frac{f(x) - f(x_0)}{x - x_0}$$

は x_0 と異なるすべての点 $x \in I$ で定義されている．$\psi(x)$ は x の変化 $\Delta x = x - x_0$ に対する $f(x)$ の変化 $\Delta f = f(x) - f(x_0)$ の平均変化率 $\dfrac{\Delta f}{\Delta x}$ を表す．

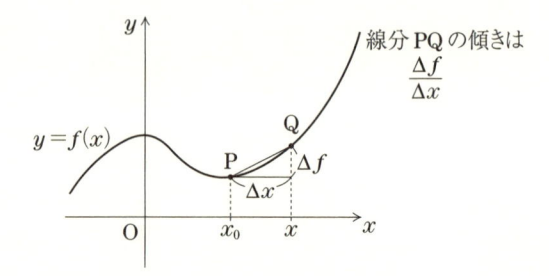

図 3.1

ここでもし x が x_0 に近づくとき $\psi(x)$ が一定の極限値 α をもつとき $f(x)$ は x_0 において**微分可能** (differentiable) であるといい，この極限値 α を $f'(x_0)$ と表す．すなわち

$$\lim_{x \to x_0} \frac{f(x) - f(x_0)}{x - x_0} = f'(x_0) \tag{3.1}$$

$f'(x_0)$ を $f(x)$ の x_0 における**微係数** (differential coefficient) と呼ぶ．$h = x - x_0$ とおけば (3.1) は次の形にも表される．

$$\lim_{h \to 0} \frac{f(x_0 + h) - f(x_0)}{h} = f'(x_0) \tag{3.2}$$

$f(x)$ は x_0 において微分可能とする．このとき $\varepsilon(x) = \dfrac{f(x) - f(x_0)}{x - x_0} - f'(x_0)$ とおくと，(3.1) から $\lim_{x \to x_0} \varepsilon(x) = 0$ である．また

$$f(x) - f(x_0) = f'(x_0)(x - x_0) + \varepsilon(x)(x - x_0) \tag{3.3}$$

と表され，$x \to x_0$ のとき右辺 $\to 0$ だから $\lim_{x \to x_0} f(x) = f(x_0)$ が成り立つ．したがって次の定理が得られる．

定理 3.1.1 $f(x)$ が x_0 において微分可能ならば，x_0 において $f(x)$ は連続である．

この定理の逆は一般には成り立たない．たとえば $f(x) = |x|$ は $x = 0$ において連続であるが微分可能でない[*1]．

極限値

$$\lim_{h \to +0} \frac{f(x_0 + h) - f(x_0)}{h} \quad \left(\text{または } \lim_{h \to -0} \frac{f(x_0 + h) - f(x_0)}{h}\right) \quad (3.4)$$

が存在するとき，この値を x_0 における $f(x)$ の右側（または左側）微係数と呼び $f'_+(x_0)$（または $f'_-(x_0)$）で表す．関数 $f(x) = |x|$ は原点において左，右の片側微係数は存在し，それぞれ -1 および 1 である．

命題 3.1.2 $f(x)$ が x_0 において微分可能であるためには $f'_+(x_0)$，$f'_-(x_0)$ がともに存在してそれらが等しいことが必要十分である．

[**証明**] 必要性は明らかであるので十分性を示す．

$f(x)$ は x_0 において左，右の片側微係数をもち $f'_+(x_0) = f'_-(x_0) = \alpha$ とする．$\varepsilon > 0$ を任意に与える．このとき仮定から $\delta_1 > 0$，$\delta_2 > 0$ が存在して，$0 < h < \delta_1$ なるすべての h に対して $\left|\frac{f(x_0 + h) - f(x_0)}{h} - f'_+(x_0)\right| < \varepsilon$ および $-\delta_2 < h < 0$ なるすべての h に対して $\left|\frac{f(x_0 + h) - f(x_0)}{h} - f'_-(x_0)\right| < \varepsilon$ が成り立つ．したがって δ を $\delta = \min\{\delta_1, \delta_2\}$ ととると，$0 < |h| < \delta$ なるすべての h に対して $\left|\frac{f(x_0 + h) - f(x_0)}{h} - \alpha\right| < \varepsilon$ とできる．これより

$$\lim_{h \to 0} \frac{f(x_0 + h) - f(x_0)}{h} = \alpha$$

である．よって $f(x)$ は x_0 において微分可能で $f'(x_0) = \alpha$ となる． ∎

ここで解析学においてしばしば用いられる無限小の概念について触れておく．

[*1] 7.5 節で述べられているように，$\mathbb{R}$ 上連続であるがいたるところで微分不可能な関数も知られている．

無限小について　　x_0 の近傍において定義された関数 $u(x)$ が $\lim_{x \to x_0} u(x) = 0$ をみたすとき，$u(x)$ は x_0 において**無限小** (infinitesimal) であるといい，$u(x) = o(1)$ と表す．たとえば x, x^2, $\sin x$ などは $x = 0$ において無限小である．いま $u(x)$, $v(x)$ ともに x_0 において無限小とする．もし $\lim_{x \to x_0} \dfrac{u(x)}{v(x)} = 0$ が成り立つとき，$u(x)$ は $v(x)$ より高位の無限小であるといい，$u(x) = o(v(x))$ または簡単に $u = o(v)$ と表す．さらに x_0 の近くで $\dfrac{u(x)}{v(x)}$ が有界のとき，すなわち x_0 の近傍 U と定数 M が存在して，U に属するすべての $x(\ne x_0)$ に対して $\left|\dfrac{u(x)}{v(x)}\right| \le M$ が成り立つとき，$u(x) = O(v(x))$ または $u = O(v)$ と表す[*2]．定数 $m > 0$, $M > 0$ および x_0 の近傍 U が存在して，U に属するすべての $x(\ne x_0)$ について $m \le \left|\dfrac{u(x)}{v(x)}\right| \le M$ が成り立つとき，u と v は同位の無限小であるといい，$u \sim v$ と表す．たとえば $x = 0$ において $x^2 = o(x)$ であり，$x \sim \sin x$ である．

注意 3.1.3　もし有限な極限値 $\lim_{x \to x_0} \dfrac{u(x)}{v(x)} = l \ \ (\ne 0)$ が存在すれば $u \sim v$ である．実際，$l \ne 0$ より $\delta > 0$ を適当に選ぶと $0 < |x - x_0| < \delta$ をみたすすべての x に対して

$$0 < \frac{1}{2}|l| \le \left|\frac{u(x)}{v(x)}\right| \le \frac{3}{2}|l|$$

が成り立つからである．

問 3.1　次のことを示せ．
 (ⅰ)　$x = 0$ において $1 - \cos x = o(x)$．
 (ⅱ)　$x = 1$ において $x^n - 1 \sim x - 1$ （n は自然数）．
 (ⅲ)　$x = 0$ において $\tan x - \sin x \sim x^3$．

無限小の概念を用いると (3.3) は次のように表すことができる．

$$f(x) = f(x_0) + f'(x_0)(x - x_0) + o(x - x_0) \qquad (3.5)$$

[*2]　$o(v)$, $O(v)$ は v の関数を意味していなく，v に対する無限小のオーダーを示す記号である．$o(\cdot)$ は "スモール・オー"，$O(\cdot)$ は "ラージ・オー" と呼ばれる．

3.1 微分の定義

したがって $f(x)$ が x_0 において微分可能のとき (3.5) が成り立つことがわかる．逆に，定数 α があって

$$f(x) = f(x_0) + \alpha(x - x_0) + o(x - x_0) \tag{3.6}$$

が成り立てば $\dfrac{f(x) - f(x_0)}{x - x_0} = \alpha + \dfrac{o(x - x_0)}{x - x_0}$ で，右辺の第2項は $x \to x_0$ のとき 0 に収束する．よって $\displaystyle\lim_{x \to x_0} \dfrac{f(x) - f(x_0)}{x - x_0} = \alpha$. したがって $f(x)$ は x_0 で微分可能で $\alpha = f'(x_0)$ であることがわかる．以上より次の定理が得られる．

定理 3.1.4 $f(x)$ が x_0 において微分可能であるための必要十分条件は，適当な定数 α が存在して (3.6) が成立することである．さらにこのとき $\alpha = f'(x_0)$ である．

定義 3.1.5 関数 $f(x)$ のグラフ上の点 $P_0 = (x_0, f(x_0))$ を通る直線 l

$$l: \quad y = f(x_0) + \alpha(x - x_0) \tag{3.7}$$

が $f(x)$ の P_0 における接線であるとは

$$f(x) - y = f(x) - (f(x_0) + \alpha(x - x_0)) = o(x - x_0) \tag{3.8}$$

が成り立つことである．ここに y は (3.7) で表されるものである（図 3.2）．

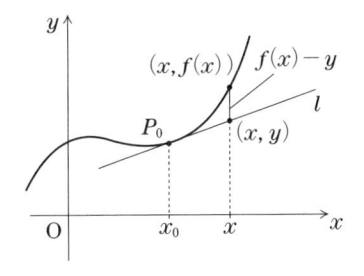

図 3.2

定理 3.1.4 より $f(x)$ が $P_0 = (x_0, f(x_0))$ における接線 (3.7) をもつとき，$f(x)$ は x_0 において微分可能で $\alpha = f'(x_0)$ となる．逆に $f(x)$ が x_0 において微分可能ならば P_0 において接線を引くことができることがわかった．$f(x)$ が x_0 において微分可能のとき $\Delta y = f(x) - f(x_0)$, $\Delta x = x - x_0$ とおくと (3.5) あ

るいは (3.8) から $\Delta y = f'(x_0)\Delta x + o(\Delta x)$ が成り立つ．この式の右辺の主要部 $f'(x_0)\Delta x$ を，$\Delta x = dx$ とおいて，$dy = f'(x_0)dx$ と表す．dy を $y = f(x)$ の x_0 における**微分** (differential) と呼ぶ．

区間 I の各点 x で $y = f(x)$ が微分可能のとき，$f(x)$ は I 上で微分可能であるといい，x の関数 $f'(x)$ を $f(x)$ の**導関数** (derivative) という．$f'(x)$ は $f^{(1)}(x)$, $\dfrac{d}{dx}f(x)$, $\dfrac{df(x)}{dx}$, $\dfrac{dy}{dx}$, y', Dy などとも表される．さらに $f'(x)$ が I 上で微分可能のとき，その導関数 $(f'(x))'$ を $f''(x)$, $f^{(2)}(x)$, $\dfrac{d^2}{dx^2}f(x)$, $\dfrac{d^2 f(x)}{dx^2}$, $\dfrac{d^2 y}{dx^2}$, y'', $D^2 y$ などと表し，$f(x)$ の 2 階（または 2 次）導関数と呼ぶ．一般に $f(x)$ の n 階（または n 次）導関数 $f^{(n)}(x)$ は $n-1$ 階導関数 $f^{(n-1)}(x)$ の導関数として帰納的に定義される．$f^{(n)}(x)$ は $\dfrac{d^n}{dx^n}f(x)$, $\dfrac{d^n f(x)}{dx^n}$, $\dfrac{d^n y}{dx^n}$, $y^{(n)}$, $D^n y$ などとも表される．

$f(x)$ が I 上で n 階導関数 $f^{(n)}(x)$ をもち，$f^{(n)}(x)$ が I 上で連続のとき，$f(x)$ は I 上で **n 回連続微分可能** (n-times continuously differentiable)，あるいは **C^n 級** (of class C^n) という．I 上の n 回連続微分可能な関数の全体を $C^n(I)$ で表す．さらにすべての $n \geq 1$ に対して n 階導関数が存在するとき $f(x)$ は**無限回微分可能** (infinitely differentiable) であるといい，そのような関数の全体を $C^\infty(I)$ で表す．

次に導関数の例をいくつか挙げる．

例 3.1.6

（ⅰ） $(x^n)' = nx^{n-1}$ （n は自然数） （ⅱ） $(\sin x)' = \cos x$

（ⅲ） $(\cos x)' = -\sin x$ （ⅳ） $(\tan x)' = \dfrac{1}{\cos^2 x}$ $\left(x \neq n\pi + \dfrac{\pi}{2},\ n \in \mathbb{Z}\right)$

[証明]

（ⅰ） 2 項展開により $(x+h)^n = x^n + nx^{n-1}h + \dfrac{n(n-1)}{2}x^{n-2}h^2 + \cdots + h^n$．したがって $h \to 0$ のとき

$$\frac{(x+h)^n - x^n}{h} = nx^{n-1} + \frac{n(n-1)}{2}x^{n-2}h + \cdots + h^{n-1} \longrightarrow nx^{n-1}.$$

(ii) $\dfrac{\sin(x+h)-\sin x}{h} = \dfrac{\sin(h/2)}{(h/2)}\cdot\cos(x+(h/2)) \longrightarrow \cos x \quad (h\to 0).$

(iii) $\dfrac{\cos(x+h)-\cos x}{h} = -\dfrac{\sin(h/2)}{(h/2)}\cdot\sin\left(x+\dfrac{h}{2}\right)$
$\longrightarrow -\sin x \quad (h\to 0).$

(iv) $\dfrac{\tan(x+h)-\tan x}{h} = \dfrac{\sin h}{h}\cdot\dfrac{1}{\cos(x+h)\cos x}$
$\longrightarrow \dfrac{1}{\cos^2 x} \quad (h\to 0).$ ∎

例 3.1.7 $(e^x)' = e^x$.

［証明］ まず $\displaystyle\lim_{h\to 0}\dfrac{e^h-1}{h}=1$ を示す．$e^h-1=k$ とおくと $h=\log(1+k)$ で，$h\to 0$ のとき $k\to 0$ であることに注意する．$\dfrac{e^h-1}{h} = \dfrac{k}{\log(1+k)} = \dfrac{1}{\log(1+k)^{1/k}}$ と表され，例題 2.3.3 より $\displaystyle\lim_{x\to\pm\infty}\left(1+\dfrac{1}{x}\right)^x = e$ であるから $\displaystyle\lim_{k\to 0}(1+k)^{1/k} = e$ である．よって $\displaystyle\lim_{h\to 0}\dfrac{e^h-1}{h} = \lim_{k\to 0}\dfrac{1}{\log(1+k)^{1/k}} = \dfrac{1}{\log e} = 1$ となる．したがって $\displaystyle\lim_{h\to 0}\dfrac{e^{x+h}-e^x}{h} = e^x\left(\lim_{h\to 0}\dfrac{e^h-1}{h}\right) = e^x.$ ∎

3.2 微分の公式

定理 3.2.1 $f(x)$, $g(x)$ は微分可能とする．このとき
 （ⅰ） 定数 α, β に対して，$(\alpha f(x)+\beta g(x))' = \alpha f'(x)+\beta g'(x)$,
 （ⅱ） $(f(x)g(x))' = f'(x)g(x)+f(x)g'(x)$,
 （ⅲ） $\left(\dfrac{f(x)}{g(x)}\right)' = \dfrac{f'(x)g(x)-f(x)g'(x)}{g^2(x)}, \quad$ ただし $g(x)\neq 0$ とする．

［証明］
 （ⅰ） $h\to 0$ のとき，$\dfrac{1}{h}\{\alpha f(x+h)+\beta g(x+h)-(\alpha f(x)+\beta g(x))\}$

$$= \alpha \cdot \frac{f(x+h)-f(x)}{h} + \beta \cdot \frac{g(x+h)-g(x)}{h} \longrightarrow \alpha f'(x) + \beta g'(x).$$

(ii) $\dfrac{1}{h}\{f(x+h)g(x+h) - f(x)g(x)\}$

$$= \frac{1}{h}\{(f(x+h)-f(x))g(x) + f(x+h)(g(x+h)-g(x))\}$$

$$= \frac{f(x+h)-f(x)}{h} \cdot g(x) + f(x+h)\frac{g(x+h)-g(x)}{h}. \tag{3.9}$$

ここで $h \to 0$ とすると, $f(x+h) \to f(x)$ だから (3.9) の右辺は $f'(x)g(x) + f(x)g'(x)$ に収束する.

(iii) $g(x)$ は x において連続だから $\displaystyle\lim_{h \to 0} g(x+h) = g(x)$. したがって

$$\frac{1}{h}\left(\frac{1}{g(x+h)} - \frac{1}{g(x)}\right) = -\frac{1}{g(x+h)g(x)}\left(\frac{g(x+h)-g(x)}{h}\right)$$
$$\longrightarrow -\frac{1}{g^2(x)} \cdot g'(x) \quad (h \to 0).$$

ゆえに (ii) を用いると

$$\left(\frac{f(x)}{g(x)}\right)' = \left(f(x) \cdot \frac{1}{g(x)}\right)' = f'(x) \cdot \frac{1}{g(x)} + f(x)\left(\frac{1}{g(x)}\right)'$$
$$= \frac{f'(x)}{g(x)} - \frac{f(x)g'(x)}{g^2(x)} = \frac{f'(x)g(x) - f(x)g'(x)}{g^2(x)}.$$

2 つの関数の積の高階導関数については次の公式が成立する.

定理 3.2.2 ライプニッツ (Leibniz) の公式

自然数 n に対して

$$(f(x)g(x))^{(n)} = \sum_{k=0}^{n} {}_nC_k f^{(n-k)}(x) g^{(k)}(x).$$

ただし f, g は n 回微分可能とし, $f^{(0)} = f$, $g^{(0)} = g$ とする.

[**証明**] n に関する数学的帰納法で示す. $n=1$ のときは定理 3.2.1 (ii) で示されている. $n=m$ のとき与式が成り立つと仮定して, $n=m+1$ のときも成り立つことを示す. 仮定より

$$(f(x)g(x))^{(m)} = \sum_{k=0}^{m} {}_mC_k f^{(m-k)}(x) g^{(k)}(x).$$

両辺を微分すると，積の微分公式を用いて

$$
\begin{aligned}
&(f(x)g(x))^{(m+1)} \\
&= \sum_{k=0}^{m} {}_mC_k \left(f^{(m-k+1)}(x)g^{(k)}(x) + f^{(m-k)}(x)g^{(k+1)}(x) \right) \\
&= {}_mC_0 f^{(m+1)}(x)g^{(0)}(x) + \sum_{k=1}^{m} ({}_mC_k + {}_mC_{k-1}) f^{(m+1-k)}(x)g^{(k)}(x) \\
&\quad + {}_mC_m f^{(0)}(x)g^{(m+1)}(x) \\
&= \sum_{k=0}^{m+1} {}_{m+1}C_k f^{(m+1-k)}(x)g^{(k)}(x) \quad ({}_mC_k + {}_mC_{k-1} = {}_{m+1}C_k \text{を用いた}).
\end{aligned}
$$

よって与式は $n=m+1$ のときも成立することが示された． ∎

以下の例からもわかるようにライプニッツの公式は一方が x の多項式である 2 つの関数の積の高階導関数を求めるときに便利である．

例 3.2.3 ライプニッツの公式より

$$
\begin{aligned}
(x^3 e^x)^{(n)} &= {}_nC_0 x^3 e^x + {}_nC_1 \cdot 3x^2 e^x + {}_nC_2 \cdot 6x e^x + {}_nC_3 \cdot 6 e^x \\
&= e^x \{ x^3 + 3nx^2 + 3n(n-1)x + n(n-1)(n-2) \}.
\end{aligned}
$$

例題 3.2.4 $f(x) = \arctan x$ のとき $f^{(n)}(0)$ を求めよ．

[**解答**] $y = \arctan x$ とおく．$y' = \dfrac{1}{1+x^2}$ より $(1+x^2)y' = 1$．この式の両辺を x について $n-1$ 回 $(n \geq 2)$ 微分するとライプニッツの公式より

$$
(1+x^2)y^{(n)} + (n-1) \cdot 2xy^{(n-1)} + \frac{(n-1)(n-2)}{2} \cdot 2y^{(n-2)} = 0.
$$

したがって $(1+x^2)y^{(n)} + 2(n-1)xy^{(n-1)} + (n-1)(n-2)y^{(n-2)} = 0$ である．ここで $x=0$ とおくと $y^{(n)}(0) + (n-1)(n-2)y^{(n-2)}(0) = 0$．よって漸化式

$$
y^{(n)}(0) = -(n-1)(n-2)y^{(n-2)}(0), \qquad n = 2, 3, \cdots
$$

を得る．これより

$$y^{(n)}(0) = \begin{cases} (-1)^{\frac{n}{2}}(n-1)(n-2)\cdots 1\cdot 0\cdot y^{(0)}(0) = 0 & (n \text{ が偶数}) \\ (-1)^{\frac{n-1}{2}}(n-1)(n-2)\cdots 3\cdot 2\cdot 1\cdot y^{(1)}(0) & (n \text{ が奇数}) \end{cases}$$

$$= \begin{cases} 0 & (n \text{ が偶数}) \\ (-1)^{\frac{n-1}{2}}(n-1)! & (n \text{ が奇数}). \end{cases}$$

問 3.2 $x^2 \sin x$ の n 階導関数を求めよ．

問 3.3 $y = \arcsin x$ につき $y^{(n)}(0)$ を求めよ．

定理 3.2.5　合成関数の微分

$y = f(x)$ は区間 I 上で微分可能，$z = g(y)$ は区間 J 上で微分可能で $f(I) \subset J$ とする．このとき合成関数 $z = g(f(x))$ は I 上で微分可能で
$$\frac{d}{dx}g(f(x)) = g'(f(x))f'(x), \quad \text{すなわち} \quad \frac{dz}{dx} = \frac{dz}{dy}\cdot\frac{dy}{dx}.$$

[**証明**]　g は y において微分可能だから

$$g(y+k) = g(y) + g'(y)k + \varepsilon(k)k \tag{3.10}$$

が成り立つ．ここに $\varepsilon(k) \to 0 \ (k \to 0)$ である．上式において $\varepsilon(k)$ は $k = 0$ に対しては定義されていないが，いま改めて $\varepsilon(0) = 0$ と定めると (3.10) は $k = 0$ についても成り立つ．$y = f(x)$, $k = f(x+h) - f(x)$ とおくと (3.10) より

$$\frac{1}{h}\{g(f(x+h))-g(f(x))\} = \frac{1}{h}\{g(y+k)-g(y)\} = \frac{1}{h}\{g'(y)k+\varepsilon(k)k\}$$
$$= g'(y)\frac{f(x+h)-f(x)}{h} + \varepsilon(k)\frac{f(x+h)-f(x)}{h}. \tag{3.11}$$

$h \to 0$ のとき $k \to 0$, したがって $\varepsilon(k) \to 0$ である．これより $h \to 0$ のとき (3.11) の右辺 $\to g'(y)f'(x)$. ∎

例題 3.2.6　次の関数の導関数を求めよ．

（ⅰ）　e^{ax}　（a は定数）　　　　　　　（ⅱ）　$\cos^3(x^2 - x)$

（ⅲ）　$\cos(e^{-x^n})$　（n は自然数）

[**解答**]　合成関数の微分法を用いる．(ⅱ) と (ⅲ) はそれをくり返し適用する．

（ⅰ）　ae^{ax}

(ii) $3\cos^2(x^2-x)\cdot(-\sin(x^2-x))\cdot(2x-1)$
$= -3(2x-1)\cos^2(x^2-x)\sin(x^2-x)$

(iii) $-\sin\left(e^{-x^n}\right)\cdot e^{-x^n}\cdot(-nx^{n-1}) = nx^{n-1}e^{-x^n}\sin\left(e^{-x^n}\right)$.

問 3.4 次の関数の導関数を求めよ．
(i) e^{-x^2}　　　(ii) $\sin^2(\cos x)$

定理 3.2.7　逆関数の微分

$f(x)$ は区間 I 上で微分可能で，$f'(x) \neq 0$ かつ狭義単調増加（または狭義単調減少）とする．$y = f(x)$ の逆関数を $x = f^{-1}(y)$ $(y \in J = f(I))$ とする．このとき逆関数 $x = f^{-1}(y)$ は J 上で微分可能で

$$\frac{d}{dy}f^{-1}(y) = \frac{1}{f'(x)} \quad \text{すなわち} \quad \frac{dx}{dy} = \frac{1}{\dfrac{dy}{dx}}.$$

[**証明**]　$f^{-1}(y) = x$, $f^{-1}(y+k) = x+h$ とおくと $h = f^{-1}(y+k) - f^{-1}(y)$, $k = f(x+h) - f(x)$ である．定理 2.4.5 より f^{-1} は連続だから，$k \to 0$ のとき $f^{-1}(y+k) \to f^{-1}(y)$，したがって $h \to 0$ である．よって

$$\lim_{k \to 0}\frac{f^{-1}(y+k) - f^{-1}(y)}{k} = \frac{1}{\displaystyle\lim_{h \to 0}\frac{f(x+h)-f(x)}{h}} = \frac{1}{f'(x)}. \blacksquare$$

例題 3.2.8 次の関数の導関数を求めよ．
(i) $\log|x|$　　　　　　　　(ii) $\log|\sin x|$
(iii) $(1+x)^\alpha$　$(x > -1;\ \alpha$ は実定数$)$

[**解答**]
(i) $x > 0$ とする．$y = \log x$ は $x = e^y$ の逆関数であるから，$\dfrac{d}{dx}\log x = \dfrac{1}{\dfrac{d}{dy}e^y} = \dfrac{1}{e^y} = \dfrac{1}{x}$. $x < 0$ のとき，$y = \log(-x)$. よって合成関数の微分法より $\dfrac{d}{dx}\log(-x) = \dfrac{1}{-x}\cdot(-1) = \dfrac{1}{x}$. 以上より $(\log|x|)' = \dfrac{1}{x}$.

(ii) (i) の結果および合成関数の微分法により $(\log|\sin x|)' = \dfrac{1}{\sin x}\cdot\cos x = \cot x$.

(iii) $y = (1+x)^\alpha$ において両辺の対数をとると $\log y = \alpha \log(1+x)$. 両辺をそれぞれ x で微分すると合成関数の微分法により $\dfrac{y'}{y} = \dfrac{\alpha}{1+x}$. これより $y' = y \cdot \dfrac{\alpha}{1+x} = \alpha(1+x)^{\alpha-1}$.

上の例題 3.2.8 (iii) で用いた方法は対数微分法と呼ばれる．第 1 章 1.1, b) を参照のこと．

問 3.5 次の関数の導関数を求めよ．
(i) $\arctan(\log|x|)$ (ii) $\log|\arcsin x|$

例 3.2.9 任意の自然数 n に対して
(i) $(\sin x)^{(n)} = \sin\left(x + \dfrac{n\pi}{2}\right)$ (ii) $(\cos x)^{(n)} = \cos\left(x + \dfrac{n\pi}{2}\right)$

証明は n に関する数学的帰納法で容易に示すことができるので読者自ら試みられたい．

問 3.6 次の関数の n 階導関数を求めよ．
(i) $y = (1+x)^\alpha$ $(x > -1; \alpha$ は実定数$)$ (ii) $y = \log(1+x)$ $(x > -1)$
(iii) $y = x^{n-1}\log x$ $(x > 0)$ (iv) $y = \dfrac{1}{1-x^2}$ $(x \neq \pm 1)$

x, y ともに媒介変数によって表された関数の場合には次の定理が成り立つ．

定理 3.2.10 x, y ともに t の関数 $x = \varphi(t), y = \psi(t)$ $(t \in I)$ で，φ, ψ は I 上で微分可能とする．さらに $x = \varphi(t)$ は I 上で狭義単調増加（または狭義単調減少）関数で $\varphi'(t) \neq 0$ をみたすとする．このとき y は x に関して微分可能で

$$\frac{dy}{dx} = \frac{\psi'(t)}{\varphi'(t)} \quad \text{すなわち} \quad \frac{dy}{dx} = \frac{dy}{dt} \Big/ \frac{dx}{dt}.$$

[**証明**] 定理の仮定より逆関数 $t = \varphi^{-1}(x)$ が定まる．したがって $y = \psi(t) = \psi(\varphi^{-1}(x))$ と表され，y は x の関数とみなされる．よって合成関数と逆関数の微分法を適用することにより

$$\frac{dy}{dx} = \frac{d}{dx}\psi(\varphi^{-1}(x)) = \psi'(t) \cdot \frac{d}{dx}\varphi^{-1}(x) = \psi'(t) \cdot \frac{1}{\varphi'(t)}. \quad \blacksquare$$

例 3.2.11 $x = a\cos t, y = a\sin t$ $(0 < t < \pi; a$ は定数$)$ のとき

$$\frac{dy}{dx} = \frac{dy}{dt} \Big/ \frac{dx}{dt} = \frac{a\cos t}{-a\sin t} = -\cot t.$$

問 3.7 次の関係式から $\dfrac{dy}{dx}$ を求めよ．
(i) $x = a\cos^3 t,\ y = b\sin^3 t\ (a,\ b\text{ は定数})$
(ii) $x = \dfrac{3at}{1+t^3},\ y = \dfrac{3at^2}{1+t^3}\ (a\text{ は定数})$

3.3 微分の性質

本節では次節以降における議論の基礎となるロールの定理および平均値の定理について詳しく述べる．
　まず連続関数の性質（定理 2.4.3）を用いて次のロールの定理を導く．

定理 3.3.1　ロール (Rolle) の定理
　$f(x)$ は閉区間 $[a, b]$ 上で連続，開区間 (a, b) 上で微分可能とする．さらに $f(a) = f(b)$ をみたすとする．このとき $f'(\xi) = 0$ となる ξ が (a, b) の中に存在する．

　［証明］　$f(x)$ が定数関数のときは定理は明らかである（ξ として (a, b) の中の任意の値をとればよい）から，$f(x)$ は定数関数でないと仮定する．定理 2.4.3 によって $f(x)$ は区間 $[a, b]$ において最大値および最小値をとる．$f(x)$ の最大値を M，最小値を m とすると仮定から $M > f(a)$ または $m < f(a)$ である．いま $M > f(a)$ とする．このとき $f(\xi) = M$ となる ξ が $[a, b]$ の中に存在するが $M \neq f(a) = f(b)$ だから ξ は (a, b) の中の点である．$f(\xi)$ は区間 $[a,b]$ 上での $f(x)$ の最大値だから

$$\frac{f(\xi + h) - f(\xi)}{h} \leq 0\ (h \geq 0),\quad \geq 0\ (h \leq 0)$$

である．したがって $h \to +0$ および $h \to -0$ とすることにより，$f'_+(\xi) \leq 0$ および $f'_-(\xi) \geq 0$ が導かれる．仮定より $f(x)$ は ξ において微分可能だから $f'(\xi) = f'_+(\xi) = f'_-(\xi)$ が成り立つ．したがって $f'(\xi) = 0$ である．$m < f(a)$ のときも同様にして示すことができる． ■

問 3.8 $f(x) = \sqrt{x}(1-x)\ (0 \leq x \leq 1)$ はロールの定理の条件をみたすことを確かめよ．さらに $f'(\xi) = 0$ となる $\xi\ (0 < \xi < 1)$ を求めよ．

ロールの定理を用いると次の平均値の定理を示すことができる．

定理 3.3.2　平均値の定理 (mean value theorem)
　$f(x)$ は区間 $[a, b]$ 上で連続，区間 (a, b) 上で微分可能とする．このとき $f(b) = f(a) + f'(\xi)(b-a)$ となる ξ が (a, b) の中に存在する．

　[証明] $k = \dfrac{f(b) - f(a)}{b - a}$ とおき，関数 $F(x) = f(b) - f(x) - k(b-x)$ を考える．このとき $F(x)$ は $[a, b]$ 上で定理 3.3.1 の条件をすべてみたす．よって $F'(\xi) = 0$ となる ξ が (a, b) の中に存在する．$F'(x) = -f'(x) + k$ だから，この式において $x = \xi$ を代入して $k = f'(\xi)$ を得る．よって定理が示された（図 3.3）．∎

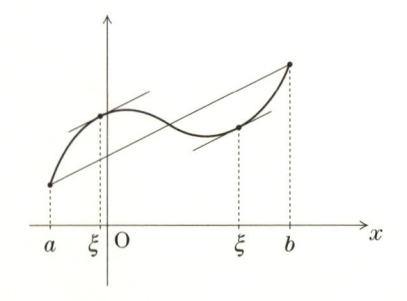

図 3.3

平均値の定理の応用として次の系が得られる．

系 3.3.3　$f(x)$ は $[a, b]$ 上で連続，(a, b) 上で微分可能とする．このとき
　（ⅰ）(a, b) に属するすべての x について $f'(x) > 0$ ならば $f(x)$ は $[a, b]$ 上で狭義単調増加関数である．
　（ⅱ）(a, b) に属するすべての x について $f'(x) < 0$ ならば $f(x)$ は $[a, b]$ 上で狭義単調減少関数である．

　[証明]（ⅱ）は同様にして示されるから（ⅰ）のみを示す．(a, b) に属するすべての x について $f'(x) > 0$ とする．$[a, b]$ に属する 2 点 x_1 と $x_2\ (x_1 < x_2)$ を任意にとる．このとき平均値の定理（定理 3.3.2）により $f(x_2) = f(x_1) + f'(\xi)(x_2 - x_1)$ をみたす ξ が区間 (x_1, x_2) の中に存在する．仮定から $f'(\xi) > 0$

だから $f(x_2) > f(x_1)$ となる．よって $f(x)$ は $[a, b]$ 上で狭義単調増加関数である． ∎

注意 3.3.4 上の証明からもわかるように系 3.3.3 において，端点 a, b での $f(x)$ の連続性を仮定しないときは，系は次のようにいいかえられる：
$f(x)$ は (a, b) 上で微分可能とする．このとき
 (ⅰ) $f'(x) > 0$ （すべての $x \in (a, b)$) $\implies f(x)$ は (a, b) 上で狭義単調増加関数．
 (ⅱ) $f'(x) < 0$ （すべての $x \in (a, b)$) $\implies f(x)$ は (a, b) 上で狭義単調減少関数．

注意 3.3.5 系 3.3.3 において逆は一般には成り立たない．たとえば $f(x) = x^3$ $(-1 \leq x \leq 1)$ は $[-1, 1]$ において狭義単調増加だが $f'(0) = 0$ である．

系 3.3.6 $f(x)$ は $[a, b]$ 上で連続，(a, b) 上で微分可能とする．このとき
 (ⅰ) (a, b) に属するすべての x に対して $f'(x) \geq 0$ ならば $f(x)$ は $[a, b]$ 上で単調増加関数である．またこの逆も成立する．
 (ⅱ) (a, b) に属するすべての x に対して $f'(x) \leq 0$ ならば $f(x)$ は $[a, b]$ 上で単調減少関数である．またこの逆も成立する．

注意 3.3.7 系 3.3.6 において，端点 a, b での $f(x)$ の連続性の条件を仮定しない場合は，系は次のようにいいかえられる：
$f(x)$ は (a, b) 上で微分可能とする．このとき
 (ⅰ) $f'(x) \geq 0$ （すべての $x \in (a,b)$) $\iff f(x)$ は (a, b) 上で単調増加．
 (ⅱ) $f'(x) \leq 0$ （すべての $x \in (a,b)$) $\iff f(x)$ は (a, b) 上で単調減少．

問 3.9 系 3.3.6 を示せ．

系 3.3.8 $f(x)$ は区間 I 上で連続で，I の内部で微分可能とする[*3]．このとき，I の内部の各点 x に対して $f'(x) = 0$ ならば $f(x)$ は I 上で定数関数である．

[**証明**] I の内部の点 x_0 を任意にとり固定する．x を I に属する任意の点とする．このとき平均値の定理より $f(x) = f(x_0) + f'(\xi)(x - x_0)$ となる ξ が x_0 と x の間に存在する．仮定より $f'(\xi) = 0$ だから $f(x) = f(x_0)$ が従う．よっ

[*3] 区間 I からその端点を除いてできる開区間を I の内部と呼ぶ．

て $f(x)$ は I 上で定数である.

定理 3.3.9 コーシー (Cauchy) の平均値の定理

$f(x)$, $g(x)$ は区間 $[a, b]$ 上で連続, (a, b) の各点 x で微分可能で $f'(x) \neq 0$ とする. このとき

$$\frac{g(b) - g(a)}{f(b) - f(a)} = \frac{g'(\xi)}{f'(\xi)} \tag{3.12}$$

となる ξ が (a, b) の中に存在する（図 3.4）.

[**証明**] k を $k = \dfrac{g(b) - g(a)}{f(b) - f(a)}$ とおき $[a, b]$ 上の関数 $F(x) = g(b) - g(x) - k(f(b) - f(x))$ を考える. このとき $F(x)$ は区間 $[a, b]$ においてロールの定理の条件をみたす. よって $F'(\xi) = 0$ となる ξ が (a, b) の中に存在する. $F'(x) = -g'(x) + kf'(x)$ だから, $x = \xi$ を代入することにより $kf'(\xi) - g'(\xi) = 0$ を得る. したがって $k = \dfrac{g'(\xi)}{f'(\xi)}$ が成り立つ. これより定理を得る.

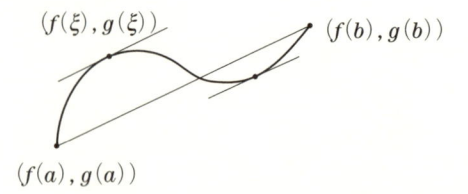

図 3.4

コーシーの平均値の定理は後述の不定形の極限に関する定理を示すときに有用である.

定義 3.3.10 x_0 の適当な近傍 U が存在して, 点 x_1, x_2 が U に属しかつ $x_1 < x_0 < x_2$ をみたすならば

$$f(x_1) < f(x_0) < f(x_2) \quad (\text{または } f(x_1) > f(x_0) > f(x_2))$$

が成立するとき, $f(x)$ は x_0 において**増加の状態**（または**減少の状態**）にあるという.

点 x_0 において関数 $f(x)$ が増加（あるいは減少）の状態であることをみるための簡便な手段はその点での $f(x)$ の微係数の符号を調べることである.

3.3 微分の性質

定理 3.3.11 $f(x)$ は x_0 において微分可能とする．このとき $f'(x_0) > 0$（または $f'(x_0) < 0$）ならば $f(x)$ は x_0 において増加（または減少）の状態にある．

[証明] $f'(x_0) > 0$ とする．このとき $\delta > 0$ を適当に選ぶと $0 < |h| < \delta$ をみたすすべての h に対して $\dfrac{f(x_0+h) - f(x_0)}{h} > \dfrac{1}{2} f'(x_0)$ が成立する．これより $0 < h < \delta$ ならば $f(x_0+h) - f(x_0) > \dfrac{1}{2} h f'(x_0) > 0$ で，$-\delta < h < 0$ ならば $f(x_0+h) - f(x_0) < \dfrac{1}{2} h f'(x_0) < 0$ である．よって $x_0 - \delta < x_1 < x_0 < x_2 < x_0 + \delta$ をみたす任意の x_1, x_2 に対して

$$f(x_1) < f(x_0) < f(x_2)$$

が成り立つ．したがって $f(x)$ は x_0 において増加の状態にある．同様にして $f'(x_0) < 0$ のとき $f(x)$ は x_0 において減少の状態にあることが示される． ∎

問 3.10 $f'(x_0) < 0$ のとき，$f(x)$ は x_0 において減少の状態にあることを示せ．

注意 3.3.12 $f(x)$ が x_0 において増加（または減少）の状態にあることと，$f(x)$ が x_0 の近傍で単調増加（または単調減少）であることとは異なる概念である．たとえば関数 $f(x) = x + 2x^2 \sin \dfrac{1}{x}$ $(x \neq 0)$, $f(0) = 0$ は $x = 0$ において増加の状態にあるが，$x = 0$ のどのような近傍においても単調増加関数ではない

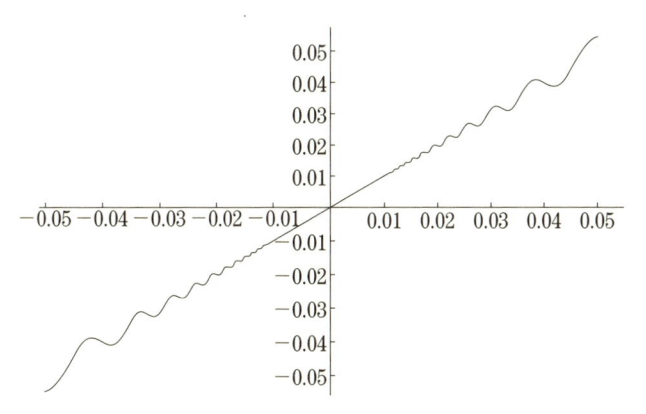

図 3.5

(図 3.5). 実際 $f'(0) = 1$ だから $f(x)$ は $x = 0$ において増加の状態にある. また $x \neq 0$ のとき $f'(x) = 1 + 4x \sin \dfrac{1}{x} - 2 \cos \dfrac{1}{x}$. ここで $x = \dfrac{1}{n\pi}$ $(n = 1, 2, \cdots)$ とおくと, $f'\left(\dfrac{1}{n\pi}\right)$ の値は n が偶数のとき -1 で, n が奇数のとき 3 となる. $\dfrac{1}{n\pi}$ はいくらでも $x = 0$ の近くにとれるから, $f(x)$ は $x = 0$ のどのような近傍においても単調増加ではないことがわかる.

3.4 テイラー展開

平均値の定理 (定理 3.3.2) をさらに一般化し精密にしたテイラーの定理について述べよう. この定理は関数の多項式近似, さらに関数の整級数展開と深くかかわるものであり大変重要な定理である. 定理を述べる前に用語について注意しておく. 関数 $f(x)$ が閉区間 $[a, b]$ 上で定義されていて, その内部である (a, b) 上で微分可能で端点 $x = a$ においては右側微係数 $f'_+(a)$, 端点 $x = b$ においては左側微係数 $f'_-(b)$ がともに存在するとき, $f(x)$ は区間 $[a, b]$ において微分可能という. 区間 $[a, b]$ における高次微分についても同様に定める.

定理 3.4.1 テイラー (Taylor) の定理

(i) $f(x)$ は区間 $[a, b]$ において $n-1$ 回連続微分可能で, (a, b) において n 回微分可能とする. このとき

$$f(b) = f(a) + f'(a)(b-a) + \frac{f''(a)}{2!}(b-a)^2 + \cdots$$
$$+ \frac{f^{(n-1)}(a)}{(n-1)!}(b-a)^{n-1} + R_n, \quad (3.13)$$
$$R_n = \frac{f^{(n)}(\xi)}{n!}(b-a)^n$$

となる ξ が (a, b) の中に存在する.

(ii) R_n は (n 次の) 剰余項と呼ばれ次の形にも表すことができる.

$$R_n = \frac{f^{(n)}(a + \theta(b-a))}{n!}(b-a)^n \quad (0 < \theta < 1)$$

(**ラグランジュ** (Lagrange) **の剰余**)

(iii) 展開式 (3.13) において，a と b を入れかえた式も同様に成立する．

[証明]
(i) $K = \dfrac{1}{(b-a)^n}\left\{f(b) - \displaystyle\sum_{k=0}^{n-1}\dfrac{f^{(k)}(a)}{k!}(b-a)^k\right\}$ とおき，$[a, b]$ 上の関数

$$F(x) = f(b) - \sum_{k=0}^{n-1}\frac{f^{(k)}(x)}{k!}(b-x)^k - K(b-x)^n \tag{3.14}$$

を考える．このとき $F(x)$ はロールの定理（定理 3.3.1）の条件をみたしていることがわかる．したがって $F'(\xi) = 0$ となる ξ が (a, b) の中に存在する．(3.14) より $F'(x) = -\dfrac{f^{(n)}(x)}{(n-1)!}(b-x)^{n-1} + Kn(b-x)^{n-1}$ だから，ここで $x = \xi$ とおくことにより

$$-\frac{f^{(n)}(\xi)}{(n-1)!}(b-\xi)^{n-1} + Kn(b-\xi)^{n-1} = 0$$

が成り立つ．これより $K = \dfrac{f^{(n)}(\xi)}{n!}$ となる．したがって K の定義から (3.13) を得る．

(ii) (i) において存在が示された ξ は a と b の間の値だから，$\theta = \dfrac{\xi - a}{b - a}$ とおくと $0 < \theta < 1$ をみたし $\xi = a + \theta(b-a)$ と表される．これより (ii) が示された．

(iii) は (i) の証明と同様にして示される． ∎

定理 3.4.1 においてとくに $n = 1$ のときが平均値の定理（定理 3.3.2）である．

注意 3.4.2 展開式 (3.13) における剰余項 R_n は以下の形にも表すことができ，適用される問題に応じて適当に使い分けられる．

(i) p を $0 < p \leq n$ をみたす任意の実数としたとき

$$R_n = \frac{f^{(n)}(a + \theta(b-a))}{(n-1)!\,p}(1-\theta)^{n-p}(b-a)^n \quad (0 < \theta < 1) \tag{3.15}$$

(**ロッシュ–シュレミルヒ** (Roche–Schlömilch) **の剰余**)

とくに $p=1$ のとき

$$R_n = \frac{f^{(n)}(a+\theta(b-a))}{(n-1)!}(1-\theta)^{n-1}(b-a)^n \quad (0<\theta<1)$$

（コーシーの剰余）

ロッシュ–シュレミルヒの剰余で，とくに $p=n$ のときがラグランジュの剰余である．

(3.15) の証明は次のようにすればよい．

$$K = \frac{1}{(b-a)^p}\left\{f(b) - \sum_{k=0}^{n-1}\frac{f^{(k)}(a)}{k!}(b-a)^k\right\}$$

とおき，関数 $F(x) = f(b) - \sum_{k=0}^{n-1}\frac{f^{(k)}(x)}{k!}(b-x)^k - K(b-x)^p$ を考える．このとき $F(x)$ は $[a, b]$ においてロールの定理の条件をみたすことがわかる．したがって $F'(\xi) = 0$ となる ξ が (a, b) の中に存在する．以下定理 3.4.1 の証明と同様にして示される．

(ii) $f(x)$ は $[a, b]$ 上で n 回連続微分可能とする．このとき

$$R_n = \frac{1}{(n-1)!}\int_a^b f^{(n)}(x)(b-x)^{n-1}dx$$

（ベルヌーイ (Bernoulli) の剰余）

実際，部分積分をくり返し適用して

$$\frac{1}{(n-1)!}\int_a^b f^{(n)}(x)(b-x)^{n-1}dx$$
$$= -\frac{1}{(n-1)!}f^{(n-1)}(a)(b-a)^{n-1} + \frac{1}{(n-2)!}\int_a^b f^{(n-1)}(x)(b-x)^{n-2}dx$$
$$= -\frac{1}{(n-1)!}f^{(n-1)}(a)(b-a)^{n-1} - \frac{1}{(n-2)!}f^{(n-2)}(a)(b-a)^{n-2}$$
$$\quad + \frac{1}{(n-3)!}\int_a^b f^{(n-2)}(x)(b-x)^{n-3}dx$$
$$\vdots$$

3.4 テイラー展開

$$= -\frac{1}{(n-1)!}f^{(n-1)}(a)(b-a)^{n-1} - \frac{1}{(n-2)!}f^{(n-2)}(a)(b-a)^{n-2} - \cdots$$

$$-f'(a)(b-a) + \int_a^b f'(x)dx$$

$$= -\sum_{k=1}^{n-1}\frac{f^{(k)}(a)}{k!}(b-a)^k + f(b) - f(a)$$

これより $f(b) = \displaystyle\sum_{k=0}^{n-1}\frac{f^{(k)}(a)}{k!}(b-a)^k + \frac{1}{(n-1)!}\int_a^b f^{(n)}(x)(b-x)^{n-1}dx$. ■

定理 3.4.1 から次の定理が導かれる．

定理 3.4.3 テイラーの定理

$f(x)$ は区間 (a, b) において n 回微分可能とする．x_0 を (a, b) に属する点とする．このとき (a, b) の中の任意の点 x に対して $f(x)$ は

$$f(x) = \sum_{k=0}^{n-1}\frac{f^{(k)}(x_0)}{k!}(x-x_0)^k + R_n(x)$$

と展開できる．ここに剰余項 $R_n(x)$ は

$$R_n(x) = \frac{f^{(n)}(x_0 + \theta(x-x_0))}{n!}(x-x_0)^n \quad (0 < \theta < 1)$$

（ラグランジュの剰余）

である．$R_n(x)$ の別の表現として次のものがある[*4]．

$$R_n(x) = \frac{f^{(n)}(x_0 + \theta(x-x_0))}{(n-1)!}(1-\theta)^{n-1}(x-x_0)^n \quad (0 < \theta < 1)$$

（コーシーの剰余）

$0 < p \leq n$ をみたす任意の実数 p に対して

$$R_n(x) = \frac{f^{(n)}(x_0 + \theta(x-x_0))}{(n-1)!\,p}(1-\theta)^{n-p}(x-x_0)^n \quad (0 < \theta < 1)$$

（ロッシュ–シュレミルヒの剰余）

[*4] 剰余項 $R_n(x)$ における θ は，剰余項のとり方により一般に異なる値となる．

および，$f^{(n)}(x)$ が I 上で連続のとき

$$R_n(x) = \frac{1}{(n-1)!} \int_{x_0}^{x} f^{(n)}(t)(x-t)^{n-1} dt.$$

(ベルヌーイの剰余)

$f(x)$ は x_0 の近傍において無限回微分可能とする．テイラーの定理（定理 3.4.3）において，x を固定したとき剰余項 $R_n(x)$ が $n \to \infty$ のとき 0 に収束するならば，無限級数の定義（第 2 章 2.6 節）により $f(x)$ は

$$\begin{aligned} f(x) &= \sum_{k=0}^{\infty} \frac{f^{(k)}(x_0)}{k!}(x-x_0)^k \\ &= f(x_0) + f'(x_0)(x-x_0) + \frac{f''(x_0)}{2!}(x-x_0)^2 + \cdots \end{aligned} \quad (3.16)$$

と無限級数に展開できる．無限級数 (3.16) を $f(x)$ の x_0 を中心とした（あるいは x_0 の周りでの）**テイラー展開**(Taylor expansion) と呼ぶ．とくに $x=0$ を中心としたテイラー展開を**マクローリン展開**(Maclaurin expansion) と呼ぶ．x_0 の近傍を適当に選んだとき，その近傍に属する各点 x について (3.16) が成り立つとき，$f(x)$ は x_0 において**解析的**(analytic) であるという．(3.16) の右辺のように，一般に各項が $x-x_0$ の巾（べき）からなる関数項級数

$$\sum_{n=0}^{\infty} c_n (x-x_0)^n$$

は巾級数または整級数と呼ばれ解析学において非常に有益で重要な概念である．整級数については第 7 章で詳しく述べられる．

注意 3.4.4 無限回微分可能であっても必ずしも解析的ではない．たとえば $\mathbb{R}$ 上で定義された関数 $f(x) = e^{-1/x}$ $(x > 0)$，$f(x) = 0$ $(x \leq 0)$ は $\mathbb{R}$ 上で無限回微分可能であるが $x = 0$ において解析的でない．実際，例題 3.5.9 により $f(x)$ はすべての x において無限回微分可能で，$f^{(k)}(0) = 0$ $(k = 0, 1, 2, \cdots)$ である．

したがってもし $x = 0$ の近傍 U において

$$f(x) = \sum_{k=0}^{\infty} \frac{f^{(k)}(0)}{k!} x^k$$

と展開できたとすると，右辺はすべての $x \in U$ に対してつねに 0 である．しかし $x > 0$ なる U の点 x に対しては $f(x) = e^{-1/x} > 0$ であるから上のような展開は不可能である． ∎

テイラーの定理（定理 3.4.3）は，x_0 の近傍において関数 $f(x)$ を x の多項式で近似したときの誤差評価を与えるものとみることもできる．実際，定理 3.4.3 より $P_{n-1}(x) = \sum_{k=0}^{n-1} \dfrac{f^{(k)}(x_0)}{k!}(x - x_0)^k$ とおくと，$P_{n-1}(x)$ は x についての（高々）$n-1$ 次の多項式であり，x_0 の近傍に属するすべての x について

$$f(x) - P_{n-1}(x) = R_n(x)$$

が成り立つ．これは $f(x)$ を x についての（高々）$n-1$ 次の多項式 $P_{n-1}(x)$ で近似したとき，その誤差が $R_n(x)$ であることを示している．

系 3.4.5

（i） $f(x)$ は x_0 の近傍において $n-1$ 回微分可能で $f^{(n-1)}(x)$ は x_0 において連続とする．このとき

$$f(x) - P_{n-1}(x) = o\left(|x - x_0|^{n-1}\right).$$

（ii） $f(x)$ は x_0 の近傍 U において n 回微分可能とし，定数 M が存在して，U に属するすべての x に対して $\left|f^{(n)}(x)\right| \leq M$ が成り立つとする．このとき

$$|f(x) - P_{n-1}(x)| \leq \dfrac{M}{n!}|x - x_0|^n \quad (x \in U).$$

[証明]
（i） 定理 3.4.3 より，適当な $\theta (0 < \theta < 1)$ に対して

$$\begin{aligned} f(x) &= P_{n-1}(x) + \dfrac{1}{(n-1)!}\left\{f^{(n-1)}(x_0 + \theta(x - x_0))\right. \\ &\quad \left. - f^{(n-1)}(x_0)\right\}(x - x_0)^{n-1} \end{aligned}$$

が成り立つ．したがって

$$|f(x) - P_{n-1}(x)| = \dfrac{|x - x_0|^{n-1}}{(n-1)!}\left|f^{(n-1)}(x_0 + \theta(x - x_0)) - f^{(n-1)}(x_0)\right| \tag{3.17}$$

である．$f^{(n-1)}(x)$ は x_0 において連続だから，$x \to x_0$ のとき $f^{(n-1)}(x_0 + \theta(x - x_0)) \to f^{(n-1)}(x_0)$．よって (3.17) の右辺 $= o(|x - x_0|^{n-1})$ である．

(ii) ふたたび定理 3.4.3 から，適当な $0 < \theta < 1$ に対して

$$|f(x) - P_{n-1}(x)| = |R_n(x)|$$
$$= \frac{|f^{(n)}(x_0 + \theta(x - x_0))|}{n!}|x - x_0|^n \le \frac{M}{n!}|x - x_0|^n.$$ ∎

ここでとくに重要ないくつかの関数についてテイラー展開の例をあげておく．

例 3.4.6

(ⅰ) $f(x) = e^x$: $f^{(k)}(x) = e^x, \ k = 1, 2, \cdots$
したがって $f^{(k)}(0) = 1 \ (k = 1, 2, \cdots)$ だから

$$e^x = 1 + x + \frac{x^2}{2!} + \cdots + \frac{x^{n-1}}{(n-1)!} + R_n(x), \quad R_n(x) = \frac{e^{\theta x}}{n!}x^n \ (0 < \theta < 1).$$

(ⅱ) $f(x) = \sin x$: $f^{(k)}(x) = \sin\left(x + \frac{k\pi}{2}\right), \ k = 1, 2, \cdots$

よって $f^{(k)}(0) = \begin{cases} 0 & (k = 2, 4, \cdots) \\ (-1)^{(k-1)/2} & (k = 1, 3, \cdots) \end{cases}$．したがって

$$\sin x = x - \frac{x^3}{3!} + \frac{x^5}{5!} - \cdots + (-1)^{n-1}\frac{x^{2n-1}}{(2n-1)!} + R_{2n+1}(x),$$
$$R_{2n+1}(x) = (-1)^n \frac{\cos(\theta x)}{(2n+1)!}x^{2n+1} \quad (0 < \theta < 1).$$

(ⅲ) $f(x) = \cos x$: $f^{(k)}(x) = \cos\left(x + \frac{k\pi}{2}\right), \ k = 1, 2, \cdots$

よって $f^{(k)}(0) = \begin{cases} (-1)^{k/2} & (k = 2, 4, \cdots) \\ 0 & (k = 1, 3, \cdots) \end{cases}$．したがって

$$\cos x = 1 - \frac{x^2}{2!} + \frac{x^4}{4!} - \cdots + (-1)^n\frac{x^{2n}}{(2n)!} + R_{2n+2}(x),$$
$$R_{2n+2}(x) = (-1)^{n+1}\frac{\cos(\theta x)}{(2n+2)!}x^{2n+2} \quad (0 < \theta < 1).$$

(iv) $f(x) = \log(1+x)$ $(x > -1)$：$f^{(k)}(x) = (-1)^{k+1}\dfrac{(k-1)!}{(1+x)^k}$, $k = 1, 2, \cdots$，よって $f^{(k)}(0) = (-1)^{k+1}(k-1)!$．ゆえに

$$\log(1+x) = x - \frac{x^2}{2} + \frac{x^3}{3} - \cdots + (-1)^n \frac{x^{n-1}}{n-1} + R_n(x),$$

$$R_n(x) = \frac{(-1)^{n+1} x^n}{n(1+\theta x)^n} \quad (0 < \theta < 1).$$

(v) $f(x) = (1+x)^\alpha$ $(x > -1;\ \alpha$は任意の実数$)$：$f^{(k)}(x) = \alpha(\alpha-1)\cdots(\alpha-k+1)(1+x)^{\alpha-k}$, $k = 1, 2, \cdots$
よって $f^{(k)}(0) = \alpha(\alpha-1)\cdots(\alpha-k+1)$．したがって

$$\begin{aligned}(1+x)^\alpha &= 1 + \alpha x + \frac{\alpha(\alpha-1)}{2!}x^2 + \cdots \\ &\quad + \frac{\alpha(\alpha-1)\cdots(\alpha-n+2)}{(n-1)!}x^{n-1} + R_n(x),\end{aligned} \quad (3.18)$$

$$R_n(x) = \frac{\alpha(\alpha-1)\cdots(\alpha-n+1)}{n!}(1+\theta x)^{\alpha-n} x^n \quad (0 < \theta < 1). \quad \blacksquare$$

任意の実数 α と自然数 k に対して一般 2 項係数を

$$\binom{\alpha}{0} = 1, \quad \binom{\alpha}{k} = \frac{\alpha(\alpha-1)\cdots(\alpha-k+1)}{k!}$$

と定めると (3.18) は次のように表される．

$$(1+x)^\alpha = \binom{\alpha}{0} + \binom{\alpha}{1}x + \binom{\alpha}{2}x^2 + \cdots + \binom{\alpha}{n-1}x^{n-1} + R_n(x),$$

$$R_n(x) = \binom{\alpha}{n}(1+\theta x)^{\alpha-n} x^n \quad (0 < \theta < 1).$$

例題 3.4.7 e が無理数であることをテイラーの定理を用いて示せ．

[**解答**] テイラーの定理（定理 3.4.3，例 3.4.6 (i)）より

$$e^x = \sum_{k=0}^{n-1} \frac{x^k}{k!} + \frac{e^{\theta x}}{n!} x^n \quad (0 < \theta < 1)$$

である. ここで $x=1$ とおくことにより $e = \sum_{k=0}^{n-1} \frac{1}{k!} + \frac{e^\theta}{n!}$ が成り立つ. いま $A_n = n!e - n!\left(\sum_{k=0}^{n-1} \frac{1}{k!}\right)$ とおくと, $0 < e < 3$ は既知だから $1 < A_n = e^\theta < e < 3$ である. もし e が有理数 $e = \frac{q}{p}$, p, q は自然数であれば, $n \geq p$ なるすべての n に対して A_n は整数となり, したがって $A_n = 2$ でなければならない. よってすべての $n \geq p$ に対して $e = \sum_{k=0}^{n-1} \frac{1}{k!} + \frac{2}{n!}$ となるがこれは矛盾である. よって e は無理数である. ∎

以上の例においては剰余項はすべてラグランジュの剰余を用いたが, 以下の例でもわかるように適用する問題に応じて別の形の剰余を用いた方が都合がよいことがある.

与えられた関数 $f(x)$ に対しそれがテイラー (あるいはマクローリン) 展開可能であることを示すには, 各 x を固定したとき (n 次の) テイラー展開における剰余項 $R_n(x)$ が $n \to \infty$ のとき 0 に収束することを示せばよい.

例 3.4.8

(ⅰ) $e^x = 1 + x + \frac{x^2}{2!} + \cdots + \frac{x^n}{n!} + \cdots \quad (-\infty < x < \infty)$

[証明] 例 3.4.6 (ⅰ) より

$$|R_n(x)| = \left|\frac{e^{\theta x}}{n!} x^n\right| \leq \frac{|x|^n}{n!} e^{|\theta x|} \leq \frac{|x|^n}{n!} e^{|x|}.$$

任意の実数 x を固定したとき $\lim_{n \to \infty} \frac{|x|^n}{n!} = 0$. よって $\lim_{n \to \infty} R_n(x) = 0$. ∎

(ⅱ) $\sin x = x - \frac{x^3}{3!} + \frac{x^5}{5!} - \cdots + (-1)^{n-1} \frac{x^{2n-1}}{(2n-1)!} + \cdots \quad (-\infty < x < \infty)$

[証明] 例 3.4.6 (ⅱ) より

$|R_{2n+1}(x)| = \left|(-1)^n \frac{\cos(\theta x)}{(2n+1)!} x^{2n+1}\right| \leq \frac{|x|^{2n+1}}{(2n+1)!}$. $\lim_{n \to \infty} \frac{|x|^{2n+1}}{(2n+1)!} = 0$ であるから, これより $\lim_{n \to \infty} R_{2n+1}(x) = 0$. ∎

(ⅲ) $\cos x = 1 - \frac{x^2}{2!} + \frac{x^4}{4!} - \cdots + (-1)^n \frac{x^{2n}}{(2n)!} + \cdots \quad (-\infty < x < \infty)$

証明は (ii) と同様である.

(iv) $\log(1+x) = x - \dfrac{x^2}{2} + \dfrac{x^3}{3} - \cdots + (-1)^n \dfrac{x^{n-1}}{n-1} + \cdots \quad (-1 < x \leq 1)$

[**証明**] $0 \leq x \leq 1$ のとき, 例 3.4.6 (iv) におけるラグランジュの剰余を用いて $|R_n(x)| = \left|\dfrac{(-1)^{n+1}x^n}{n(1+\theta x)^n}\right| \leq \dfrac{1}{n}.$ よって $\lim\limits_{n \to \infty} R_n(x) = 0.$
$-1 < x < 0$ のとき, コーシーの剰余を用いると

$$R_n(x) = \dfrac{1}{(n-1)!} \cdot \dfrac{(n-1)!(-1)^{n+1}}{(1+\theta x)^n}(1-\theta)^{n-1}x^n \quad (0 < \theta < 1).$$

これより

$$|R_n(x)| = \dfrac{(1-\theta)^{n-1}}{(1+\theta x)^n}|x|^n = \left(\dfrac{1-\theta}{1+\theta x}\right)^{n-1}\dfrac{|x|^n}{1+\theta x} \leq \dfrac{|x|^n}{1+x}.$$

$n \to \infty$ のとき右辺 $\to 0$, したがって $\lim\limits_{n \to \infty} R_n(x) = 0.$ ■

(v) 任意の実数 α に対して

$$\begin{aligned}(1+x)^\alpha &= 1 + \alpha x + \dfrac{\alpha(\alpha-1)}{2!}x^2 + \cdots + \dfrac{\alpha(\alpha-1)\cdots(\alpha-n+2)}{(n-1)!}x^{n-1} + \cdots \\ &= \sum_{k=0}^\infty \binom{\alpha}{k}x^k \quad (-1 < x < 1)\end{aligned} \tag{3.19}$$

[**証明**] コーシーの剰余を用いると剰余項は

$$R_n(x) = \dfrac{\alpha(\alpha-1)\cdots(\alpha-n+1)}{(n-1)!}(1-\theta)^{n-1}(1+\theta x)^{\alpha-n}x^n \quad (0 < \theta < 1)$$

と表される. このとき

$$|R_n(x)| = |\alpha x||(\alpha-1)x|\cdots\left|\left(\dfrac{\alpha}{n-1}-1\right)x\right|\left|\dfrac{1-\theta}{1+\theta x}\right|^{n-1}|1+\theta x|^{\alpha-1}$$

である. $-1 < x < 1$ のとき $0 < \dfrac{1-\theta}{1+\theta x} < 1$ で

$$|1+\theta x|^{\alpha-1} \leq \begin{cases} (1+|x|)^{\alpha-1} & (\alpha \geq 1 \text{ のとき}) \\ (1-|x|)^{\alpha-1} & (\alpha < 1 \text{ のとき}) \end{cases}$$

よって $L = \max\{(1+|x|)^{\alpha-1}, (1-|x|)^{\alpha-1}\}$ とおくと

$$|R_n(x)| \leq L \cdot |\alpha x|\,|(\alpha-1)x|\cdots\left|\left(\frac{\alpha}{n-1}-1\right)x\right|$$

が成り立つ．いま $\delta = \dfrac{|x|+1}{2}$ とおくと，$|x| < \delta < 1$ である．したがって $\displaystyle\lim_{k\to\infty}\left|\left(\dfrac{\alpha}{k}-1\right)x\right| = |x| < \delta$ だから番号 N が存在して $k \geq N$ なるすべての k に対して $\left|\left(\dfrac{\alpha}{k}-1\right)x\right| \leq \delta$ となる．よって $n > N$ のとき

$$\begin{aligned}|R_n(x)| &\leq L|\alpha x|\,|(\alpha-1)x|\cdots\left|\left(\frac{\alpha}{N-1}-1\right)x\right| \\ &\quad \times \left|\left(\frac{\alpha}{N}-1\right)x\right|\cdots\left|\left(\frac{\alpha}{n-1}-1\right)x\right| \\ &\leq L|\alpha x|\,|(\alpha-1)x|\cdots\left|\left(\frac{\alpha}{N-1}-1\right)x\right|\delta^{n-N} \quad (3.20)\end{aligned}$$

$0 < \delta < 1$ だから，N を固定して $n \to \infty$ とすると (3.20) の右辺 $\to 0$．したがって $\displaystyle\lim_{n\to\infty} R_n(x) = 0$．

なお，$a_k = \begin{pmatrix}\alpha\\k\end{pmatrix}x^k$ とおくとき，$\displaystyle\lim_{k\to\infty}\{|a_{k+1}|/|a_k|\} = \lim_{k\to\infty}\left|\dfrac{\alpha-k}{k+1}\right|\cdot|x| = |x| < 1$ だから定理 2.6.12 より $\displaystyle\sum_{k=0}^{\infty}|a_k|$ が収束し，したがって無限級数 (3.19) が収束していることはこのようにしてもわかる． ∎

自然数 n に対して展開公式

$$\begin{aligned}(1+x)^n &= 1 + nx + \frac{n(n-1)}{2!}x^2 + \cdots + x^n \\ &= \begin{pmatrix}n\\0\end{pmatrix} + \begin{pmatrix}n\\1\end{pmatrix}x + \cdots + \begin{pmatrix}n\\n\end{pmatrix}x^n\end{aligned}$$

が成り立つことは 2 項展開の公式としてよく知られているが，これは展開公式 (3.19) においてとくに $\alpha = n$ とした特別の場合である．展開式 (3.19) は 2 項展開を一般化したもので一般 2 項展開と呼ばれる．

例題 3.4.9 $f(x) = \arcsin x\ (|x| < 1)$ のマクローリン展開を求めよ．

[**解答**] $f'(x) = \dfrac{1}{\sqrt{1-x^2}} = (1-x^2)^{-1/2}$. よって一般 2 項展開により $f'(x) = \displaystyle\sum_{k=0}^{\infty} (-1)^k \binom{-\frac{1}{2}}{k} x^{2k}$ である. したがって

$$\begin{aligned}
f(x) &= \int_0^x f'(t)dt \\
&= \int_0^x \left\{ \sum_{k=0}^{\infty} (-1)^k \binom{-\frac{1}{2}}{k} t^{2k} \right\} dt = \sum_{k=0}^{\infty} (-1)^k \binom{-\frac{1}{2}}{k} \cdot \int_0^x t^{2k} dt \\
&= \sum_{k=0}^{\infty} (-1)^k \binom{-\frac{1}{2}}{k} \frac{x^{2k+1}}{2k+1} = \sum_{k=0}^{\infty} \frac{(2k)!}{(k!)^2 2^{2k}} \frac{x^{2k+1}}{2k+1}.
\end{aligned}$$

上の計算において，関数項からなる無限級数の積分が各項の積分の和となること（項別積分可能性）を形式的に用いている．このことを保証する厳密な議論は第 7 章を参照されたい．

3.5 微分の応用

a) 凸関数

区間 $I = [a, b]$ で定義された関数 $f(x)$ が次の性質をもつとき $f(x)$ は I における**凸（とつ）関数** (convex function) であるという（I において下に凸であるともいう）．I に属する任意の 2 点 $x_1 < x_2$ および任意の実数 $0 < \alpha < 1$ に対して

$$f(\alpha x_1 + (1-\alpha)x_2) \leq \alpha f(x_1) + (1-\alpha)f(x_2). \tag{3.21}$$

(3.21) において等号なしの不等式が成り立つとき，$f(x)$ は I における狭義の凸関数と呼ばれる（図 3.6）．

I において $-f(x)$ が凸関数のとき，$f(x)$ は I にける**凹（おう）関数**(concave function) と呼ばれる．狭義の凹関数の定義も同様である．$f(x)$ が凹関数のとき $f(x)$ は上に凸であるともいわれる．

$x = \alpha x_1 + (1-\alpha)x_2$
$P = (x, f(x))$
$Q = (x, \alpha f(x_1) + (1-\alpha)f(x_2))$

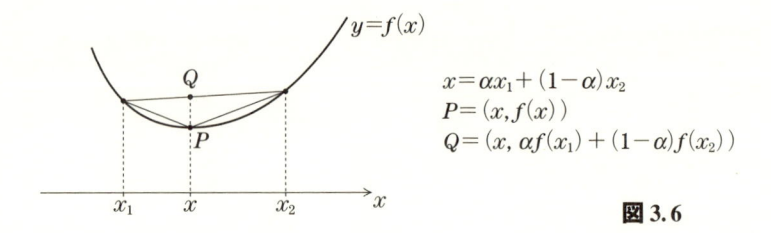

図 3.6

命題 3.5.1

（ⅰ） $f(x)$ は区間 $I = [a, b]$ において凸関数とする．このとき I に属する任意の点 x_1, x_2, x_3 $(x_1 < x_2 < x_3)$ に対して

$$\frac{f(x_2) - f(x_1)}{x_2 - x_1} \leq \frac{f(x_3) - f(x_2)}{x_3 - x_2} \tag{3.22}$$

が成り立つ．またこの逆も成立する．

（ⅱ） $f(x)$ が $I = [a, b]$ において狭義凸関数ならば (3.22) が等号なしの不等式で成立する．またこの逆も成立する．

[**証明**] （ⅰ）を示す．$f(x)$ を凸関数とする．I に属する点 x_1, x_2, x_3 $(x_1 < x_2 < x_3)$ を任意にとる．このとき $\alpha = \dfrac{x_3 - x_2}{x_3 - x_1}$ とおくと $0 < \alpha < 1$ で $x_2 = \alpha x_1 + (1 - \alpha)x_3$ となる．仮定より $f(x_2) = f(\alpha x_1 + (1-\alpha)x_3) \leq \alpha f(x_1) + (1-\alpha)f(x_3) = \dfrac{x_3 - x_2}{x_3 - x_1}f(x_1) + \dfrac{x_2 - x_1}{x_3 - x_1}f(x_3)$ が成り立つ．これから

$$\frac{f(x_2) - f(x_1)}{x_2 - x_1} \leq \frac{f(x_3) - f(x_2)}{x_3 - x_2}$$

を得る．次に逆を示す．(3.22) がすべての x_1, x_2, x_3 $(x_1 < x_2 < x_3)$ について成り立つとする．いま x_1, x_2 $(x_1 < x_2)$ を I に属する任意の点とし，α を $0 < \alpha < 1$ をみたす数とする．このとき $x = \alpha x_1 + (1-\alpha)x_2$ は x_1 と x_2 の間の点 $(x_1 < x < x_2)$ であるから，仮定により $\dfrac{f(x) - f(x_1)}{x - x_1} \leq \dfrac{f(x_2) - f(x)}{x_2 - x}$ が成り立つ（図 3.6）．これより

$$f(x) \leq \frac{x_2 - x}{x_2 - x_1}f(x_1) + \frac{x - x_1}{x_2 - x_1}f(x_2) = \alpha f(x_1) + (1-\alpha)f(x_2)$$

である．よって $f(x)$ は凸関数である．

(ii) の証明も同様である． ∎

$f(x)$ が2回微分可能のとき，その凹凸を $f''(x)$ の符号で判定できることを示すのが次の定理である．

定理 3.5.2 $f(x)$ は $I = [a, b]$ 上で連続，(a, b) 上で2回微分可能とする．このとき

(i) $f(x)$ が I において凸関数であるための必要十分な条件は，(a, b) に属するすべての x について $f''(x) \geq 0$ となることである．

(ii) (a, b) に属するすべての x について $f''(x) > 0$ ならば $f(x)$ は I において狭義の凸関数である．

[証明]
(i) (必要性) $f(x)$ は I において凸関数であるとする．I の点 x_1, x_2 ($a < x_1 < x_2 < b$) を任意にとる．x が $x_1 < x < x_2$ をみたすとき命題 3.5.1 より

$$\frac{f(x) - f(x_1)}{x - x_1} \leq \frac{f(x_2) - f(x)}{x_2 - x} \tag{3.23}$$

である．(3.23) の両辺において $x \to x_1$ とすると (3.23) の左辺は $f'(x_1)$ に収束し，また $f(x)$ の連続性から (3.23) の右辺は $\dfrac{f(x_2) - f(x_1)}{x_2 - x_1}$ に収束する．よって

$$f'(x_1) \leq \frac{f(x_2) - f(x_1)}{x_2 - x_1} \tag{3.24}$$

である．ふたたび (3.23) の両辺において $x \to x_2$ とすると同様な理由から

$$\frac{f(x_2) - f(x_1)}{x_2 - x_1} \leq f'(x_2) \tag{3.25}$$

が成り立つ．よって (3.24) と (3.25) から $f'(x_1) \leq f'(x_2)$ となる．以上より $f'(x)$ は (a, b) 上で単調増加であることがわかる．したがって注意 3.3.7 より (a, b) 上で $f''(x) \geq 0$ である．

(十分性) (a, b) 上で $f''(x) \geq 0$ とする．このとき注意 3.3.7 より $f'(x)$ は (a, b) 上で単調増加関数である．I に属する点 x_1, x_2, x_3 ($x_1 < x_2 < x_3$) を任意にとる．平均値の定理 (定理 3.3.2) により

$$f(x_2) - f(x_1) = (x_2 - x_1)f'(x_1 + \theta_1(x_2 - x_1))$$
$$f(x_3) - f(x_2) = (x_3 - x_2)f'(x_2 + \theta_2(x_3 - x_2)) \quad (0 < \theta_1, \theta_2 < 1)$$

が成り立つ．$a < x_1 + \theta_1(x_2 - x_1) < x_2 + \theta_2(x_3 - x_2) < b$ だから $f'(x)$ の単調性により

$$\begin{aligned}\frac{f(x_2) - f(x_1)}{x_2 - x_1} &= f'(x_1 + \theta_1(x_2 - x_1)) \\ &\leq f'(x_2 + \theta_2(x_3 - x_2)) = \frac{f(x_3) - f(x_2)}{x_3 - x_2}.\end{aligned} \quad (3.26)$$

よって命題 3.5.1 より $f(x)$ は凸関数である．

(ii) (a, b) 上で $f''(x) > 0$ のときは注意 3.3.4 より $f'(x)$ は区間 (a, b) 上で狭義単調増加関数だから (3.26) において等号なしの不等式が成り立つ．よって命題 3.5.1 より $f(x)$ は狭義の凸関数であることが導かれる． ∎

注意 3.5.3 定理 3.5.2 (ii) の逆は一般には成り立たない．たとえば $f(x) = x^4$ $(-\infty < x < \infty)$ は R 上で狭義の凸関数だが $f''(0) = 0$ である．

例題 3.5.4 $f(x)$ は $I = [a, b]$ において凸関数とする．$x_1, \cdots, x_n$ は I に属する任意の点とし，$\alpha_1, \cdots, \alpha_n$ は $\alpha_1 + \cdots + \alpha_n = 1$，$0 < \alpha_k < 1$ $(k = 1, 2, \cdots, n)$ をみたす任意の数とする．このとき

$$f(\alpha_1 x_1 + \cdots + \alpha_n x_n) \leq \alpha_1 f(x_1) + \cdots + \alpha_n f(x_n) \quad (3.27)$$

が成り立つことを示せ．

[**解答**] n に関する数学的帰納法で示す．$n = 2$ のときは定義より明らかである．$n = m$ のとき (3.27) が成立すると仮定して $n = m + 1$ のときも (3.27) が成立することをいう．$x_1, \cdots, x_{m+1}$ は I に属する点とし，$\alpha_1, \cdots, \alpha_{m+1}$ は $0 < \alpha_k < 1$ $(k = 1, \cdots, m+1)$，$\alpha_1 + \cdots + \alpha_{m+1} = 1$ をみたすとする．このとき

$$x = \frac{\alpha_1}{\alpha_1 + \cdots + \alpha_m} x_1 + \cdots + \frac{\alpha_m}{\alpha_1 + \cdots + \alpha_m} x_m$$

とおくと，x は I に属する点で

$$\alpha_1 x_1 + \cdots + \alpha_{m+1} x_{m+1} = (\alpha_1 + \cdots + \alpha_m) x + \alpha_{m+1} x_{m+1}$$

と表される．したがって帰納法の仮定より

$$f(\alpha_1 x_1 + \cdots + \alpha_{m+1} x_{m+1}) = f((\alpha_1 + \cdots + \alpha_m)x + \alpha_{m+1} x_{m+1})$$
$$\leq (\alpha_1 + \cdots + \alpha_m) f(x) + \alpha_{m+1} f(x_{m+1})$$
$$\leq (\alpha_1 + \cdots + \alpha_m) \left(\frac{\alpha_1}{\alpha_1 + \cdots + \alpha_m} f(x_1) + \cdots + \frac{\alpha_m}{\alpha_1 + \cdots + \alpha_m} f(x_m) \right)$$
$$+ \alpha_{m+1} f(x_{m+1})$$
$$= \alpha_1 f(x_1) + \cdots + \alpha_m f(x_m) + \alpha_{m+1} f(x_{m+1}).$$

よって (3.27) は $n = m+1$ のときも成り立つ．

問 3.11 例題 3.5.4 において，$f(x)$ が狭義の凸関数のとき (3.27) で等号が成立するための必要十分条件は $x_1 = x_2 = \cdots = x_n$ であることを示せ．

例 3.5.5 $x > 0$ に対して $f(x) = -\log x$ とすると $f''(x) = \dfrac{1}{x^2} > 0$.
よって定理 3.5.2 (ii) より $f(x)$ は $x > 0$ において（狭義の）凸関数である．したがって $x_1 > 0, x_2 > 0, \cdots, x_n > 0$ および $\alpha_1, \cdots, \alpha_n (\alpha_1 + \cdots + \alpha_n = 1,$
$0 \leq \alpha_k \leq 1, k = 1, \cdots, n)$ に対して $-\log(\alpha_1 x_1 + \cdots + \alpha_n x_n) \leq -\alpha_1 \log x_1 - \cdots - \alpha_n \log x_n$. ゆえに

$$\alpha_1 \log x_1 + \cdots + \alpha_n \log x_n \leq \log(\alpha_1 x_1 + \cdots + \alpha_n x_n).$$

$0 < \alpha_k < 1 \ (k = 1, \cdots, n)$ のとき，上の不等式において等号が成立するのは $x_1 = \cdots = x_n$ のとき，またそのときに限る．

例題 3.5.6 任意の $\alpha_1, \cdots, \alpha_n,\ 0 < \alpha_k < 1\ (k = 1, \cdots, n),\ \alpha_1 + \cdots + \alpha_n = 1$，および任意の $\beta_1, \cdots, \beta_n,\ 0 < \beta_k < 1\ (k = 1, \cdots, n),\ \beta_1 + \cdots + \beta_n = 1$ に対して $\displaystyle\sum_{k=1}^{n} \alpha_k \log \frac{\alpha_k}{\beta_k} \geq 0$ を示せ．また等号は $\alpha_k = \beta_k,\ k = 1, \cdots, n$ のときに限って成立することを示せ．

［解答］ 例 3.5.5 によって $f(x) = -\log x$ は凸関数である．したがって

$$\sum_{k=1}^{n} \alpha_k \log \frac{\alpha_k}{\beta_k} = \sum_{k=1}^{n} \alpha_k \left(-\log \frac{\beta_k}{\alpha_k} \right)$$

$$\geq -\log\left(\sum_{k=1}^{n} \alpha_k \cdot \frac{\beta_k}{\alpha_k}\right) = -\log\left(\sum_{k=1}^{n} \beta_k\right) = -\log 1 = 0.$$

等号は $\dfrac{\beta_k}{\alpha_k} = 1$, $k = 1, \cdots, n$ のとき，すなわち $\alpha_k = \beta_k$, $k = 1, \cdots, n$ のとき，またそのときに限って成立することがわかる．

問 3.12 次の不等式を示せ．

(i) $a > 1$ とする．このとき $x > 0$, $y > 0$ に対し $\left(\dfrac{x+y}{2}\right)^a \leq \dfrac{x^a + y^a}{2}$．等号は $x = y$ のときに限って成立する．

(ii) 任意の $x_1 > 0, \cdots, x_n > 0$ に対して $\sqrt[n]{x_1 \cdots x_n} \leq \dfrac{x_1 + \cdots + x_n}{n}$．等号は $x_1 = x_2 = \cdots = x_n$ のときに限って成立する．

b) 不定形の極限

$x \to x_0$ のとき $f(x) \to 0$, $g(x) \to 0$ とする．このとき $f(x)$ と $g(x)$ の比の極限 $\lim\limits_{x \to x_0} \dfrac{f(x)}{g(x)}$ を $\dfrac{0}{0}$ 形の不定形の極限という．同様に $x \to x_0$ のとき $f(x) \to \infty$, $g(x) \to \infty$ のとき $\lim\limits_{x \to x_0} \dfrac{f(x)}{g(x)}$ を $\dfrac{\infty}{\infty}$ 形の不定形の極限という．また $f(x) \to 0$, $g(x) \to \infty$ $(x \to x_0)$ のとき，$f(x)$ と $g(x)$ の積の極限 $\lim\limits_{x \to x_0} f(x)g(x)$ は $0 \cdot \infty$ 形の不定形と呼ばれる．このような不定形の極限を求めるときに有用である定理を次に示す．

定理 3.5.7 ロピタル (de l'Hôspital) の定理

(i) $f(x)$, $g(x)$ は x_0 の近傍において定義されているとする ($f(x_0), g(x_0)$ は定義されていなくてもよい)．$x \to x_0$ のとき $f(x) \to 0$, $g(x) \to 0$ とする．さらに $f(x)$, $g(x)$ は x_0 以外の各点 x で微分可能で $g'(x) \neq 0$ とする．このとき

$$\lim_{x \to x_0} \frac{f'(x)}{g'(x)} = l \quad \text{が存在すれば} \quad \lim_{x \to x_0} \frac{f(x)}{g(x)} = l$$

である (l は $\pm\infty$ でもよい)．

(ii) $f(x)$, $g(x)$ は十分大なる x について定義されていて，$x \to \infty$ のとき $f(x) \to 0$, $g(x) \to 0$ とする．さらに十分大なる x について $g'(x) \neq 0$ とする．このとき

3.5 微分の応用

$$\lim_{x\to\infty}\frac{f'(x)}{g'(x)}=l \quad \text{が存在すれば} \quad \lim_{x\to\infty}\frac{f(x)}{g(x)}=l$$

である ($l=\pm\infty$ でもよい).

(iii) $f(x), g(x)$ は $x_0<x<c$ をみたす x に対して定義されていて，$x\to x_0+0$ のとき $f(x)\to\infty$, $g(x)\to\infty$ であるとする．さらに $x_0<x<c$ において $f(x), g(x)$ は微分可能で $g'(x)\neq 0$ とする．このとき

$$\lim_{x\to x_0+0}\frac{f'(x)}{g'(x)}=l \quad \text{ならば} \quad \lim_{x\to x_0+0}\frac{f(x)}{g(x)}=l$$

である ($l=\infty$ でもよい).

(iv) $x\to\infty$ のとき $f(x)\to\infty$, $g(x)\to\infty$ とする．このとき

$$\lim_{x\to\infty}\frac{f'(x)}{g'(x)}=l \quad \text{ならば} \quad \lim_{x\to\infty}\frac{f(x)}{g(x)}=l$$

である ($l=\infty$ でもよい).

[証明]

(i) 必要であれば $f(x_0)=g(x_0)=0$ と定めれば $f(x), g(x)$ は区間 $[x_0,x]$（または $[x,x_0]$）においてコーシーの平均値の定理（定理 3.3.9）の条件をみたす．したがって $\dfrac{f(x)-f(x_0)}{g(x)-g(x_0)}=\dfrac{f'(\tau)}{g'(\tau)}$ となる τ が (x_0,x)（または (x,x_0)）の中に存在する．$x\to x_0$ のとき明らかに $\tau\to x_0$ であるから

$$\lim_{x\to x_0}\frac{f(x)}{g(x)}=\lim_{x\to x_0}\frac{f(x)-f(x_0)}{g(x)-g(x_0)}=\lim_{x\to x_0}\frac{f'(\tau)}{g'(\tau)}=\lim_{x\to x_0}\frac{f'(x)}{g'(x)}=l.$$

(ii) $\dfrac{1}{x}=y$ とおくと，$x\to\infty$ のとき $y\to+0$ である．$F(y)=f(1/y)$, $G(y)=g(1/y)$ ($y>0$) とおくと F, G は適当な $\delta>0$ に対して区間 $(0,\delta)$ 上で定義され $\lim_{y\to+0}F(y)=0$, $\lim_{y\to+0}G(y)=0$ をみたす．さらに $F(y), G(y)$ は $(0,\delta)$ において微分可能で $\lim_{y\to+0}\dfrac{F'(y)}{G'(y)}=\lim_{y\to+0}\dfrac{f'(1/y)}{g'(1/y)}=\lim_{x\to\infty}\dfrac{f'(x)}{g'(x)}=l.$ よって (i) より $\lim_{y\to+0}\dfrac{F(y)}{G(y)}=l$ となる．したがって $\lim_{x\to\infty}\dfrac{f(x)}{g(x)}=\lim_{y\to+0}\dfrac{F(y)}{G(y)}=l.$

(iii)(イ) l は有限値とする $(0\leq l<\infty)$. $\varepsilon\left(0<\varepsilon<\dfrac{1}{2}\right)$ を任意に与える．仮定より $x_1(x_0<x_1<c)$ を適当に選ぶと，$x_0<x<x_1$ をみたすすべての x

に対して

$$l - \varepsilon < \frac{f'(x)}{g'(x)} < l + \varepsilon \tag{3.28}$$

が成り立つ．コーシーの平均値の定理から $x_0 < x < x_1$ のとき $\frac{f(x) - f(x_1)}{g(x) - g(x_1)} = \frac{f'(\tau)}{g'(\tau)}$ となる $\tau\,(x < \tau < x_1)$ が存在する．したがって (3.28) から，$x_0 < x < x_1$ のとき $l - \varepsilon < \frac{f(x) - f(x_1)}{g(x) - g(x_1)} < l + \varepsilon$ である．仮定から $x \to x_0 + 0$ のとき $f(x) \to \infty,\ g(x) \to \infty$ だから，適当に $x_2\,(x_0 < x_2 < c)$ を選ぶと，$x_0 < x < x_2$ をみたすすべての x に対して $f(x) > 0, g(x) > 0$ で，

$$0 < \frac{f(x_1)}{f(x)} < \varepsilon, \qquad 0 < \frac{g(x_1)}{g(x)} < \varepsilon$$

が成り立つ．したがって $x_0 < x < x_2$ をみたす x に対して

$$1 - \varepsilon < \frac{1 - \dfrac{f(x_1)}{f(x)}}{1 - \dfrac{g(x_1)}{g(x)}} < \frac{1}{1 - \varepsilon} \tag{3.29}$$

が成り立つ．$x_3 = \min\{x_1, x_2\}$ とおく．x が $x_0 < x < x_3$ をみたすとき，不等式 (3.29) および

$$l - \varepsilon < \frac{f(x) - f(x_1)}{g(x) - g(x_1)} = \frac{f(x)}{g(x)} \cdot \frac{1 - \dfrac{f(x_1)}{f(x)}}{1 - \dfrac{g(x_1)}{g(x)}} < l + \varepsilon$$

より，$l - (l+1)\varepsilon < (1 - \varepsilon)(l - \varepsilon) < \dfrac{f(x)}{g(x)} < \dfrac{l + \varepsilon}{1 - \varepsilon} < l + 2(l+1)\varepsilon$ が導かれる．$0 < \varepsilon < \dfrac{1}{2}$ は任意だから，これより $\lim\limits_{x \to x_0 + 0} \dfrac{f(x)}{g(x)} = l$.

（ロ）次に $l = \infty$ の場合を考える．このとき仮定より $\lim\limits_{x \to x_0 + 0} \dfrac{f'(x)}{g'(x)} = \infty$ である．したがって適当に $c'\,(x_0 < c' < c)$ を選ぶと $x_0 < x < c'$ をみたす x に

対して $f'(x) \neq 0$ である．さらに $\lim_{x \to x_0+0} \dfrac{g'(x)}{f'(x)} = 0$ であるから，(イ) の場合に帰着され $\lim_{x \to x_0+0} \dfrac{g(x)}{f(x)} = 0$ が成り立つ．これより $\lim_{x \to x_0+0} \dfrac{f(x)}{g(x)} = \infty$.

(iv) $x = \dfrac{1}{y}$ とおき $F(y) = f\left(\dfrac{1}{y}\right)$, $G(y) = g\left(\dfrac{1}{y}\right)$ とおく．このとき

$$\lim_{y \to +0} \frac{F'(y)}{G'(y)} = \lim_{y \to +0} \frac{f'(1/y)}{g'(1/y)} = \lim_{x \to \infty} \frac{f'(x)}{g'(y)} = l.$$

よって (iii) より $\lim_{y \to +0} \dfrac{F(y)}{G(y)} = l$ である．したがって

$$\lim_{x \to \infty} \frac{f(x)}{g(x)} = \lim_{y \to +0} \frac{F(y)}{G(y)} = l. \quad \blacksquare$$

例題 3.5.8 次の極限値を求めよ．

(ⅰ) $\lim_{x \to +0} x \log x$ (ⅱ) $\lim_{x \to 0} \dfrac{1 - \cos x}{x^2}$

(ⅲ) $\lim_{x \to 1} \dfrac{(x-1) \log x}{\sin^2(x-1)}$ (ⅳ) $\lim_{x \to \infty} x^m e^{-x} \quad (m > 0)$

[解答]

(ⅰ) $\lim_{x \to +0} x \log x = \lim_{x \to +0} \dfrac{\log x}{(1/x)} = \lim_{x \to +0} \dfrac{(1/x)}{-(1/x^2)} = \lim_{x \to +0} (-x) = 0$.

(ⅱ) $\lim_{x \to 0} \dfrac{1 - \cos x}{x^2} = \lim_{x \to 0} \dfrac{\sin x}{2x} = \dfrac{1}{2} \lim_{x \to 0} \dfrac{\sin x}{x} = \dfrac{1}{2}$.

(ⅲ) $\lim_{x \to 1} \dfrac{(x-1) \log x}{\sin^2(x-1)} = \left(\lim_{x \to 1} \dfrac{1}{\dfrac{\sin^2(x-1)}{(x-1)^2}} \right) \left(\lim_{x \to 1} \dfrac{\log x}{x-1} \right)$

$= 1 \cdot \left(\lim_{x \to 1} \dfrac{1/x}{1} \right) = 1$.

(ⅳ) $k - 1 < m \leq k$ をみたす自然数 k を選ぶ．ロピタルの定理をくり返し適用して

$$\lim_{x \to \infty} x^m e^{-x} = \lim_{x \to \infty} \frac{x^m}{e^x} = \lim_{x \to \infty} \frac{mx^{m-1}}{e^x}$$

$$= \cdots = \lim_{x \to \infty} \frac{m(m-1)\cdots(m-k+1)x^{m-k}}{e^x} = 0.$$

例題 3.5.9 $f(x) = e^{-1/x}$ $(x > 0)$, $f(x) = 0$ $(x \leq 0)$ で定義される関数 $f(x)$ は $\mathbb{R} = (-\infty, \infty)$ 上で無限回微分可能であることを示せ．

［解答］ $x < 0$ のときは明らかに $f(x)$ は無限回微分可能で $f^{(n)}(x) = 0$ $(n = 1, 2, \cdots)$ である．$x > 0$ とする．このとき合成関数の微分により $f(x)$ は何回でも微分可能で

$$f'(x) = \frac{1}{x^2}e^{-1/x}, \quad f''(x) = \left(\frac{1}{x^4} - \frac{2}{x^3}\right)e^{-1/x}, \quad \cdots$$

一般に

$$f^{(n)}(x) = P_n\left(\frac{1}{x}\right)e^{-1/x} \quad (P_n(t) \text{ は } t \text{ の } 2n \text{ 次の多項式})$$

となることがわかる．この例題においては $x = 0$ における微分可能性が最も本質的な部分である．$\frac{1}{x} = y$ とおくと例題 3.5.8 (iv) より $f'_+(0) = \lim_{x \to +0} \frac{e^{-1/x}}{x} = \lim_{y \to \infty} ye^{-y} = 0$. 他方，明らかに $f'_-(0) = 0$ である．よって $f'_-(0) = f'_+(0) = 0$ となり $f(x)$ は $x = 0$ で微分可能で $f'(0) = 0$ である．一般に $f^{(n-1)}(0) = 0$ とすると

$$f^{(n)}_+(0) = \lim_{x \to +0} \frac{f^{(n-1)}(x) - f^{(n-1)}(0)}{x}$$
$$= \lim_{x \to +0} \frac{1}{x}P_{n-1}\left(\frac{1}{x}\right)e^{-1/x} = \lim_{y \to \infty} y \cdot P_{n-1}(y)e^{-y} \quad (3.30)$$

であるが，$y \cdot P_{n-1}(y)$ は y の $2n-1$ 次の多項式であるから例題 3.5.8 (iv) より (3.30) の右辺 $= 0$ となる．よって $f^{(n)}_+(0) = 0$ である．他方 $f^{(n)}_-(0) = 0$ だから $f^{(n)}_-(0) = f^{(n)}_+(0) = 0$ となり $f(x)$ は $x = 0$ において n 回微分可能で $f^{(n)}(0) = 0$ であることがわかる．したがって $f(x)$ は $x = 0$ において無限回微分可能で，$f^{(n)}(0) = 0$ $(n = 1, 2, \cdots)$ である．

問 3.13 次の極限値を求めよ．

(ⅰ) $\lim_{x \to +0} x^a \log x$ $(a > 0)$ (ⅱ) $\lim_{x \to 0}\left(\frac{1}{\sin^2 x} - \frac{1}{x^2}\right)$

(iii) $\displaystyle\lim_{x\to\infty}\frac{\log(1+e^x)}{\sqrt{1+x^2}}$ 　　(iv) $\displaystyle\lim_{x\to 0}\frac{\log[\cos(bx)]}{\log[\cos(ax)]}$ 　$(a>0, b>0)$

c) 関数の極値

$f(x)$ は区間 $I = (a, b)$ 上で定義されているとする．I に属する点 x_0 の適当な近傍において $f(x_0)$ が $f(x)$ の最大値（または最小値）となるとき，すなわち $\delta > 0$ を適当に選ぶと $x_0 - \delta < x < x_0 + \delta$ をみたすすべての x に対して

$$f(x) \leq f(x_0) \quad (\text{または } f(x) \geq f(x_0)) \tag{3.31}$$

が成り立つとき $f(x)$ は x_0 において**極大** (relative maximum, maximal)（または**極小** (relative minimum, minimal)）であるといい，$f(x_0)$ を $f(x)$ の**極大値** (maximal value)（または**極小値** (minimal value)）という．極大値, 極小値を総称して**極値**（extremal value, extremum）と呼ぶ．$f(x)$ が I において最大値あるいは最小値をもてばそれらはそれぞれ極大値あるいは極小値であるが逆は一般には正しくない．

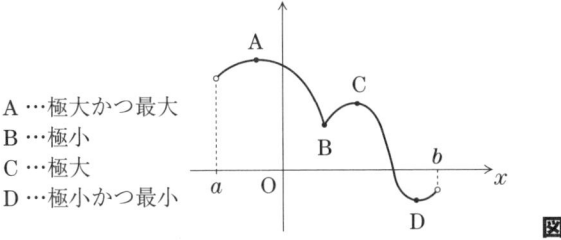

A …極大かつ最大
B …極小
C …極大
D …極小かつ最小

図 3.7

不等式 (3.31) において $x \neq x_0$ である x に対しては等号なしの不等式となるとき，$f(x)$ は x_0 において**狭義の極大**（または**狭義の極小**）であるという．

定理 3.5.10 $f(x)$ は $I = (a, b)$ 上で微分可能とする．このとき, $x = x_0$ において $f(x)$ が極値をとるならば $f'(x_0) = 0$ である．

　[**証明**] x_0 で $f(x)$ が極大値をとるとする（極小値をとる場合も証明は同様である）．このとき $\delta > 0$ を適当に選ぶと

$$\frac{f(x_0 + h) - f(x_0)}{h} \leq 0 \quad (0 < h < \delta), \quad \geq 0 \quad (-\delta < h < 0)$$

である．したがって $h \downarrow 0$ および $h \uparrow 0$ として[*5]

$$f'(x_0) = f'_+(x_0) \leq 0, \quad f'(x_0) = f'_-(x_0) \geq 0$$

を得る．よって $f'(x_0) = 0$ である．

定理 3.5.11 $f(x)$ は $I = (a, b)$ において 2 回連続微分可能とし，I に属する点 x_0 において $f'(x_0) = 0$ とする．もし $f''(x_0) > 0$ ならば $f(x)$ は x_0 において狭義の極小となり，$f''(x_0) < 0$ ならば $f(x)$ は x_0 において狭義の極大となる．

[**証明**] $f'(x_0) = 0$, $f''(x_0) > 0$ とする．仮定より $f''(x)$ は x_0 において連続だから，$\delta > 0$ を適当に選ぶと $x_0 - \delta < x < x_0 + \delta$ をみたすすべての x に対して $f''(x) > 0$ である．したがって $f'(x)$ は区間 $(x_0 - \delta, x_0 + \delta)$ において狭義単調増加関数である．$f'(x_0) = 0$ だから $x_0 - \delta < x < x_0$ のとき $f'(x) < 0$ で，$x_0 < x < x_0 + \delta$ のとき $f'(x) > 0$ である．したがって $x_0 - \delta < x < x_0$ において $f(x)$ は狭義単調減少で，$x_0 < x < x_0 + \delta$ において $f(x)$ は狭義単調増加であることがわかる．これより $x_0 - \delta < x < x_0 + \delta$, $x \neq x_0$ をみたす x に対して $f(x) > f(x_0)$ となる．よって $f(x)$ は x_0 において狭義の極小となる．$f''(x_0) < 0$ の場合も同様である（$-f(x)$ に対して上の議論を適用してもよい）．

例題 3.5.12 $f(x) = x^3(a-x)^2$, $-\infty < x < \infty$ $(a > 0)$ の極値を調べよ．

[**解答**] $f'(x) = x^2(a-x)(3a-5x),$
$f''(x) = x\{(3a-5x)(2a-3x) - 5x(a-x)\}$

である．$f'(x) = 0$ より $x = 0, a, \dfrac{3a}{5}$ を得る．これらは $f(x)$ の極値を与える点の候補者である．$f''(a) = 2a^3 > 0$ だから $x = a$ で $f(x)$ は極小値 $f(a) = 0$ をとる．$f''\left(\dfrac{3a}{5}\right) = -\dfrac{18}{25}a^3 < 0$ だから $x = \dfrac{3a}{5}$ で $f(x)$ は極大値 $f\left(\dfrac{3a}{5}\right) = \left(\dfrac{3a}{5}\right)^3 \left(\dfrac{2a}{5}\right)^2 = \dfrac{108}{3125}a^5$ をとる．また，$x < 0$ のとき $f(x) < 0$ で，$0 < x < a$ のとき $f(x) > 0$ であるから $x = 0$ で $f(x)$ は極値をとらない（図 3.8）．

[*5] $h > 0$ で $h \to 0$ とするとき，$h \to +0$ あるいは $h \downarrow 0$ と表す．同様に $h < 0$ で $h \to 0$ とするとき，$h \to -0$ あるいは $h \uparrow 0$ と表す．

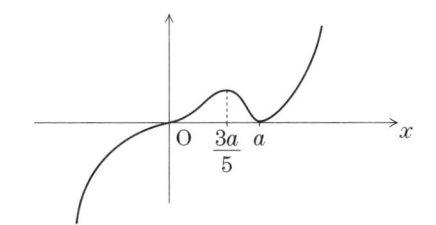

3.5 微分の応用

図 3.8

d) 関数のグラフ

微分を用いて関数の凹凸, 極値などを調べそのグラフの概形をとらえることを考える.

$f(x)$ が x_0 を境にして下に凸から上に凸 (または上に凸から下に凸) に変わるとき, $(x_0, f(x_0))$ を $f(x)$ の**変曲点**(point of inflection) という. 定理 3.5.2 からわかるように, $f(x)$ が x_0 の近傍で 2 回連続微分可能のとき, 点 $(x_0, f(x_0))$ が $f(x)$ の変曲点ならば $f''(x_0) = 0$ でなければならない.

例 3.5.13 関数 $f(x) = e^{-x^2}$ $(-\infty < x < \infty)$ の変曲点を求めよう. $f'(x) = -2xe^{-x^2}$, $f''(x) = 2(2x^2 - 1)e^{-x^2}$ だから $x = \pm\dfrac{1}{\sqrt{2}}$ で $f''(x) = 0$ となる. $-\dfrac{1}{\sqrt{2}} < x < \dfrac{1}{\sqrt{2}}$ においては $f''(x) < 0$ だから $f(x)$ は上に凸である. また $|x| > \dfrac{1}{\sqrt{2}}$ においては $f''(x) > 0$ だから $f(x)$ は下に凸である. よって点 $\left(\pm\dfrac{1}{\sqrt{2}}, e^{-1/2}\right)$ が $f(x)$ の変曲点である (図 3.9).

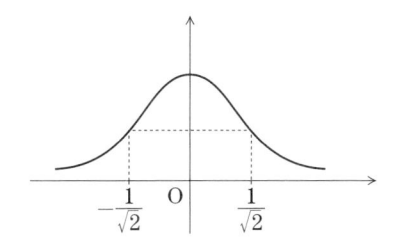

図 3.9

例題 3.5.14 次の関数のグラフの概形を描け.
(ⅰ) $f(x) = x^x$ $(0 < x \leq 1)$ (ⅱ) $f(x) = |x|e^{-x}$ $(-\infty < x < \infty)$

[**解答**]
(ⅰ) $f(+0) = \lim_{x \to +0} \exp[x \log x] = \exp[\lim_{x \to +0} x \log x] = \exp[0] = 1.$

$f(1) = 1, \quad f'(x) = x^x(\log x + 1), \quad f''(x) = x^x(\log x + 1)^2 + x^{x-1}$

である.これより $f''(x) > 0$, したがって $f(x)$ は凸関数であることがわかる. $f'(x) = 0$ から $x = e^{-1}$ を得るが, $x = e^{-1}$ を境にして $f'(x)$ の符号は負から正へ変わるので, $0 < x < e^{-1}$ では $f(x)$ は狭義単調減少で $e^{-1} < x \leq 1$ では $f(x)$ は狭義単調増加である.したがって $f(x)$ は $x = e^{-1}$ で最小となり最小値 $f(e^{-1}) = \exp[-e^{-1}]$ をとる.また $x = 1$ において最大値 $f(1) = 1$ をとる($x = 0$ においては最大値をとらない)(図 3.10).

(ⅱ) $x > 0$ とする.このとき $\lim_{x \to \infty} f(x) = \lim_{x \to \infty} xe^{-x} = 0$. $f'_+(0) = \lim_{x \to +0} e^{-x} = 1, f'(x) = (1-x)e^{-x}, f''(x) = (x-2)e^{-x}$ となる.これより $0 < x < 2$ のとき $f''(x) < 0$, したがって $f(x)$ は上に凸である.また $x > 2$ のとき $f''(x) > 0$ だから $f(x)$ は下に凸であることがわかる.よって点 $(2, 2e^{-2})$ は $f(x)$ の変曲点である. $f'(x) = 0$ より $x = 1$ が得られ, $x = 1$ を境にして $f'(x)$ の符号は正から負へ変わる.よって $f(x)$ は $x = 1$ で極大値 e^{-1} をとる.

$x < 0$ においては $\lim_{x \to -\infty} f(x) = \lim_{x \to -\infty} (-xe^{-x}) = \infty$, $f'_-(0) = \lim_{x \to -0} (-e^{-x}) = -1$ である.

$f'(x) = (x-1)e^{-x} < 0$ だから $f(x)$ は $(-\infty, 0)$ 上で狭義単調減少であり, $f''(x) = (2-x)e^{-x} > 0$ だから $f(x)$ は $(-\infty, 0)$ において下に凸であることがわかる.

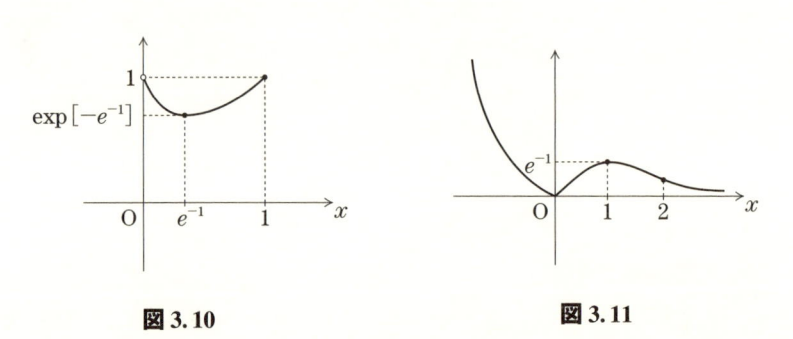

図 3.10

図 3.11

以上より $f(x)$ のグラフの概形は図 3.11 のようになる．この例においては，$f(x)$ は $x=0$ で最小値 0 をとり，$x=1$ で極大値 e^{-1} をとるが $f(x)$ の最大値は存在しない．

問 3.14 関数 $f(x)=x(1-x)^3$ $(-\infty < x < \infty)$ のグラフの概形を描け．

e) 不等式の証明

凸関数の性質，テイラーの定理，関数の増減などを応用して不等式を示すことができる．

例題 3.5.15 次の不等式を示せ．

(ⅰ) 任意の自然数 n，および任意の正の数 $x_1,\cdots,x_n$ に対して

$$\log\left(\frac{x_1+\cdots+x_n}{n}\right) \leq \frac{x_1\log x_1+\cdots+x_n\log x_n}{x_1+\cdots+x_n}$$

等号は $x_1=\cdots=x_n$ のときに限って成立する．

(ⅱ) $a>1$ とする．このとき

$$a(x-1) < x^a - 1 < ax^{a-1}(x-1) \qquad (x>1)$$

(ⅲ) $1-x < e^{-x} < \dfrac{1}{1+x} \qquad (x>0)$

(ⅳ) $0 < x < \dfrac{\pi}{2}$ のとき，$\dfrac{2}{\pi}x < \sin x < x$.

[**解答**]

(ⅰ) $x>0$ において $f(x)=x\log x$ を考える．$f''(x)=\dfrac{1}{x}>0$ だから $f(x)$ は $(0,\infty)$ 上で下に狭義凸である．したがって例題 3.5.4 より

$$\left(\frac{x_1+\cdots+x_n}{n}\right)\log\left(\frac{x_1+\cdots+x_n}{n}\right)$$
$$=f\left(\frac{x_1+\cdots+x_n}{n}\right) \leq \frac{f(x_1)+\cdots+f(x_n)}{n} = \frac{x_1\log x_1+\cdots+x_n\log x_n}{n}$$

が成り立つ．これより題意の不等式が得られる．問 3.11 より等号は $x_1=\cdots=x_n$ のときに限り成立する．

(ii) $f(x) = x^a$ $(x > 0)$ とおく．$f'(x) = ax^{a-1} > 0$, $f''(x) = a(a-1)x^{a-2} > 0$ だから，$(0, \infty)$ 上で $f(x)$ は狭義単調増加で下に狭義凸である．$x > 1$ をみたす x に対し $y = x^a$ のグラフ上の点 $A = (1, 1)$, $B = (x, x^a)$ を考える．点 A における $y = x^a$ の接線の傾きは $f'(1) = a$ で，点 B における接線の傾きは $f'(x) = ax^{a-1}$ である．$f(x) = x^a$ は狭義凸関数だから，

点 A における接線の傾き $<$ 線分 AB の傾き $<$ 点 B における接線の傾き

である（図 3.12）[*6]．したがって $a < \dfrac{x^a - 1}{x - 1} < ax^{a-1}$. これより

$$a(x-1) < x^a - 1 < ax^{a-1}(x-1).$$

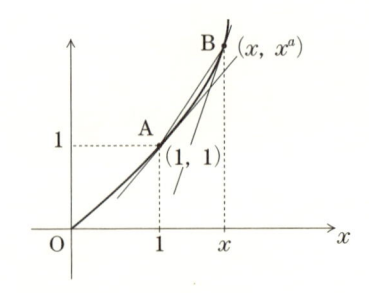

図 3.12

図 3.13

[**別解**] テイラーの定理を用いて示す．定理 3.4.3 によって

$$x^a = 1 + a(x-1) + \frac{a(a-1)\xi^{a-2}}{2!}(x-1)^2 \quad (1 < \xi < x)$$

となる．右辺の第 3 項は正であるから $x^a > 1 + a(x-1)$ を得る．よって $x^a - 1 > a(x-1)$．また同じ定理により $x^a = 1 + a\eta^{a-1}(x-1)$ $(1 < \eta < x)$ が成り立つが，上式の右辺の第 2 項は $ax^{a-1}(x-1)$ より小である．よって $x^a < 1 + ax^{a-1}(x-1)$．これより $x^a - 1 < ax^{a-1}(x-1)$ を得る．

(iii) テイラーの定理（定理 3.4.3）により

$$e^x = 1 + x + \frac{x^2}{2}e^{\theta x} \quad (0 < \theta < 1)$$

である．右辺の第 3 項 > 0 だから $e^x > 1 + x$ となる．これより $e^{-x} < \dfrac{1}{1+x}$

[*6] 演習問題 3.13 を参照．

を得る．また同じ定理から $e^{-x} = 1 - x + \dfrac{x^2}{2} e^{-\eta x}$ $(0 < \eta < 1)$ と展開され，右辺の第 3 項 > 0 だから $e^{-x} > 1 - x$ が成り立つ．以上より題意の不等式が示された．

(iv) $f(x) = \dfrac{\sin x}{x}$ $\left(0 < x < \dfrac{\pi}{2}\right)$ とおく．このとき

$$f_+(0) = 1, \quad f\left(\dfrac{\pi}{2}\right) = \dfrac{2}{\pi} \quad (< 1), \quad f'(x) = \dfrac{x \cos x - \sin x}{x^2}$$

である．ここで $f'(x)$ の符号を調べるために $g(x) = x \cos x - \sin x$ とおき，$g(x)$ の符号を調べる．$g'(x) = -x \sin x < 0$ であるから $g(x)$ は狭義単調減少関数である．また $g(+0) = 0$ である．したがって $0 < x < \dfrac{\pi}{2}$ において $g(x) < 0$ となる．よって $f'(x) < 0$ となり $f(x)$ は $0 < x < \dfrac{\pi}{2}$ において狭義単調減少関数であることがわかる．以上より $0 < x < \dfrac{\pi}{2}$ のとき $\dfrac{2}{\pi} < f(x) < 1$ である．よって題意の不等式が示された（$f(x)$ のグラフの概形を各自描いてみよ）．

[**別解**] 不等式 $\dfrac{2}{\pi} x < \sin x$ は次のように考えても示すことができる．$f(x) = \sin x$ は $f''(x) = -\sin x < 0$ $\left(0 < x < \dfrac{\pi}{2}\right)$ だから上に狭義凸である．したがって原点 O と点 $A = (x, \sin x)$ を結ぶ線分の傾きは，O と点 $B = \left(\dfrac{\pi}{2}, 1\right)$ を結ぶ線分の傾きより大となる（図 3.13）[*7]．よって $\dfrac{\sin x}{x} > \dfrac{1}{\pi/2} = \dfrac{2}{\pi}$ である．

問 3.15

(i) $x > 0$ のとき，$1 - x + \dfrac{x^2}{2} - \dfrac{x^3}{6} < e^{-x} < 1 - x + \dfrac{x^2}{2}$ を示せ．

(ii) $f(x)$ は $[0, \infty)$ 上で微分可能で $f(0) = 1, f'(x) \geq f(x)$ $(x > 0)$ をみたすとする．このとき $f(x) \geq e^x$ $(x > 0)$ が成り立つことを示せ．

例題 3.5.16 $p > 1, q > 1$ は $\dfrac{1}{p} + \dfrac{1}{q} = 1$ をみたす任意の実数とする．このとき次の不等式を示せ．

(i) $x \leq \dfrac{1}{p} x^p + \dfrac{1}{q}$ $(x \geq 0)$．等号は $x = 1$ のときに限り成立する．

[*7] 演習問題 3.13 を参照．

(ii) $xy \leq \dfrac{1}{p}x^p + \dfrac{1}{q}y^q$ $(x \geq 0, y \geq 0)$

[解答]
(i) $f(x) = \dfrac{1}{p}x^p + \dfrac{1}{q} - x$ とおく．$f(0) = \dfrac{1}{q} > 0$, $f(1) = 0$, $f'(x) = x^{p-1} - 1$ である．これより $f'(1) = 0$ で，$0 < x < 1$ 上で $f'(x) < 0$, $1 < x < \infty$ 上で $f'(x) > 0$ となることがわかる．したがって $f(x)$ は $x = 1$ で最小値 $f(1) = 0$ をとり，$0 < x \neq 1 < \infty$ に対しては $f(x) > 0$ である．以上より $x \geq 0$ のとき $f(x) \geq 0$ で，$x = 1$ のときに限って $f(x) = 0$ となることがわかった．よって題意の不等式が得られた．

(ii) $y = 0$ のときは明らかに成立するから $y > 0$ と仮定する．いま y を固定して z の関数

$$g(z) = y^q \left\{ \dfrac{1}{p}z^p + \dfrac{1}{q} - z \right\}$$

を考えると，(i) の結果から，$z \geq 0$ において $g(z) \geq 0$ である．ここで $z = xy^{1-q}$ とおくと

$$g(z) = y^q \left\{ \dfrac{1}{p}x^p y^{-q} + \dfrac{1}{q} - xy^{1-q} \right\} = \dfrac{1}{p}x^p + \dfrac{1}{q}y^q - xy$$

となる．したがって題意の不等式が示された．

例 3.5.17 ヘルダー (Hölder) の不等式
$p > 1$, $q > 1$ は $\dfrac{1}{p} + \dfrac{1}{q} = 1$ をみたす任意の実数とし，$x_1, \cdots, x_n, y_1, \cdots, y_n$ を任意の実数とする．このとき不等式

$$\sum_{k=1}^{n} |x_k y_k| \leq \left(\sum_{k=1}^{n} |x_k|^p \right)^{\frac{1}{p}} \left(\sum_{k=1}^{n} |y_k|^q \right)^{\frac{1}{q}} \quad (3.32)$$

が成り立つ．とくに $p = q = 2$ のとき，不等式 (3.32) は**シュワルツ (Schwarz) の不等式**と呼ばれる[*8]．

[証明] $\sum_{k=1}^{n} |x_k|^p = 0$, あるいは $\sum_{k=1}^{n} |y_k|^q = 0$ のときは，$x_k = 0$ $(k = 1, \cdots, n)$ あるいは $y_k = 0$ $(k = 1, \cdots, n)$ だから (3.32) の両辺とも 0 となり

[*8] **コーシー–シュワルツ** (Cauchy–Schwarz) **の不等式**とも呼ばれる．

3.5 微分の応用

題意の不等式は成立する．したがって $A = \sum_{k=1}^{n} |x_k|^p > 0$, $B = \sum_{k=1}^{n} |y_k|^q > 0$
と仮定する．各 $k = 1, \cdots, n$ に対し $X_k = \dfrac{|x_k|}{A^{1/p}}$, $Y_k = \dfrac{|y_k|}{B^{1/q}}$ とおく．例題 3.5.16 (ii) より $X_k Y_k \le \dfrac{1}{p} X_k^p + \dfrac{1}{q} Y_k^q$ $(k = 1, \cdots, n)$ が成り立つ．よって 辺々 k についての和をとると $\sum_{k=1}^{n} X_k Y_k \le \dfrac{1}{p} \sum_{k=1}^{n} X_k^p + \dfrac{1}{q} \sum_{k=1}^{n} Y_k^q = \dfrac{1}{p} + \dfrac{1}{q} = 1$
となる．したがって

$$\frac{\sum_{k=1}^{n} |x_k y_k|}{A^{1/p} B^{1/q}} \le 1$$

が成り立ち，分母を払って (3.32) を得る． ∎

f) ニュートンの反復法

与えられた方程式 $f(x) = 0$ の根の近似値を求めるときに便利である遂次近似法の 1 つについて述べる．これは**ニュートン (Newton) の反復法**または**ニュートン–ラプソン (Newton–Raphson) 法**と呼ばれ有名なものである．

定理 3.5.18 区間 $I = [a, b]$ において $f(x)$ は 2 回微分可能で $f''(x) > 0$, $f(a) > 0$, $f(b) < 0$ であるとする．このとき数列 $\{x_n\}_{n=0,1,2,\cdots}$ を

$$x_0 = a, \quad x_1 = x_0 - \frac{f(x_0)}{f'(x_0)}, \quad x_2 = x_1 - \frac{f(x_1)}{f'(x_1)}, \quad \cdots$$

一般に $x_n = x_{n-1} - \dfrac{f(x_{n-1})}{f'(x_{n-1})}$ で定めたとき，$\{x_n\}$ は（狭義）単調増加列で $f(x) = 0$ のただ 1 つの根 α に収束する．

注意 3.5.19

（ⅰ）上の定理において，$f(a) < 0$, $f(b) > 0$ ならば，初期値 b から出発して数列 $\{x_n\}$ を

$$x_0 = b, \quad x_1 = x_0 - \frac{f(x_0)}{f'(x_0)}, \quad x_2 = x_1 - \frac{f(x_1)}{f'(x_1)}, \quad \cdots$$

ととる.このとき $\{x_n\}$ は狭義単調減小列で $f(x) = 0$ の根に収束する.

(ii) $f''(x) < 0$ のときは $f(x)$ のかわりに $-f(x)$ を適用する.

[定理の証明] $f''(x) > 0$ より $f'(x)$ は狭義単調増加関数である.したがって $f(x) = 0$ の根はただ1つである.それを α とする.x_1 は点 $(a, f(a))$ における $y = f(x)$ の接線が x 軸と交わる点であり,$f(x)$ は狭義の凸関数だから $f(x)$ のグラフはその接線の上側の領域に含まれる[*9].したがって $a < x_1 < \alpha$ である(図 3.14).同様に x_2 は点 $(x_1, f(x_1))$ における $f(x)$ の接線が x 軸と交わる点であり,$f(x)$ のグラフはこの接線の上側の領域に含まれるから,$x_1 < x_2 < \alpha$ となる.以下同様な考察から $a = x_0 < x_1 < x_2 < \cdots < x_n < \cdots < \alpha$ を得る.数列 $\{x_n\}_{n=0,1,2,\ldots}$ は上に有界な単調増加列だから $\lim_{n\to\infty} x_n = \beta \ (\leq \alpha)$ が存在する.また $f(x)$, $f'(x)$ の連続性から

$$\beta = \lim_{n\to\infty} x_n = \lim_{n\to\infty} \left(x_{n-1} - \frac{f(x_{n-1})}{f'(x_{n-1})} \right) = \beta - \frac{f(\beta)}{f'(\beta)}.$$

これより $f(\beta) = 0$.したがって $\beta = \alpha$ となり

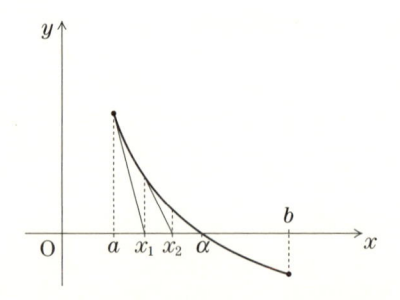

$$\lim_{n\to\infty} x_n = \alpha. \qquad\blacksquare$$

図 3.14

例 3.5.20 $0 \leq x \leq 1$ の範囲で $e^x = 3x$ の解の近似値を求める.そのために $f(x) = e^x - 3x$ とおき $f(x) = 0$ の根の近似値を求めよう.$f(0) = 1 > 0$,$f(1) = e - 3 < 0$,$f'(x) = e^x - 3$,$f''(x) = e^x > 0$ だから $f(x)$ は区間 $[0, 1]$ において定理 3.5.18 の条件をみたす(図 3.15).

$$x_0 = 0, \quad x_1 = -\frac{f(0)}{f'(0)} = 0.5, \quad x_2 = \frac{1}{2} - \frac{f(1/2)}{f'(1/2)} = 0.6100\cdots$$

[*9] 演習問題 3.14 を参照.

3.5 微分の応用

表 3.16

n	x_n
0	0
1	0.5
2	0.61006
3	0.618997
4	0.619061
5	0.619061
⋮	⋮

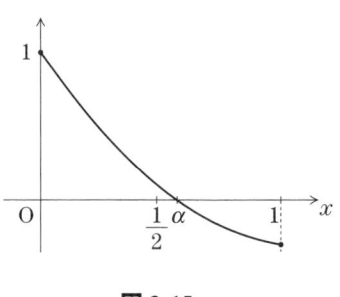

図 3.15

として $f(x) = 0$ の根の近似値が得られる（表 3.16）．表 3.16 から求める解の近似値は 0.619061 である．

問 3.16 $x = \cos x \ \left(0 \leq x \leq \dfrac{\pi}{2}\right)$ の解の近似値を求めよ．

演習問題 3

3.1 つぎの関数の導関数を求めよ．
(ⅰ) $y = e^{a\sqrt{x}}$
(ⅱ) $y = \log\left|\tan\dfrac{x}{2} + 1\right|$
(ⅲ) $y = \sqrt{\dfrac{1-\sqrt{x}}{1+\sqrt{x}}}$
(ⅳ) $y = \arctan\sqrt{\dfrac{x+a}{b-x}}$
(ⅴ) $y = \log_a x$
(ⅵ) $y = x^{\sin x}$

3.2 $f_{ij}(x)$ $(i,j = 1, 2, \cdots, n)$ は微分可能とする．このとき $f_{ij}(x)$ を (i,j) 成分にもつ n 次行列式

$$\begin{vmatrix} f_{11}(x) & \cdots & f_{1n}(x) \\ \vdots & & \vdots \\ f_{n1}(x) & \cdots & f_{nn}(x) \end{vmatrix}$$

は微分可能で，その導関数は

$$\sum_{i=1}^{n} \begin{vmatrix} f_{11}(x) & \cdots & f_{1n}(x) \\ \vdots & & \vdots \\ f_{i-1,1}(x) & \cdots & f_{i-1,n}(x) \\ f'_{i1}(x) & \cdots & f'_{in}(x) \\ f_{i+1,1}(x) & \cdots & f_{i+1,n}(x) \\ \vdots & & \vdots \\ f_{n1}(x) & & f_{nn}(x) \end{vmatrix}$$

で与えられることを示せ．

3.3 $f(x)$ は x_0 において微分可能で $f'(x_0) > 0$ とし，α を $0 < \alpha < f'(x_0)$ をみたす任意の値とする．このとき，適当に $\delta > 0$ を選ぶと $0 < |h| < \delta$ をみたすすべての h について

$$\frac{f(x_0 + h) - f(x_0)}{h} > \alpha$$

が成り立つことを示せ．

3.4 $f(x)$ は区間 (a,b) で連続で，(a,b) 内の点 x_0 を除いた各点で微分可能とする．さらに $\lim_{x \to x_0} f'(x) = \alpha$ が存在するとする．このとき，$f(x)$ は x_0 においても微分可能で，$f'(x_0) = \alpha$ であることを示せ．

3.5 （i） a, p は $0 < p \leq a < 1$ をみたすとする．a, p を固定したとき，関数 $f(s) = as - \log(1 - p + pe^s)$ $(s > 0)$ が最大となる $s = s_0$ の値を求めよ．さらに
$$f(s_0) = a\log\frac{a}{p} + (1-a)\log\frac{1-a}{1-p}$$
であることを示せ．
（ii） $f(s_0) \geq 2(a-p)^2$ が成り立つことを示せ．

3.6 次の不等式を示せ．
（i） $0 < x < 1$ のとき，$\dfrac{x}{1+x} < \log(1+x) < \log\dfrac{1}{1-x}$
（ii） $0 < x < \dfrac{\pi}{2}$ のとき，$x < \dfrac{1}{3}\tan x + \dfrac{2}{3}\sin x$
（iii） $x > 0$ のとき，
$$x - \frac{x^3}{6} < \log(x + \sqrt{1+x^2}) < x$$

3.7 次の極限値を求めよ．
（i） $\lim_{x \to \frac{\pi}{2}} (\sec x - \tan x)$
（ii） $\lim_{x \to \infty} x\left(\dfrac{\pi}{2} - \arctan x\right)$
（iii） $\lim_{x \to 0} \dfrac{a^x - b^x}{x}$ $(a > 0, b > 0)$
（iv） $\lim_{x \to 0} \left(\dfrac{1}{x} - \dfrac{1}{e^x - 1}\right)$

3.8 $y = \dfrac{x^3}{1-x}$ について $y^{(n)}(0)$ を求めよ．

3.9 次の関数のマクローリン展開を求めよ．
（i） $\dfrac{\arcsin x}{\sqrt{1-x^2}}$ $(|x| < 1)$
（ii） $\log\dfrac{1+x}{1-x}$ $(|x| < 1)$

3.10 次の関数について，$y^{(n)}, y^{(n+1)}, y^{(n+2)}$ に関する漸化式を導け．
（i） $y = \sqrt{1+x^2}$
（ii） $y = e^{-x^2}$

3.11 $f(x)$ は x_0 の近傍で n 回連続微分可能とし，
$$f'(x_0) = f''(x_0) = \cdots = f^{(n-1)}(x_0) = 0, \quad f^{(n)}(x_0) \neq 0$$
とする．このとき

(i) n が偶数で $f^{(n)}(x_0) > 0$ ならば $f(x)$ は x_0 で狭義の極小となり，$f^{(n)}(x_0) < 0$ ならば x_0 で狭義の極大となることを示せ．

(ii) n が奇数のときは $f(x)$ は x_0 で極値をとらないことを示せ．

3.12 $p_1 > 0, \cdots, p_n > 0,\ p_1 + \cdots + p_n = 1$ をみたすとき，$f(p_1, \cdots, p_n) = -\sum_{k=1}^{n} p_k \log p_k$ の最大値およびそれを与える $p_1, \cdots, p_n$ の値を求めよ．

3.13 (i) $f(x)$ は区間 $[a,b]$ 上の凸関数とする．このとき，$a \leq x_1 < x_2 < x_3 \leq b$ をみたす任意の 3 点 $x_1,\ x_2,\ x_3$ に対して

$$\frac{f(x_2) - f(x_1)}{x_2 - x_1} \leq \frac{f(x_3) - f(x_1)}{x_3 - x_1} \leq \frac{f(x_3) - f(x_2)}{x_3 - x_2}$$

が成り立つことを示せ．さらに $f(x)$ が狭義凸関数のときは，上の不等式が等号なしの不等式で成立することを示せ．

(ii) $f(x)$ は区間 $[a,b]$ 上の凸関数で，(a,b) 上で微分可能とする．このとき $a < x_1 < x_2 < b$ をみたす任意の 2 点 $x_1,\ x_2$ に対して

$$f'(x_1) \leq f'(x_2)$$

であることを示せ．さらに $f(x)$ が狭義の凸関数のときは，上の不等式が等号なしの不等式で成立することを示せ．

3.14 以下のことを示せ．

(i) $f(x)$ は区間 $[a,b]$ 上の凸関数で微分可能とする．このとき $f(x)$ のグラフは $[a,b]$ の各点 x_0 に対して，点 $P_0 = (x_0, f(x_0))$ における $y = f(x)$ の接線に重なるか，その上方にある．

(ii) さらに $f(x)$ が狭義凸関数のとき，$f(x)$ のグラフは $[a,b]$ の各点 x_0 に対して，点 $P_0 = (x_0, f(x_0))$ における $y = f(x)$ の接線の上側（ただし P_0 は除く）にある．

第4章

1変数関数の積分

　本章では1変数関数の積分を学び，微分と積分の関係への理解を深める．積分計算における部分積分法や置換積分法の使い方，有理関数のような基本的関数の積分の計算方法，広義積分の考え方，積分の応用を詳しく学ぶ．なお最後の節では，簡単な微分方程式の解法などについても学ぶ．

4.1 定積分

　高校の数学では関数 $f(x)$ の積分とは，微分すると $f(x)$ になる関数（原始関数）を求めるもの，として学んできた．積分 $S = \int_a^b f(x)dx$ の意味は，$f(x) \geq 0$ の場合には，区間 $[a,b]$ において曲線 $y = f(x)$ と x 軸に囲まれる部分の面積と等しい，ということも知っている．したがって $f(x)$ の原始関数 $F(x)$ がわかっていれば $S = F(b) - F(a)$ として定積分が求まる．このように，積分を微分の逆演算として考えると，f が多項式のようなときには原始関数を求めることは難しいことではない．しかし，f が多項式，三角関数，指数関数の合成関数などになると原始関数を初等関数の形で求めることは容易ではなくなる．そもそも積分とはどのように定義されるのだろうか？　ここではリーマン (Riemann) による積分の定義を述べよう．

　区間 $I = [a,b]$ で定義された有界な関数 $f(x)$ が与えられているとする．区間 I の分割

$$\Delta : a = x_0 \leq x_1 \leq x_2 \leq x_3 \leq \cdots \leq x_{n-1} \leq x_n = b$$

を考え

$$M_k = \sup_{x_{k-1} \leq x \leq x_k} f(x), \quad m_k = \inf_{x_{k-1} \leq x \leq x_k} f(x) \quad (k = 1, 2, \cdots, n)$$

とおく．ここで次のような和

$$\begin{aligned} S_\Delta &= \sum_{k=1}^n M_k(x_k - x_{k-1}), \\ s_\Delta &= \sum_{k=1}^n m_k(x_k - x_{k-1}) \end{aligned} \quad (4.1)$$

を定義する．図 4.1 から明らかなように

　（i）$s_\Delta \leq S_\Delta$

が成り立つ．ここで区間 I の 2 つの分割 Δ_1, Δ_2 が与えられたとき，Δ_1 の分点の集合が Δ_2 の分点の集合に含まれるとき $\Delta_1 \subset \Delta_2$ と表そう．言い換えれ

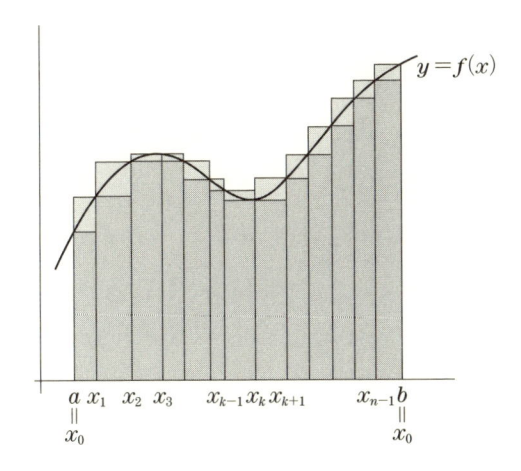

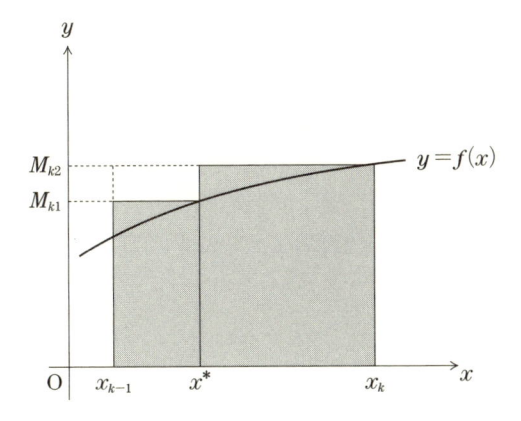

4.1 定積分

図 4.1

図 4.2

ば, Δ_2 は Δ_1 をさらに細かく分割したものである.このとき S_Δ, s_Δ はさらに次の性質をみたす.

(ii)　$\Delta_1 \subset \Delta_2$ ならば $s_{\Delta_1} \leq s_{\Delta_2} \leq S_{\Delta_2} \leq S_{\Delta_1}$

(iii)　I の任意の分割 Δ_1, Δ_2 について $s_{\Delta_1} \leq S_{\Delta_2}$ かつ $s_{\Delta_2} \leq S_{\Delta_1}$

実際 (ii) において分割 Δ_1 の分点の集合を $\{x_0(=a), x_1, x_2, \cdots, x_n(=b)\}$ とし,区間 $[x_{k-1}, x_k]$ のなかに分割 Δ_2 の分点 x^* が加わるとする.このとき

128   第4章 1変数関数の積分

$$M_{k1} := \sup_{x_{k-1} \leq x \leq x^*} f(x) \leq M_k = \sup_{x_{k-1} \leq x \leq x_k} f(x)$$
$$M_{k2} := \sup_{x^* \leq x \leq x_k} f(x) \leq M_k = \sup_{x_{k-1} \leq x \leq x_k} f(x)$$

となる（図4.2参照）．したがって

$$M_{k1}(x^* - x_{k-1}) + M_{k2}(x_k - x^*) \leq M_k(x_k - x_{k-1})$$

となるから，S_Δ は分割 Δ に分点が加わるごとに減少することがわかる．よって $S_{\Delta_2} \leq S_{\Delta_1}$ が成立する．同様にして $s_{\Delta_1} \leq s_{\Delta_2}$ も示される．

(iii) については Δ_1 の分点の集合に Δ_2 の分点の集合を加え，新しく分割 $\Delta_3 = \Delta_1 \cup \Delta_2$ を考えると $\Delta_1 \subset \Delta_3, \Delta_2 \subset \Delta_3$ となる．したがって (i) の結果より

$$s_{\Delta_1} \leq s_{\Delta_3} \leq S_{\Delta_3} \leq S_{\Delta_2}, \quad s_{\Delta_2} \leq s_{\Delta_3} \leq S_{\Delta_3} \leq S_{\Delta_1}$$

が成立する．

上の性質 (i), (ii), (iii) より区間 I のあらゆる分割 Δ を考えたとき S_Δ, s_Δ はそれぞれ下限，上限をもち

$$S := \inf\{S_\Delta | \ \Delta \text{は区間} I \text{の分割}\},$$
$$s := \sup\{s_\Delta | \ \Delta \text{は区間} I \text{の分割}\}$$

とおけば，$s \leq S$ となることがわかる．

定義4.1.1 $s = S$ が成立するとき関数 f は $I = [a, b]$ で**リーマン積分可能** (Riemann integrable)（あるいは単に**積分可能**）であるといい，この値 s を f の I における**定積分** (definite integral)（あるいは単に**積分**）といって

$$s = \int_a^b f(x) dx$$

で表す．

f が $I = [a, b]$ で積分可能であるとき分割 $\Delta : a = x_0 \leq x_1 \leq x_2 \leq \cdots \leq x_n = b$ について $x_{k-1} \leq \xi_k \leq x_k$ ならば $m_k \leq f(\xi_k) \leq M_k$ が成立するから

$$s_\Delta \leq S_{\Delta,\xi} := \sum_{k=1}^n f(\xi_k)(x_k - x_{k-1}) \leq S_\Delta \tag{4.2}$$

となる.したがって $s = S$ であるから,$d(\Delta) = \max\{x_k - x_{k-1}|\ k = 1, 2, 3, \cdots, n\}$ とおけば

$$\lim_{d(\Delta) \to 0} S_{\Delta,\xi} = s = S$$

となることが予想される.この事実を含め,積分可能となるための同値な条件を定理の形にまとめておこう.

定理 4.1.2 次の 4 つの条件は互いに同値である.
 (ⅰ) f は区間 $I = [a, b]$ で積分可能である.
 (ⅱ) 任意の $\epsilon > 0$ に対して $S_\Delta - s_\Delta < \epsilon$ をみたす I の分割 Δ が存在する.
 (ⅲ) 任意の $\epsilon > 0$ に対してある $\delta > 0$ が存在し,$d(\Delta) < \delta$ をみたすすべての分割 Δ に対して $S_\Delta - s_\Delta < \epsilon$ が成立する.
 (ⅳ) 任意の $\epsilon > 0$ に対してある $\delta > 0$ が存在し,$d(\Delta) < \delta$ をみたすすべての分割 Δ に対して点 ξ_k の選び方と無関係に

$$|S_{\Delta,\xi} - V| < \epsilon$$

が成立するような定数 V が存在する.ただし $S_{\Delta,\xi}$ は (4.2) で定義される和である.

注意 4.1.3 定理 4.1.2 の条件が成り立てば

$$\lim_{d(\Delta) \to 0} S_{\Delta,\xi} = \int_a^b f(x) dx$$

が成立する.

[**証明**] (ⅰ)⇒(ⅱ). $S = s = V$ とおくと S, s の定義より,任意の $\epsilon > 0$ に対して

$$V \leq S_{\Delta^*} \leq V + \frac{\epsilon}{2}, \quad V - \frac{\epsilon}{2} \leq s_{\Delta_*} \leq V$$

をみたす I の分割 Δ^*, Δ_* が存在する.$\Delta = \Delta^* \cup \Delta_*$ とすれば,Δ は Δ^*, Δ_* の細分となるから,

$$S_\Delta - s_\Delta \leq S_{\Delta^*} - s_{\Delta_*} \leq \left(V + \frac{\epsilon}{2}\right) - \left(V - \frac{\epsilon}{2}\right) = \epsilon.$$

(ⅱ)⇒(ⅲ). 任意の $\epsilon > 0$ に対して仮定より $S_{\Delta_1} - s_{\Delta_1} < \epsilon/2$ をみたす分割 Δ_1 が存在する.Δ_1 が $n-1$ 個の分点によって n 個の小区間に分割されて

いるとするとき, $\delta < \epsilon/8M(n-1)$ をみたすように δ をとる. ただし $M = \sup_{a \le x \le b} |f(x)|$ である.

Δ を $d(\Delta) < \delta$ をみたす分割とし, $\Delta_2 = \Delta \cup \Delta_1$ とすると $S_{\Delta_2} - s_{\Delta_2} \le S_{\Delta_1} - s_{\Delta_1} < \epsilon/2$ である. ここで $S_{\Delta_2} \le S_\Delta$ であるが, S_Δ と S_{Δ_2} の差は Δ_1 の分点により生じることに注意する. S_Δ の小区間 $I_k = [x_{k-1}, x_k]$ に Δ_1 の分点 x^* が 1 個加わるとする. $M_k = \sup_{x \in I_k} f(x), M_{k1} = \sup_{x_{k-1} \le x \le x^*} f(x), M_{k2} = \sup_{x^* \le x \le x_k} f(x)$ とすると, S_Δ と S_{Δ_2} の I_k における差は

$$M_k(x_k - x_{k-1}) - \{M_{k1}(x^* - x_{k-1}) + M_{k2}(x_k - x^*)\}$$
$$= (M_k - M_{k1})(x^* - x_{k-1}) + (M_k - M_{k2})(x_k - x^*)$$
$$\le 2M(x_k - x_{k-1}) \le 2Md(\Delta)$$

で評価される. I_k に加わる分点の個数が 2 個以上になっても S_Δ と S_{Δ_2} の I_k における差は $2Md(\Delta)$ 以下であることに注意する. このような変化が生ずる小区間は高々 $n-1$ 個であるから

$$S_\Delta - S_{\Delta_2} \le 2M(n-1)d(\Delta) < 2M(n-1)\delta < \frac{\epsilon}{4}.$$

同様の議論によって $s_{\Delta_2} - s_\Delta < \dfrac{\epsilon}{4}$ も示される. よって

$$S_\Delta - s_\Delta = (S_\Delta - S_{\Delta_2}) + (S_{\Delta_2} - s_{\Delta_2}) + (s_{\Delta_2} - s_\Delta) < \epsilon$$

が成立する.

ここで (iii)⇒(i) を示しておこう. 仮定より任意の $\epsilon > 0$ に対して $d(\Delta) < \delta$ となるすべての分割 Δ に対して

$$S_\Delta - s_\Delta < \epsilon, \quad S \le S_\Delta, \quad s \ge s_\Delta$$

が成立する. これより $0 \le S - s < \epsilon$ が成立し, ϵ は任意の正数であるから $S = s$ となり f が積分可能であることがわかる.

以上により条件 (i),(ii),(iii) の同値性が証明された.

(iii)⇒(iv). 任意の $\epsilon > 0$ に対して $d(\Delta) < \delta$ をみたす Δ について (iii) が成立すれば, (i) も成立するから $S = s = V$ とおくと $s_\Delta \le V \le S_\Delta$ となる. 一方, (4.2) で定義される $S_{\Delta,\xi}$ は $s_\Delta \le S_{\Delta,\xi} \le S_\Delta$ をみたすから

4.1 定 積 分

$$|S_{\Delta,\xi} - V| \leq \max\{S_\Delta - V, V - s_\Delta\} \leq S_\Delta - s_\Delta < \epsilon$$

となり, $\lim_{d(\delta) \to 0} S_{\Delta,\xi} = V$ が示される.

(iv)⇒(iii). 任意の $\epsilon > 0$ に対してある $\delta > 0$ が存在し, $d(\Delta) < \delta$ なるすべての分割 $\Delta : a = x_0 \leq x_1 \leq x_2 \leq \cdots \leq x_n = b$ に対して

$$V - \frac{\epsilon}{3} \leq S_{\Delta,\xi} = \sum_{k=1}^n f(\xi_k)(x_k - x_{k-1}) < V + \frac{\epsilon}{3}$$

をみたすようにできる. 各 ξ_k を $I_k = [x_{k-1}, x_k]$ で動かして上限をとれば, $M_k = \sup_{x \in I_k} f(x)$ とおいて

$$S_\Delta = \sum_{k=1}^n M_k(x_k - x_{k-1}) \leq V + \frac{\epsilon}{3}.$$

同様に ξ を I_k 上で動かして下限をとれば $m_k = \inf_{x \in I_k} f(x)$ とおいて

$$s_\Delta = \sum_{k=1}^n m_k(x_k - x_{k-1}) \geq V - \frac{\epsilon}{3}.$$

以上より

$$S_\Delta - s_\Delta \leq \left(V + \frac{\epsilon}{3}\right) - \left(V - \frac{\epsilon}{3}\right) = \frac{2\epsilon}{3} < \epsilon$$

が成立し, (iii) が示される. ■

それではどんな関数が積分可能となるか調べよう.

定理 4.1.4 区間 $I = [a,b]$ で連続な関数は積分可能である.

[証明] f を I 上の連続関数とする. このとき定理 2.4.7 より f は I で一様連続である. すなわち, 任意の $\epsilon > 0$ に対して $\delta_\epsilon > 0$ を十分小さくとれば, $|x - y| < \delta_\epsilon$ なるすべての $x, y \in I$ に対して $|f(x) - f(y)| < \epsilon$ をみたす. そこで分割 $\Delta : a = x_0 \leq x_1 \leq x_2 \leq \cdots \leq x_{n-1} \leq x_n = b$ を $d(\Delta) = \max\{x_k - x_{k-1} |\ k = 1, 2, \cdots, n\} < \delta_\epsilon$ をみたすように選ぶ. f は連続だから定理 2.4.3 より区間 $[x_{k-1}, x_k]$ において最大値, 最小値をとり

$$M_k = \sup_{x_{k-1} \leq x \leq x_k} f(x) = f(x_k^*), \quad m_k = \inf_{x_{k-1} \leq x \leq x_k} f(x) = f(y_k^*)$$

をみたす $x_k^*, y_k^* \in [x_{k-1}, x_k]$ が存在する．このとき

$$0 \leq M_k - m_k = f(x_k^*) - f(y_k^*) < \epsilon$$

である．したがって

$$S_\Delta - s_\Delta = \sum_{k=1}^n (M_k - m_k)(x_k - x_{k-1}) < \epsilon \sum_{k=1}^n (x_k - x_{k-1}) = \epsilon(b-a).$$

$\epsilon > 0$ は任意にとれるから，定理 4.1.2 より，f は I で積分可能となる． ∎

定理 4.1.4 より連続関数は積分可能となるが，連続関数でなくても積分可能となることがある．たとえば，f が有界，かつ有限個の点を除いて連続とすると，上の定理の証明を少し修正すれば積分可能となることがわかる．ただし，有界な関数がいつでも積分可能となるわけではない．ここで積分可能とならない関数の例を挙げておこう．

例 4.1.5 $I = [0, 1]$ において f を

$$f(x) = \begin{cases} 1, & x \in [0,1] \text{ が有理数}, \\ 0, & x \in [0,1] \text{ が無理数}, \end{cases}$$

で定義する．このとき任意の分割 Δ に対して $S_\Delta = 1$, $s_\Delta = 0$ となる．したがって $1 = \inf S_\Delta > \sup s_\Delta = 0$ となり，f は I で積分不可能である．

定理 4.1.6 f, g は $I = [a, b]$ で積分可能な関数とする．
 (i) αf (α は定数), $f \pm g$ は I で積分可能．
 (ii) $|f|$ は I で積分可能．
 (iii) fg は I で積分可能．

[証明] (i) の証明は省略し，(ii) の証明から始める．f は積分可能であるから，任意の $\epsilon > 0$ に対して $I = [a, b]$ の分割 $\Delta : a = x_0 \leq x_1 \leq x_2 \leq \cdots \leq x_n = b$ で

$$S_\Delta - s_\Delta = \sum_{k=1}^n (M_k - m_k)(x_k - x_{k-1}) < \epsilon$$

をみたすものが存在する．ただし $I_k = [x_{k-1}, x_k]$ に対して

$$M_k = \sup_{x \in I_k} f(x), \quad m_k = \inf_{x \in I_k} f(x)$$

である．一方，$|f|$ について

$$M_k^* = \sup_{x \in I_k} |f(x)|, \quad m_k^* = \inf_{x \in I_k} |f(x)|$$

とおくと，M_k, m_k が同符号の場合は $M_k^* - m_k^* = M_k - m_k$ が成立する．また $M_k \geq 0 \geq m_k$ のときは $M_k^* = \max\{M_k, -m_k\}$, $m_k^* \geq 0$ であるから $M_k^* - m_k^* \leq \max\{M_k, -m_k\} \leq M_k - m_k$ が成立する．よって $|f|$ の分割 Δ に対応する和 S_Δ^*, s_Δ^* については $S_\Delta^* - s_\Delta^* \leq S_\Delta - s_\Delta \leq \epsilon$ となる．したがって定理 4.1.2 より $|f|$ は積分可能であることがわかる．

(iii) を示すために，まず $f \geq 0$ のとき f^2 も積分可能となることを示しておく． I の分割 Δ に対して (ii) と同様の記号を用いて，M_k, m_k $(k = 1, 2, \cdots, n)$ を定義する．このとき

$$\sup_{x \in I_k}\{f^2(x)\} = M_k^2, \quad \inf_{x \in I_k}\{f^2(x)\} = m_k^2$$

であるから，f^2 の分割 Δ に対応する和 S_Δ', s_Δ' について

$$\begin{aligned}S_\Delta' - s_\Delta' &= \sum_{k=1}^n (M_k^2 - m_k^2)(x_k - x_{k-1}) \\ &= \sum_{k=1}^n (M_k + m_k)(M_k - m_k)(x_k - x_{k-1}) \\ &\leq 2M \sum_{k=1}^n (M_k - m_k)(x_k - x_{k-1}) = 2M(S_\Delta - s_\Delta),\end{aligned}$$

ただし $M = \sup_{x \in I} f(x)$ である．したがって任意の $\epsilon > 0$ に対して Δ を $S_\Delta - s_\Delta < \epsilon$ をみたすようにとれば

$$S_\Delta' - s_\Delta' < 2M\epsilon$$

となり，f^2 も積分可能となる．

以上の準備のもと

$$fg = \frac{|f+g|^2 - |f-g|^2}{4}$$

に注意すれば, f,g が積分可能のとき, (i), (ii) および前述の結果を用いて fg も積分可能となることがわかる. ∎

問 4.1
(i) 定理 4.1.6 (i) に対する証明を与えよ.
(ii) 定理 4.1.6 (iii) の証明を完成させよ.

4.2 定積分の性質

定積分の基本的性質を挙げておこう. 以下では関数 f,g は区間 $I=[a,b]$ において積分可能とする.

(Ⅰ) **線形性**:任意の定数 α, β に対して

$$\int_a^b (\alpha f(x) + \beta g(x))dx = \alpha \int_a^b f(x)dx + \beta \int_a^b g(x)dx.$$

(Ⅱ) **積分区間の分割**:$a<c<b$ ならば

$$\int_a^b f(x)dx = \int_a^c f(x)dx + \int_c^b f(x)dx.$$

(Ⅲ) **単調性**:$f(x) \geq g(x)$ $(x \in I)$ ならば

$$\int_a^b f(x)dx \geq \int_a^b g(x)dx.$$

とくに $f(x) \geq 0$ $(x \in I)$ ならば

$$\int_a^b f(x)dx \geq 0.$$

(Ⅳ)
$$\left| \int_a^b f(x)dx \right| \leq \int_a^b |f(x)|dx.$$

(Ⅳ) について証明しよう. I の分割 $\Delta: a = x_0 \leq x_1 \leq x_2 \leq \cdots \leq x_n = b$ について $\xi_k \in [x_{k-1}, x_k]$ を任意にとったとき定理 4.1.2 より

$$\int_a^b f(x)dx = \lim_{d(\Delta) \to 0} \sum_{k=1}^n f(\xi_k)(x_k - x_{k-1})$$

4.2 定積分の性質

が成立する．ここで

$$\left|\sum_{k=1}^{n} f(\xi_k)(x_k - x_{k-1})\right| \leq \sum_{k=1}^{n} |f(\xi_k)|(x_k - x_{k-1}) \tag{4.3}$$

と定理 4.1.6 より $|f|$ は I で積分可能であることに注意する．したがって (4.3) において $d(\Delta) \to 0$ とすれば

$$\left|\int_a^b f(x)dx\right| \leq \int_a^b |f(x)|dx.$$

その他の性質 (I)〜(III) に対しても同様の議論を使って証明できる．

注意 4.2.1

（ⅰ） (II) において条件 $a < c < b$ を除くためには，$a > b$ のとき a から b までの積分を

$$\int_a^b f(x)dx = -\int_b^a f(x)dx$$

によって定義すればよい．このように積分を定義すれば，任意の a, b, c に対して (II) が成立する．

（ⅱ） 有界な関数 f が I で**区分的連続** (piecewise continuous)，すなわち有限個の点 $c_1 < c_2 < \cdots < c_m$ を除いて f が連続で，各 c_k において左極限 $\lim_{x \to c_k - 0} f(x)$, 右極限 $\lim_{x \to c_k + 0} f(x)$ が存在すれば (II) を利用して

$$\int_a^b f(x)dx = \int_a^{c_1} f(x)dx + \int_{c_1}^{c_2} f(x)dx + \cdots + \int_{c_m}^b f(x)dx$$

のように定積分を求めればよい．

定理 4.2.2　積分の平均値定理

f が $[a, b]$ で連続ならば

$$\int_a^b f(x)dx = f(\xi)(b - a)$$

となる $\xi \in (a, b)$ が存在する．

[**証明**] f が定数関数のときは明らか．f が定数関数でないとすると，$[a,b]$ で最大値 M と最小値 m をとる $(M>m)$．$m \leq f(x) \leq M \ (x \in I)$ であるから，f の連続性と (III) の性質より

$$m(b-a) = \int_a^b m\,dx < \int_a^b f(x)\,dx < \int_a^b M\,dx = M(b-a)$$

となり

$$m < \frac{1}{b-a}\int_a^b f(x)dx < M$$

が成立する．したがって中間値の定理より

$$\frac{1}{b-a}\int_a^b f(x)dx = f(\xi)$$

となる $\xi \in (a,b)$ が存在する． ∎

次の定理は上の平均値の定理を拡張したものであり，証明は読者に任せる．

定理 4.2.3 f,g が $[a,b]$ で連続，かつ $g(x)>0 \ (x \in (a,b))$ ならば

$$\int_a^b f(x)g(x)dx = f(\xi)\int_a^b g(x)dx$$

となる $\xi \in (a,b)$ が存在する．

問 4.2 定理 4.2.3 を証明せよ．

4.3 微分と積分の関係

$f(x)$ は閉区間 I で積分可能な関数とする．I に属する点 a を 1 つ定めて，任意の $x \in I$ に対する積分

$$F(x) = \int_a^x f(t)dt$$

を定義する．この関数 $F(x)$ について次の結果が成り立つ．

定理 4.3.1

（ⅰ）$F(x)$ は I で連続である．

(ii) $f(x)$ が I で連続ならば,任意の $x \in I$ において

$$\frac{d}{dx}F(x) = f(x).$$

[証明]
(i) f は有界であるから $|f(x)| \leq M$ $(x \in I)$ となる $M > 0$ が存在する.したがって任意の x_0 に対して $x \geq x_0$ ならば

$$|F(x) - F(x_0)| = \left|\int_{x_0}^x f(t)dt\right| \leq \int_{x_0}^x |f(t)|dt \leq M(x-x_0).$$

同様に $x \leq x_0$ ならば $|F(x) - F(x_0)| \leq M(x_0 - x)$ が成立するから,$\lim_{x \to x_0} F(x) = F(x_0)$ となり,F の連続性が示される.
(ii) $x, x+h \in I$ のとき

$$F(x+h) - F(x) = \int_x^{x+h} f(t)dt$$

に注意する.このとき積分の平均値定理を使えば,$h > 0$ のとき

$$F(x+h) - F(x) = f(\xi)h$$

をみたす $\xi \in (x, x+h)$ が存在する.同様に $h < 0$ のときも

$$F(x+h) - F(x) = -\int_{x+h}^x f(t)dt = -f(\xi)(-h) = f(\xi)h$$

をみたす $\xi \in (x+h, x)$ が存在する.以上いずれのケースも

$$\frac{F(x+h) - F(x)}{h} = f(\xi), \quad \xi = x + \theta h \quad (0 < \theta < 1)$$

をみたすように ξ (または θ) がとれる.よって f の連続性から

$$\lim_{h \to 0} \frac{F(x+h) - F(x)}{h} = \lim_{h \to 0} f(\xi) = f(x). \qquad \blacksquare$$

一般に区間 I で定義された関数 $f(x)$ が与えられたとき,$f(x)$ を導関数とする関数,すなわち $F'(x) = f(x)$ となる,I で定義された関数 $F(x)$ を $f(x)$ の**原始関数** (primitive function) という.$f(x)$ が連続ならば定理 4.3.1 より

$F(x) = \int_c^x f(t)dt$ $(c \in I)$ は $f(x)$ の原始関数となる．このように原始関数が存在するときは，原始関数は加法的定数を除いて一意に定まる．言い換えれば，$F_0(x)$ を $f(x)$ の原始関数の 1 つとするとき任意の原始関数 $F(x)$ は，$F(x) = F_0(x) + C$（C：定数）と表される．これは

$$\frac{d}{dx}(F(x) - F_0(x)) = f(x) - f(x) = 0$$

となり，系 3.3.8 より $F(x) - F_0(x) =$ 定数となるからである．したがって $f(x)$ が I で定義された連続関数であるとき，$f(x)$ の任意の原始関数 $F(x)$ は

$$F(x) = \int_c^x f(t)dt + C \qquad (C：定数) \tag{4.4}$$

と表される．ここで右辺の C を**積分定数** (integral constant) という．したがって $a, b \in I$ ならば (4.4) より

$$F(b) - F(a) = \int_c^b f(t)dt - \int_c^a f(t)dt = \int_a^b f(t)dt$$

となる．すなわち

定理 4.3.2 微分積分学の基本定理

$f(x)$ を区間 I で定義された連続関数，$F(x)$ を $f(x)$ の原始関数とすれば任意の $a, b \in I$ において

$$\int_a^b f(t)dt = F(b) - F(a) = [F(x)]_a^b$$

が成り立つ．

$f(x)$ の原始関数に積分定数を加えたものを $f(x)$ の**不定積分** (indefinite integral) といい，記号 $\int f(x)dx$ で表す．

定積分を定義から直接求めることは一般には難しいため，定積分の計算では微積分の基本定理を利用することが有効である．そのためには原始関数を知っていなければならない．初等関数で表される原始関数の例を挙げておこう．

例 4.3.3 積分定数を省略して不定積分を表す．

(1) $\quad \int x^\alpha dx = \dfrac{1}{\alpha + 1} x^{\alpha + 1} \quad (\alpha \neq -1)$.

(2) $\displaystyle\int \frac{1}{x}dx = \log|x|.$

(3) $\displaystyle\int \frac{1}{1+x^2}dx = \arctan x.$

(4) $\displaystyle\int \frac{1}{1-x^2}dx = \frac{1}{2}\log\left|\frac{1+x}{1-x}\right|.$

(5) $\displaystyle\int \frac{1}{\sqrt{x^2\pm 1}}dx = \log|x+\sqrt{x^2\pm 1}|.$

(6) $\displaystyle\int \frac{1}{\sqrt{1-x^2}}dx = \arcsin x.$

(7) $\displaystyle\int e^x dx = e^x.$

(8) $\displaystyle\int a^x dx = \frac{1}{\log a}a^x \quad (a>0, a\neq 1).$

(9) $\displaystyle\int \sin x\,dx = -\cos x, \qquad \int \cos x\,dx = \sin x.$

(10) $\displaystyle\int \tan x\,dx = -\log|\cos x|.$

4.4 部分積分と置換積分

前節では定積分を求めるためには，原始関数を求めればよいことがわかったが，容易に原始関数が見つかるとは限らない．実際には積分の変形をすることが必要であり，基本的な方法が部分積分法と置換積分法の2つである．

a) 部分積分法

定理4.4.1 部分積分の公式

f, g が閉区間 I において C^1 級の関数であるとき任意の $a, b \in I$ に対して

$$\int_a^b f(x)g'(x)dx = [f(x)g(x)]_a^b - \int_a^b f'(x)g(x)dx,$$
$$\int f(x)g'(x)dx = f(x)g(x) - \int f'(x)g(x)dx.$$

[**証明**] $(f(x)g(x))' = f'(x)g(x) + f(x)g'(x)$ の両辺を a から b まで積分すれば前半の式が得られる．後半の式はこの関係式の原始関数をとればよい．∎

例題 4.4.2

$$\int_0^{\pi/2} \sin^n x \, dx = \begin{cases} \dfrac{(n-1)(n-3)\cdots 3\cdot 1}{n(n-2)\cdots 4\cdot 2}\cdot \dfrac{\pi}{2} & (n = 偶数) \\ \dfrac{(n-1)(n-3)\cdots 4\cdot 2}{n(n-2)\cdots 5\cdot 3} & (n = 奇数) \end{cases}$$

を示せ.

[**解答**] $I_n = \displaystyle\int_0^{\pi/2} \sin^n x \, dx$ とおくと部分積分より

$$\begin{aligned}
I_n &= \int_0^{\pi/2} \sin^{n-1} x (-\cos x)' \, dx \\
&= [-\sin^{n-1} x \cos x]_0^{\pi/2} + (n-1) \int_0^{\pi/2} \sin^{n-2} x \cos^2 x \, dx \\
&= (n-1) \int_0^{\pi/2} \sin^{n-2} x (1 - \sin^2 x) \, dx = (n-1)(I_{n-2} - I_n)
\end{aligned}$$

であるから, $nI_n = (n-1)I_{n-2}$ となる. $I_1 = 1$, $I_0 = \pi/2$ に注意すれば, $I_n = \dfrac{n-1}{n} I_{n-2}$ より求める結果が帰納的に得られる.

例題 4.4.3 次の不定積分を求めよ. ただし $a^2 + b^2 > 0$.

（ⅰ） $\displaystyle\int e^{ax} \cos bx \, dx$　　（ⅱ） $\displaystyle\int e^{ax} \sin bx \, dx$

[**解答**] $I = \int e^{ax} \cos bx \, dx$, $J = \int e^{ax} \sin bx \, dx$ とおくと部分積分により

$$\begin{aligned}
I &= \frac{1}{a} e^{ax} \cos bx + \frac{b}{a} \int e^{ax} \sin bx \, dx = \frac{1}{a} e^{ax} \cos bx + \frac{b}{a} J, \\
J &= \frac{1}{a} e^{ax} \sin bx - \frac{b}{a} \int e^{ax} \cos bx \, dx = \frac{1}{a} e^{ax} \sin bx - \frac{b}{a} I.
\end{aligned}$$

したがって

$$aI - bJ = e^{ax} \cos bx, \qquad bI + aJ = e^{ax} \sin bx$$

となるから, この I, J に関する連立方程式を解けば

$$I = \frac{e^{ax}}{a^2 + b^2} (a \cos bx + b \sin bx), \quad J = \frac{e^{ax}}{a^2 + b^2} (a \sin bx - b \cos bx)$$

が求まる.ただし,積分定数は省略している.

例題 4.4.4 正定数 a に対し $I_n = \displaystyle\int \frac{dx}{(x^2+a^2)^n}$ $(n=1,2,3,\cdots,)$ とおくとき,漸化式

$$I_{n+1} = \frac{1}{2na^2}\left\{(2n-1)I_n + \frac{x}{(x^2+a^2)^n}\right\} \quad (n=1,2,3,\cdots,)$$

が成り立つことを示せ.

[**解答**] 部分積分により

$$\begin{aligned}I_n &= \frac{x}{(x^2+a^2)^n} + 2n\int \frac{x^2}{(x^2+a^2)^{n+1}}dx \\ &= \frac{x}{(x^2+a^2)^n} + 2n\int \frac{(x^2+a^2)-a^2}{(x^2+1)^{n+1}}dx \\ &= \frac{x}{(x^2+a^2)^n} + 2n(I_n - a^2 I_{n+1})\end{aligned}$$

が成り立つ.したがって $2na^2 I_{n+1} = (2n-1)I_n + \dfrac{x}{(x^2+a^2)^n}$ であるから上の漸化式が得られる.

b) 置換積分法

定理 4.4.5 置換積分の公式

$f(x)$ は閉区間 I において連続,$\varphi(t)$ は閉区間 J において C^1 級で,$t \in J$ ならば $\varphi(t) \in I$ とする.このとき任意の $\alpha, \beta \in J$ に対して

$$\int_{\varphi(\alpha)}^{\varphi(\beta)} f(x)dx = \int_\alpha^\beta f(\varphi(t))\varphi'(t)dt,$$

$$\int f(x)dx = \int f(\varphi(t))\varphi'(t)dt.$$

[**証明**] $a = \varphi(\alpha)$, $b = \varphi(\beta)$,および $F(x) = \displaystyle\int_a^x f(s)ds$ とおく.$F'(x) = f(x)$ であるから合成関数 $F(\varphi(t))$ について t で微分すれば

$$\frac{d}{dt}F(\varphi(t)) = f(\varphi(t))\varphi'(t). \tag{4.5}$$

この関係式を t について α から β まで積分すれば

$$\int_\alpha^\beta f(\varphi(t))\varphi'(t)\,dt = F(\varphi(\beta)) - F(\varphi(\alpha)) = \int_a^b f(s)ds$$

が成立する．後半は (4.5) の原始関数を求め，$x = \varphi(t)$ とおけばよい． ■

例題 4.4.6 $\int_0^1 x\sqrt{x+1}dx$ を求めよ．

[**解答**] $\sqrt{x+1} = t$ とおくと $x = t^2 - 1$ であるから $\dfrac{dx}{dt} = 2t$. x について 0 から 1 までの積分は t について 1 から $\sqrt{2}$ までの積分となり

$$\begin{aligned}\int_0^1 x\sqrt{x+1}dx &= \int_1^{\sqrt{2}} (t^2-1)t\cdot 2t\,dt = 2\int_1^{\sqrt{2}} (t^2-1)t^2\,dt \\ &= 2\left[\frac{t^5}{5} - \frac{t^3}{3}\right]_1^{\sqrt{2}} = \frac{4(\sqrt{2}+1)}{15}.\end{aligned}$$

例題 4.4.7 $\int_0^1 \dfrac{1}{(x^2+1)^2}dx$ を求めよ．

[**解答 1**] まず置換積分を利用して計算しよう．$x = \tan t$ とおくと，$\dfrac{dx}{dt} = \dfrac{1}{\cos^2 t}$，かつ x に関する積分範囲 $[0,1]$ は t に関する積分範囲 $[0, \frac{\pi}{4}]$ となる．よって

$$\begin{aligned}\int_0^1 \frac{1}{(x^2+1)^2}dx &= \int_0^{\pi/4} \cos^4 t \cdot \frac{1}{\cos^2 t}dt = \int_0^{\pi/4} \cos^2 t\,dt \\ &= \int_0^{\pi/4} \frac{1+\cos 2t}{2}dt\,dt = \left[\frac{t}{2} + \frac{1}{4}\sin 2t\right]_0^{\pi/4} = \frac{\pi+2}{8}.\end{aligned}$$

[**解答 2**] この例題については例題 4.4.4 を利用することもできる．すなわち漸化式より原始関数は

$$I_2 = \frac{1}{2}\left(I_1 + \frac{x}{x^2+1}\right) = \frac{1}{2}\left(\arctan x + \frac{x}{x^2+1}\right)$$

となるから

$$\int_0^1 \frac{1}{(x^2+1)^2}dx = \frac{1}{2}\left[\arctan x + \frac{x}{x^2+1}\right]_0^1 = \frac{\pi+2}{8}.$$

例題 4.4.8 $\int \sqrt{a^2-x^2}dx$ を求めよ．ただし $a > 0$ である．

[**解答**]　x の範囲は $[-a, a]$ であるから，$x = a\sin t$ とおけば，t の動く範囲は $[-\frac{\pi}{2}, \frac{\pi}{2}]$ である．このとき $\frac{dx}{dt} = a\cos t \ (\geq 0)$ である．したがって $\sqrt{a^2-x^2} = a\cos t$ となることに注意して

$$\int \sqrt{a^2-x^2}dx = \int a\cos t \cdot a\cos t \, dt = a^2 \int \frac{1+\cos 2t}{2}\, dt = a^2\left(\frac{t}{2} + \frac{\sin 2t}{4}\right)$$

となる．ここで $\sin 2t = 2\sin t \cos t = \dfrac{2x\sqrt{a^2-x^2}}{a^2}$ であるから

$$\int \sqrt{a^2-x^2}dx = \frac{1}{2}\left(a^2 \arcsin \frac{x}{a} + x\sqrt{a^2-x^2}\right).$$

問 4.3　次の定積分を求めよ．ただし $m, n \in \mathbb{N},\ a > 0$.

(i) $\displaystyle\int_0^1 x^m(1-x)^n\, dx$ (ii) $\displaystyle\int_0^1 (1-x^2)^n\, dx$

(iii) $\displaystyle\int_0^{\pi/2} \sin^3 x \cos^2 x\, dx$ (iv) $\displaystyle\int_0^{\pi/2} \sin^5 x \cos^3 x\, dx$

(v) $\displaystyle\int_0^1 \frac{x^2}{\sqrt{1+x}}dx$ (vi) $\displaystyle\int_0^a \frac{1}{\sqrt{a^2+x^2}}\, dx$

問 4.4　次の不定積分を求めよ．

(i) $\displaystyle\int x\log(x^2+1)\, dx$ (ii) $\displaystyle\int \arctan x\, dx$

(iii) $\displaystyle\int \frac{1}{e^x + e^{-x}}\, dx$ (iv) $\displaystyle\int \frac{\sin x \cos x}{\sin^2 x + 3\sin x + 2}\, dx$

4.5　有理関数の積分と応用

a)　有理関数の積分

多項式の商の形に表される関数を**有理関数** (rational function) という．すなわち

$$\frac{Q(x)}{P(x)} : \quad P(x), Q(x) \text{ は共通因子をもたない多項式}$$

の形で表される関数である．このような関数の積分の求め方を扱う．まず有理関数において分子の多項式の次数 $\geq$ 分母の多項式の次数となる場合は

$$\frac{Q(x)}{P(x)} = 多項式 + \frac{Q_1(x)}{P(x)} : \quad Q_1(x) \text{ の次数} < P(x) \text{ の次数}$$

として表される．したがって今後は有理関数 $\frac{Q(x)}{P(x)}$ において $Q(x)$ の次数 $< P(x)$ の次数，かつ多項式の係数は実数であるとして話を進める．次の基本定理を用いる．

基本定理

実係数の多項式は実数の範囲では 1 次式と 2 次式の積に因数分解できる．

なお複素数の範囲まで拡張すると任意の実係数の多項式 $P(x)$ は 1 次式の積で表される．$P(\alpha+\beta i) = 0$ のとき $P(x)$ は $x-\alpha-\beta i$ を因子とするが，$P(\alpha-\beta i) = 0$ より $x-\alpha+\beta i$ も因子となり $P(x)$ は $(x-\alpha-\beta i)(x-\alpha+\beta i) = (x-\alpha)^2 + \beta^2$ によって割り切れる．よって $P(x)$ は $x+a$ の形の 1 次式と $(x-\alpha)^2 + \beta^2$ の形の 2 次式の積となる．

積分 $\int \frac{Q(x)}{P(x)} dx$ を求める最初の手順は $P(x)$ を 1 次式と 2 次式の積に因数分解することである．

次に $\frac{Q(x)}{P(x)}$ を部分分数展開する．たとえば $P(x)$ が $(x+a)^m$ と $((x-\alpha)^2+\beta^2)^n$ の形の因子をもつときは

$$\frac{A}{(x+a)^k} \quad (k=1,2,\cdots,m) \quad と \quad \frac{Bx+C}{((x-\alpha)^2+\beta^2)^l} \quad (l=1,2,\cdots,n)$$

の形の分数の和で表されることが知られている．

有理関数を部分分数に展開した後，そこに現れる分数の積分を行う．

$$\int \frac{1}{(x+a)^k} dx = \begin{cases} \dfrac{1}{(1-k)(x+a)^{k-1}} & (k \neq 1) \\ \log|x+a| & (k = 1) \end{cases} \quad (4.6)$$

4.5 有理関数の積分と応用

である．$(x-\alpha)^2 + \beta^2$ の形の因子を分母に含む積分においては $t = x - \alpha$ とおけば

$$\int \frac{Bx+C}{((x-\alpha)^2+\beta^2)^l}dx = \int \frac{Bt+(B\alpha+C)}{(t^2+\beta^2)^l}dt$$

となるから，最初から $\alpha = 0$ としてもよい．このとき

$$\int \frac{x}{(x^2+\beta^2)^l}dx = \begin{cases} \dfrac{1}{2(1-l)(x^2+\beta^2)^{l-1}} & (l \neq 1) \\ \dfrac{1}{2}\log(x^2+\beta^2) & (l = 1) \end{cases} \quad (4.7)$$

さらに $I_l := \int \dfrac{1}{(x^2+\beta^2)^l}dx$ の積分については例題 4.4.4 において示された漸化式

$$I_{l+1} = \frac{1}{2l\beta^2}\left\{(2l-1)I_l + \frac{x}{(x^2+\beta^2)^l}\right\}, \quad I_1 = \frac{1}{\beta}\arctan\frac{x}{\beta} \quad (4.8)$$

を用いればよい．

上のような計算手続きを例に即して実行してみよう．

例 4.5.1 不定積分 $I = \displaystyle\int \frac{x^5+2x^4+x^3+2x^2+x+1}{x^6+2x^4+x^2}dx$ を求めよう．

$P(x) = x^6+2x^4+x^2 = x^2(x^2+1)^2$ に注意して次のような形の部分分数に展開する．

$$\frac{x^5+2x^4+x^3+2x^2+x+1}{x^6+2x^4+x^2} = \frac{a}{x} + \frac{b}{x^2} + \frac{cx+d}{x^2+1} + \frac{ex+f}{(x^2+1)^2},$$

ここで a, b, c, d, e, f は未知の定数である．両辺に $x^2(x^2+1)^2$ をかけると

$$\begin{aligned} &x^5+2x^4+x^3+2x^2+x+1 \\ &= ax(x^2+1)^2 + b(x^2+1)^2 + (cx+d)x^2(x^2+1) + (ex+f)x^2. \end{aligned} \quad (4.9)$$

この式の右辺を展開して両辺の同次項の係数を比較することにより a, b, c, d, e, f は求められるが，次のように工夫してもよい．(4.9) の右辺の x の係数は a，定数項は b であるから $a = b = 1$ である．この値を (4.9) に代入して整理すれば

$$x^2(x^2-x) = x^2\{(cx+d)(x^2+1) + (ex+f)\}$$

となるから $c = 0, d = 1, e = f = -1$ が求まる．したがって

$$\frac{x^5 + 2x^4 + x^3 + 2x^2 + x + 1}{x^6 + 2x^4 + x^2} = \frac{1}{x} + \frac{1}{x^2} + \frac{1}{x^2 + 1} - \frac{x+1}{(x^2+1)^2}$$

となるから

$$\begin{aligned}
I &= \log|x| - \frac{1}{x} + \arctan x + \frac{1}{2(x^2+1)} - \frac{1}{2}\left\{\arctan x + \frac{x}{x^2+1}\right\} \\
&= \log|x| - \frac{1}{x} + \frac{1}{2}\arctan x + \frac{1-x}{2(x^2+1)}.
\end{aligned}$$

例題 4.5.2 $\displaystyle\int \frac{x}{x^3 - 1} dx$ を求めよ．

[**解答**] 部分分数展開により

$$\frac{x}{x^3 - 1} = \frac{1}{3}\left\{\frac{1}{x-1} - \frac{x-1}{x^2+x+1}\right\} = \frac{1}{3}\left\{\frac{1}{x-1} - \frac{x-1}{(x+\frac{1}{2})^2 + \frac{3}{4}}\right\}.$$

ここで $x + \frac{1}{2} = t$ とおけば (4.7), (4.8) より

$$\begin{aligned}
\int \frac{x-1}{(x+\frac{1}{2})^2 + \frac{3}{4}} = \int \frac{t - \frac{3}{2}}{t^2 + \frac{3}{4}} dt &= \frac{1}{2}\log(t^2 + \frac{3}{4}) - \frac{3}{2} \cdot \frac{2}{\sqrt{3}} \arctan \frac{2t}{\sqrt{3}} \\
&= \frac{1}{2}\log(x^2 + x + 1) - \sqrt{3} \arctan \frac{2x+1}{\sqrt{3}}.
\end{aligned}$$

したがって

$$\int \frac{x}{x^3 - 1} dx = \frac{1}{3}\log|x-1| - \frac{1}{6}\log(x^2 + x + 1) + \frac{1}{\sqrt{3}} \arctan \frac{2x+1}{\sqrt{3}}.$$

問 4.5 次の不定積分を求めよ．

(i) $\displaystyle\int \frac{1}{x(x+1)(x+2)} dx$　　　(ii) $\displaystyle\int \frac{1}{x^3 + 1} dx$

b) 三角関数の積分

1) $R(x, y)$ が x, y の有理関数であるとき

$$\int R(\cos x, \sin x) dx$$

4.5 有理関数の積分と応用

の形の積分は次のようにすると a) で述べた有理関数の積分に帰着できる．$\tan\dfrac{x}{2}=t$ とおくと倍角の公式より

$$\cos x = 2\cos^2\frac{x}{2} - 1 = \frac{2}{1+\tan^2\frac{x}{2}} - 1 = \frac{2}{1+t^2} - 1 = \frac{1-t^2}{1+t^2}$$
$$\sin x = 2\sin\frac{x}{2}\cos\frac{x}{2} = 2\cos^2\frac{x}{2}\tan\frac{x}{2} = \frac{2\tan\frac{x}{2}}{1+\tan^2\frac{x}{2}} = \frac{2t}{1+t^2}.$$
(4.10)

また $x=2\arctan t$ であるから $\dfrac{dx}{dt}=\dfrac{2}{1+t^2}$．したがって置換積分により

$$\int R(\cos x, \sin x)dx = \int R\left(\frac{1-t^2}{1+t^2}, \frac{2t}{1+t^2}\right)\frac{2}{1+t^2}dt$$

となり，t に関する有理関数の積分となる．

2) $R(x)$ が x の有理関数であるとき

$$\int R(\cos^2 x)dx, \quad \int R(\sin^2 x)dx, \quad \int R(\tan x)dx$$

の形の積分を考える．このとき $\tan x = t$ とおけば

$$\cos^2 x = \frac{1}{1+\tan^2 x} = \frac{1}{1+t^2}, \quad \sin^2 x = 1 - \cos^2 x = \frac{t^2}{1+t^2}, \quad (4.11)$$

および $x=\arctan t$ より $\dfrac{dx}{dt}=\dfrac{1}{1+t^2}$ となる．よって置換積分により上の積分はいずれも有理関数の積分となる．

例題 4.5.3 $\displaystyle\int\frac{1}{1+a\cos x}dx$（ただし $|a|<1$）を求めよ．

[**解答**] $\tan\dfrac{x}{2}=t$ とおき (4.10) を利用すると

$$I = \int\frac{1}{1+a\cos x}dx = \int\frac{2}{(1+a)+(1-a)t^2}dt$$
$$= \frac{2}{1-a}\int\frac{1}{t^2+A^2}dt \quad \left(\text{ただし}\quad A=\sqrt{\frac{1+a}{1-a}}\right)$$

となる．これより

$$I = \frac{2}{1-a} \cdot \frac{1}{A} \arctan \frac{t}{A} = \frac{2}{\sqrt{1-a^2}} \arctan\left(\sqrt{\frac{1-a}{1+a}} \tan \frac{x}{2}\right).$$

例題4.5.4 $\int \frac{1}{a^2 \cos^2 x - b^2 \sin^2 x} dx$ （ただし $a, b > 0$）を求めよ．

[**解答**]　$\tan x = t$ とおき (4.11) を利用すると

$$\int \frac{dx}{a^2 \cos^2 x - b^2 \sin^2 x} = \int \frac{dt}{a^2 - b^2 t^2} = \frac{1}{2a} \int \left(\frac{1}{a - bt} + \frac{1}{a + bt}\right) dt$$

$$= \frac{1}{2ab} \left(\log|a + bt| - \log|a - bt|\right)$$

$$= \frac{1}{2ab} \log \left|\frac{a + b \tan x}{a - b \tan x}\right|.$$

問4.6　次の積分を求めよ．

(ⅰ)　$\displaystyle\int \frac{1}{1 + \sin x} dx$ 　　　　　(ⅱ)　$\displaystyle\int \frac{\sin x}{1 + \sin x + \cos x} dx$

(ⅲ)　$\displaystyle\int \frac{1}{a + b \tan x} dx \quad (a, b > 0)$ 　(ⅳ)　$\displaystyle\int \frac{\cos^2 x}{1 + \sin^2 x} dx$

c) 無理関数の積分

ここでは $R(x, y)$ を x, y の有理関数とする．

1) $\displaystyle\int R\left(x, \sqrt[n]{\frac{cx + d}{ax + b}}\right) dx \quad (n \in \mathbb{N},\ ad - bc \neq 0)$ のように根号を含む積分を考える．このとき $\sqrt[n]{\frac{cx + d}{ax + b}} = t$ とおくと

$$x = \frac{d - bt^n}{at^n - c}, \qquad \frac{dx}{dt} = \frac{n(bc - ad)t^{n-1}}{(at^n - c)^2}$$

となるから，置換積分により

$$\int R\left(x, \sqrt[n]{\frac{cx + d}{ax + b}}\right) dx = n(bc - ad) \int R\left(\frac{d - bt^n}{at^n - c}, t\right) \frac{t^{n-1}}{(at^n - c)^2} dt.$$

これは t に関する有理関数の積分だから 1) の手順に従って積分すればよい．

4.5 有理関数の積分と応用

例題 4.5.5 $\displaystyle\int \frac{1}{x+\sqrt{x-1}}dx$ を求めよ．

[解答] $\sqrt{x-1}=t$ とおくと $x=t^2+1$ であるから，$\dfrac{dx}{dt}=2t$．よって

$$\int \frac{1}{x+\sqrt{x-1}}dx = \int \frac{2t}{t^2+t+1}dt = \int \frac{(2t+1)-1}{t^2+t+1}dt$$

$$= \int \frac{2t+1}{t^2+t+1}dt - \int \frac{1}{(t+\frac{1}{2})^2+\frac{3}{4}}dt$$

$$= \log(t^2+t+1) - \frac{2}{\sqrt{3}}\arctan\frac{2}{\sqrt{3}}(t+\frac{1}{2})$$

$$= \log(x+\sqrt{x-1}) - \frac{2}{\sqrt{3}}\arctan\left(\frac{2\sqrt{x-1}+1}{\sqrt{3}}\right).$$

2) $\displaystyle\int R\left(x, \sqrt{ax^2+bx+c}\right)dx\ (a\neq 0)$ の形の積分を考える．根号の中の2次式を整理すると

$$\sqrt{ax^2+bx+c} = \sqrt{a\left(x+\frac{b}{2a}\right)^2+d}, \qquad d=\frac{4ac-b^2}{4a}$$

の形となるから，$\sqrt{|a|}(x+\frac{b}{2a})=t$ とおけば，$\sqrt{ax^2+bx+c}$ は $a>0$ ならば $\sqrt{t^2+\alpha^2}$ または $\sqrt{t^2-\alpha^2}$ $(\alpha>0)$ の形に改められ，$a<0$ ならば $\sqrt{\alpha^2-t^2}$ の形に改められる．したがって根号を含む形の積分は

$$I_1 = \int R_1(x,\sqrt{x^2+\alpha^2})dx, \quad I_2 = \int R_2(x,\sqrt{x^2-\alpha^2})dx,$$
$$I_3 = \int R_3(x,\sqrt{\alpha^2-x^2})dx$$

に帰着される．

I_1 については $x=\alpha\tan\theta\ \left(-\frac{\pi}{2}<\theta<\frac{\pi}{2}\right)$ とおけば，$\sqrt{x^2+\alpha^2}=\dfrac{\alpha}{\cos\theta}$，$\dfrac{dx}{d\theta}=\dfrac{\alpha}{\cos^2\theta}$ だから

$$I_1 = \int R_1\left(\alpha\tan\theta, \frac{\alpha}{\cos\theta}\right)\frac{\alpha}{\cos^2\theta}\,d\theta. \tag{4.12}$$

I_2 については $x\geq\alpha$ ならば $x=\dfrac{\alpha}{\cos\theta}\ \left(0\leq\theta<\dfrac{\pi}{2}\right)$ とおくと，$\sqrt{x^2-\alpha^2}=\alpha\tan\theta$，$\dfrac{dx}{d\theta}=\dfrac{\alpha\sin\theta}{\cos^2\theta}$ だから

$$I_2 = \int R_2\left(\frac{\alpha}{\cos\theta}, \alpha\tan\theta\right) \frac{\alpha\sin\theta}{\cos^2\theta}\, d\theta. \tag{4.13}$$

$x \leq -\alpha$ のケースは $x = -\dfrac{\alpha}{\cos\theta}$ $(0 \leq \theta < \frac{\pi}{2})$ とおけばよい.

I_3 については $x = \alpha\sin\theta$ $(-\frac{\pi}{2} < \theta < \frac{\pi}{2})$ とおくと, $\sqrt{\alpha^2 - x^2} = \alpha\cos\theta$, $\dfrac{dx}{d\theta} = \alpha\cos\theta$ だから

$$I_3 = \int R_3(\alpha\sin\theta, \alpha\cos\theta)\,\alpha\cos\theta\, d\theta. \tag{4.14}$$

上の積分 (4.12), (4.13), (4.14) はすべて b) で扱った形の三角関数の積分であるから, 有理関数の積分に帰着できる.

ここで三角関数を利用しない置換積分の方法も述べておこう. I_1, I_2 ともに $\int R(x, \sqrt{x^2 + A})dx$ の形の積分である.

$$\sqrt{x^2 + A} = t - x$$

とおくと $x = \dfrac{t^2 - A}{2t}$ であるから

$$\sqrt{x^2 + A} = \frac{t^2 + A}{2t}, \qquad \frac{dx}{dt} = \frac{t^2 + A}{2t^2}.$$

よって

$$\int R(x, \sqrt{x^2 + A})dx = \int R\left(\frac{t^2 - A}{2t}, \frac{t^2 + A}{2t}\right) \frac{t^2 + A}{2t^2}\, dt \tag{4.15}$$

となり, 有理関数の積分となる.

I_3 については

$$\sqrt{\alpha^2 - x^2} = (\alpha - x)\sqrt{\frac{\alpha + x}{\alpha - x}} = (\alpha + x)\sqrt{\frac{\alpha - x}{\alpha + x}}$$

と変形できるから

$$\sqrt{\frac{\alpha + x}{\alpha - x}} = t \quad \text{または} \quad \sqrt{\frac{\alpha - x}{\alpha + x}} = t \tag{4.16}$$

4.5 有理関数の積分と応用

とおけば 1) の手順により有理関数の積分に帰着される．

例題 4.5.6 $I = \int \dfrac{1}{\sqrt{x^2 + a^2}} dx \ (a > 0)$ を求めよ．

［**解答 1**］ $x = a\tan\theta \ (|\theta| < \dfrac{\pi}{2})$ とおくと (4.12) より

$$I = \int \frac{\cos\theta}{a} \cdot \frac{a}{\cos^2\theta} \, d\theta = \int \frac{1}{\cos\theta} \, d\theta = \int \frac{\cos\theta}{1 - \sin^2\theta} \, d\theta.$$

ここで $\sin\theta = t$ とおけば $\dfrac{d\theta}{dt} = \dfrac{1}{\cos\theta}$ だから

$$\begin{aligned} I &= \int \frac{1}{1 - t^2} \, dt = \frac{1}{2} \int \left(\frac{1}{1+t} + \frac{1}{1-t} \right) dt = \frac{1}{2} \log\left(\frac{1+t}{1-t}\right) \\ &= \frac{1}{2} \log\left(\frac{1 + \sin\theta}{1 - \sin\theta}\right) = \frac{1}{2} \log\left(\frac{(1 + \sin\theta)^2}{1 - \sin^2\theta}\right) = \log\left(\frac{1 + \sin\theta}{\cos\theta}\right). \end{aligned}$$

x と θ の関係より $\cos\theta = \dfrac{a}{\sqrt{x^2 + a^2}}$, $\sin\theta = \dfrac{x}{\sqrt{x^2 + a^2}}$ であるから

$$I = \log\left(\frac{x + \sqrt{x^2 + a^2}}{a}\right) = \log(x + \sqrt{x^2 + a^2}).$$

(最後の等号では積分定数の省略ということで $-\log a$ を除いている)

［**解答 2**］ $\sqrt{x^2 + a^2} = t - x$ とおくと (4.15) を用いて

$$I = \int \frac{2t}{t^2 + a^2} \cdot \frac{t^2 + a^2}{2t^2} \, dt = \int \frac{1}{t} \, dt = \log t = \log(x + \sqrt{x^2 + a^2}).$$

例題 4.5.7 $I = \int \dfrac{1}{\sqrt{(x-a)(b-x)}} dx \ (a < b)$ を求めよ．

［**解答 1**］ $\sqrt{(x-a)(b-x)} = \sqrt{\left(\dfrac{a-b}{2}\right)^2 - \left(x - \dfrac{a+b}{2}\right)^2}$ であるから

$x - \dfrac{a+b}{2} = t, \dfrac{b-a}{2} = A$ とおくと

$$I = \int \frac{1}{\sqrt{A^2 - t^2}} \, dt = \arcsin\frac{t}{A} = \arcsin\left(\frac{2x - (a+b)}{b - a}\right).$$

[**解答 2**] 変数変換 (4.16) を導いたアイデアにより $\sqrt{\dfrac{b-x}{x-a}}=t$ とおくと $x=a+\dfrac{b-a}{t^2+1}$ であるから

$$\sqrt{(x-a)(b-x)}=\dfrac{(b-a)t}{t^2+1}, \qquad \dfrac{dx}{dt}=-\dfrac{2(b-a)t}{(t^2+1)^2}.$$

したがって

$$\begin{aligned}I &= \int \dfrac{t^2+1}{(b-a)t}\cdot\left(-\dfrac{2(b-a)t}{(t^2+1)^2}\right)dt \\ &= -2\int \dfrac{1}{t^2+1}\,dt = -2\arctan t = -2\arctan\sqrt{\dfrac{b-x}{x-a}}.\end{aligned}$$

[**解答 3**] $\sqrt{\dfrac{x-a}{b-x}}=t$ とおくと解答 2 と同様の方法により

$$I=2\int\dfrac{1}{t^2+1}dt=2\arctan t=2\arctan\sqrt{\dfrac{x-a}{b-x}}.$$

注意 4.5.8 例題 4.5.7 では 3 通りの方法で不定積分が求められ，原始関数はそれぞれ異なった形をしている．このようなことは不定積分を求めるときにはよくみられることであり，それぞれの原始関数の差は定数となる．実際，微分すれば

$$\begin{aligned}&\dfrac{d}{dx}\left(2\arctan\sqrt{\dfrac{x-a}{b-x}}+2\arctan\sqrt{\dfrac{b-x}{x-a}}\right) \\ &=\dfrac{1}{\sqrt{(x-a)(b-x)}}-\dfrac{1}{\sqrt{(x-a)(b-x)}}=0\end{aligned}$$

であるから，$2\arctan\sqrt{\dfrac{x-a}{b-x}}+2\arctan\sqrt{\dfrac{b-x}{x-a}}=$ 定数，となる．この定数値は $x=a$ あるいは $x=b$ とおけば π となることがわかる．同様にして

$$2\arctan\sqrt{\dfrac{x-a}{b-x}}=\arcsin\left(\dfrac{2x-(a+b)}{b-a}\right)+\dfrac{\pi}{2}$$

である．

問4.7 次の不定積分を求めよ.

(i) $\displaystyle\int \frac{x}{x+\sqrt{x+2}}\,dx$

(ii) $\displaystyle\int \sqrt{\frac{1-x}{1+x}}\,dx$

(iii) $\displaystyle\int \frac{1}{1+\sqrt{x^2+1}}\,dx$

(iv) $\displaystyle\int \sqrt{x^2+a}\,dx$

(v) $\displaystyle\int \frac{x}{\sqrt{1+2x-x^2}}\,dx$

(vi) $\displaystyle\int \frac{1}{(1-x^2)\sqrt{1+x^2}}\,dx$

4.6 広義積分

前節までの定積分では有界な関数について有界な区間での積分を扱ってきた.この節では有界区間内の不連続点で関数が非有界となる場合や,積分区間が非有界となる場合の積分を扱おう.

a) 広義積分の定義

$f(x)$ は $[a,b)$ (または $(a,b]$) で連続とする.このとき $f(x)$ の $[a,b)$ (または $(a,b]$) での積分を

$$\int_a^b f(x)\,dx = \lim_{\epsilon \to +0} \int_a^{b-\epsilon} f(x)\,dx$$
$$\left(\int_a^b f(x)\,dx = \lim_{\epsilon \to +0} \int_{a+\epsilon}^b f(x)\,dx \right) \qquad (4.17)$$

によって定義する.(4.17) の右辺の極限が存在するとき積分は**収束**するといい,存在しないとき積分は**発散**するという.

また $f(x)$ が $[a,\infty)$ (または $(-\infty,b]$) で連続なとき $f(x)$ の $[a,\infty)$ (または $(-\infty,b]$) での積分を

$$\int_a^\infty f(x)\,dx = \lim_{R \to \infty} \int_a^R f(x)\,dx$$
$$\left(\int_{-\infty}^b f(x)\,dx = \lim_{R \to -\infty} \int_R^b f(x)\,dx \right) \qquad (4.18)$$

によって定義する.積分の収束・発散については (4.17) と同様である.

ここで述べた (4.17), (4.18) のように定義される積分を**広義積分** (improper integral) という．次に広義積分の例を挙げよう．

例 4.6.1 $I_a = \int_0^1 \frac{1}{x^a} \, dx \ (a > 0)$ とする．$\frac{1}{x^a}$ は $x \to +0$ のとき非有界であるから，(4.17) より $a \neq 1$ ならば

$$\begin{aligned} I_a &= \lim_{\epsilon \to +0} \int_\epsilon^1 \frac{1}{x^a} dx = \lim_{\epsilon \to +0} \frac{1}{1-a} \left[x^{1-a} \right]_\epsilon^1 \\ &= \begin{cases} \dfrac{1}{1-a} & (0 < a < 1), \\ \infty & (a > 1). \end{cases} \end{aligned}$$

$a = 1$ ならば

$$I_a = \lim_{\epsilon \to +0} \int_\epsilon^1 \frac{1}{x} dx = \lim_{\epsilon \to +0} [\log x]_\epsilon^1 = \infty$$

となり，広義積分は $0 < a < 1$ のときのみ収束し，$I_a = 1/(1-a)$ となる．

例 4.6.2 $J_a = \int_1^\infty \frac{1}{x^a} \, dx \ (a > 0)$ とする．(4.18) より $a \neq 1$ ならば

$$\begin{aligned} J_a &= \lim_{R \to \infty} \int_1^R \frac{1}{x^a} dx = \lim_{R \to \infty} \frac{1}{1-a} \left[x^{1-a} \right]_1^R \\ &= \begin{cases} \dfrac{1}{a-1} & (a > 1), \\ \infty & (0 < a < 1). \end{cases} \end{aligned}$$

$a = 1$ ならば

$$J_a = \lim_{R \to \infty} \int_1^R \frac{1}{x} dx = \lim_{R \to \infty} [\log x]_1^R = +\infty$$

となり，広義積分は $a > 1$ のとき収束し，$J_a = 1/(a-1)$ となる．

広義積分の定義において $f(x)$ が (a, b) で連続ならば，$f(x)$ の (a, b) での積分は，$c \in (a, b)$ をとり

$$\int_a^b f(x) \, dx = \lim_{\epsilon \to +0} \int_{a+\epsilon}^c f(x) \, dx + \lim_{\eta \to +0} \int_c^{b-\eta} f(x) dx$$

4.6 広義積分

で定義する.この定義において ϵ, η はそれぞれ独立に 0 に近づけることがポイントである.たとえば $f(x) = \dfrac{1}{\sqrt{1-x^2}}$ の $(-1,1)$ での積分は

$$\int_{-1}^{1} \frac{dx}{\sqrt{1-x^2}} = \lim_{\epsilon \to +0} \int_{-1+\epsilon}^{0} \frac{dx}{\sqrt{1-x^2}} + \lim_{\eta \to +0} \int_{0}^{1-\eta} \frac{dx}{\sqrt{1-x^2}}$$
$$= \lim_{\eta \to +0} \arcsin(1-\eta) - \lim_{\epsilon \to +0} \arcsin(-1+\epsilon) = \frac{\pi}{2} - \left(-\frac{\pi}{2}\right) = \pi$$

のように考える.同様に $f(x)$ が $(-\infty, \infty)$ での有界連続関数であるときの積分は $c \in (-\infty, \infty)$ をとり

$$\int_{S}^{R} f(x)\,dx = \lim_{S \to -\infty} \int_{S}^{c} f(x)\,dx + \lim_{R \to \infty} \int_{c}^{R} f(x)dx$$

で定義し,R, S はそれぞれ独立に動かす.たとえば

$$\int_{-\infty}^{\infty} \frac{dx}{1+x^2} = \lim_{S \to -\infty} \int_{S}^{0} \frac{dx}{1+x^2} + \lim_{R \to \infty} \int_{0}^{R} \frac{dx}{1+x^2}$$
$$= \lim_{R \to \infty} \arctan R - \lim_{S \to -\infty} \arctan S = \pi$$

となる.

また $f(x)$ が $[a,c) \cup (c,b]$ で連続とすると,$f(x)$ の $[a,b]$ での積分は

$$\int_{a}^{b} f(x)\,dx = \lim_{\epsilon \to +0} \int_{a}^{c-\epsilon} f(x)\,dx + \lim_{\eta \to +0} \int_{c+\eta}^{b} f(x)\,dx$$

によって定義し,やはり ϵ, η は独立に 0 に近づける.たとえば $\int_{-1}^{1} \dfrac{1}{x}\,dx$ を考えると

$$\lim_{\epsilon \to +0} \int_{-1}^{-\epsilon} \frac{1}{x}\,dx + \lim_{\eta \to +0} \int_{\eta}^{1} \frac{1}{x}\,dx = \lim_{\epsilon \to +0} \log \epsilon - \lim_{\eta \to +0} \log \eta$$

は収束しないため,$\int_{-1}^{1} \dfrac{1}{x}\,dx$ は収束しない.

注意 4.6.3 上の例の場合 $\epsilon = \eta$ とすると $\lim_{\epsilon \to 0}\left(\int_{-1}^{-\epsilon} \dfrac{dx}{x} + \int_{\epsilon}^{1} \dfrac{dx}{x}\right) = 0$ となる.このような極限

$$\lim_{\epsilon \to +0} \left\{ \int_a^{c-\epsilon} f(x)\,dx + \int_{c+\epsilon}^b f(x)\,dx \right\}$$

が存在するとき，この極限値を**コーシーの主値**といい，$(\mathrm{P})\int_a^b f(x)dx$ で表す．

問 4.8 次の広義積分を求めよ．ただし a,b は正定数である．

(i) $\displaystyle\int_0^1 \log x\,dx$ (ii) $\displaystyle\int_a^b \frac{1}{\sqrt{(b-x)(x-a)}}\,dx \quad (a<b)$

(iii) $\displaystyle\int_0^\infty e^{-ax}\cos bx\,dx$ (iv) $\displaystyle\int_0^\infty e^{-ax}\sin bx\,dx$

(v) $\displaystyle\int_0^\infty \frac{1}{x^3+1}\,dx$ (vi) $\displaystyle\int_0^\infty \frac{1}{(x^2+a^2)(x^2+b^2)}dx \quad (a\neq b)$

(vii) $\displaystyle\int_0^a \frac{x^n}{\sqrt{a^2-x^2}}\,dx$ (viii) $\displaystyle\int_1^\infty \frac{(\log x)^2}{x^{a+1}}dx$

b) 広義積分の収束・発散

原始関数がすぐに求まらないような関数に対する広義積分の収束・発散の判定を考えよう．次の定理に注意する．

定理 4.6.4 $f(x)$ は $[a,b)$ で連続，かつ $\displaystyle\lim_{x\to b-0}|f(x)|=\infty$ とする．

(i) 積分 $\displaystyle\int_a^b f(x)dx$ が収束するための必要十分条件は，任意の $\epsilon>0$ に対して δ を十分小さくとれば $b-\delta<x_1<x_2<b$ なるすべての x_1,x_2 に対して

$$\left|\int_{x_1}^{x_2} f(x)\,dx\right| < \epsilon$$

が成立することである．

(ii) $[a,b)$ 上の連続関数 $g(x)$ が $|f(x)|\leq g(x)$ をみたし，$\displaystyle\int_a^b g(x)\,dx$ が収束すれば $\displaystyle\int_a^b f(x)\,dx$ は収束する．

[**証明**]
(i) $F(x)=\displaystyle\int_a^x f(y)\,dy$ とおけば $\displaystyle\lim_{x\to b-0}F(x)$ が存在するための必要十分条件を求めればよいから，(i) の条件は定理 2.3.6 より導かれる．

4.6 広義積分

(ii) については $a < x_1 < x_2 < b$ のとき

$$\left| \int_{x_1}^{x_2} f(x)\, dx \right| \leq \int_{x_1}^{x_2} |f(x)|\, dx \leq \int_{x_1}^{x_2} g(x)\, dx$$

が成立することに注意する．$\int_a^b g(x)\, dx$ は収束するから上の不等式において $x_1, x_2 \to b-0$ のとき右辺は 0 に収束する．よって（ⅰ）の結果より $\int_a^b f(x)\, dx$ の収束がわかる． ∎

定理 4.6.4 を利用して $\int_a^b f(x)dx$ の収束を判定するためには具体的に $g(x) = \dfrac{1}{(b-x)^p}$ $(0 < p < 1)$ のような関数を使えばよい．

定理 4.6.5 $f(x)$ は $[a,b)$ で連続，かつ適当な $c \in [a,b)$ をとれば $f(x) > 0$ $(c \leq x < b)$ とする．

（ⅰ） $0 < f(x) \leq \dfrac{K}{(b-x)^p}$ $(c \leq x < b)$ となる $K > 0, 1 > p > 0$ が存在すれば，$\int_a^b f(x)dx$ は収束する．

（ⅱ） $f(x) \geq \dfrac{K}{(b-x)^p}$ $(c \leq x < b)$ となる $K > 0, p \geq 1$ が存在すれば，$\int_a^b f(x)dx$ は発散する．

（ⅲ） とくに $\lim_{x \to b-0}(b-x)^p f(x) = A$ となるとき，$0 < p < 1$ ならば $\int_a^b f(x)dx$ は収束し，$p \geq 1, A > 0$ ならば $\int_a^b f(x)dx$ は発散する．

［証明］

（ⅰ） 例 4.6.1 と同様にして $0 < p < 1$ のとき $\int_a^b \dfrac{dx}{(b-x)^p}$ は収束するから，定理 4.6.4 より $\int_a^b f(x)dx$ は収束する．

（ⅱ） $c \leq x < b$ において

$$\int_c^x f(t)\, dt \geq \int_c^x \dfrac{K}{(b-t)^p} dt.$$

ここで $p \geq 1$ だから例 4.6.1 より，上の不等式の右辺は $x \to b-0$ とともに ∞ に発散することに注意すればよい．

(iii) 仮定より $\lim_{x \to b-0}(b-x)^p f(x) = A \geq 0$. 簡単のため $A > 0$ とすると, $c^* \in (a, b)$ を適当に選べば

$$\frac{1}{2}A \leq (b-x)^p f(x) \leq 2A \qquad (c^* < x < b).$$

したがって (i), (ii) の結果を使えば (iii) の主張は容易に得られる. ∎

これまでの結果は $f(x)$ が $(a, b]$ で連続, かつ $\lim_{x \to a+0}|f(x)| = \infty$ となる場合にも成立し, 定理 4.6.4, 定理 4.6.5 に対応する類似の結果が得られる.

次に積分区間が非有界の場合での広義積分の収束・発散について考えよう.

定理 4.6.6 $f(x)$ は $[a, \infty)$ で定義された, 有界な連続関数とする.

(i) 積分 $\int_a^\infty f(x)\,dx$ が収束するための必要十分条件は任意の $\epsilon > 0$ に対して R を十分大きくとれば $R < x_1 < x_2$ なるすべての x_1, x_2 に対して

$$\left|\int_{x_1}^{x_2} f(x)\,dx\right| < \epsilon$$

が成立することである.

(ii) $[a, \infty)$ 上の連続関数 $g(x)$ が $|f(x)| \leq g(x)$ をみたし, $\int_a^\infty g(x)\,dx$ が収束すれば $\int_a^\infty f(x)\,dx$ は収束する.

定理 4.6.7 $f(x)$ は $[a, \infty)$ で定義された有界な連続関数で, かつ適当な $c > 0$ をとれば $f(x) > 0$ $(x \geq c)$ とする.

(i) $0 < f(x) \leq \dfrac{K}{x^p}$ $(x \geq c)$ となる $K > 0$, $p > 1$ が存在すれば, $\int_a^\infty f(x)dx$ は収束する.

(ii) $f(x) \geq \dfrac{K}{x^p}$ $(x \geq c)$ となる $K > 0$, $1 \geq p > 0$ が存在すれば, $\int_a^\infty f(x)dx$ は発散する.

(iii) とくに $\lim_{x \to \infty} x^p f(x) = A$ となるとき, $p > 1$ ならば $\int_a^\infty f(x)dx$ は収束し, $0 < p \leq 1, A > 0$ ならば, $\int_a^\infty f(x)dx$ は発散する.

4.6 広義積分

上の2つの定理の証明方針は定理4.6.4, 定理4.6.5と同様で, 例4.6.1の代わりに例4.6.2を利用すればよい. また積分区間が $(-\infty, b]$ の形のケースについても類似の結果が成立することは明らかであろう.

例題 4.6.8 $\displaystyle\int_0^{\pi/2} \log \sin x \, dx$ の収束・発散を調べよ.

[**解答**] $x \to +0$ のとき $\log \sin x \to -\infty$ である. $0 < p < 1$ に対してロピタルの定理 (定理3.5.7) を適用すると

$$\lim_{x \to +0} x^p \log \sin x = \lim_{x \to +0} \frac{\log \sin x}{x^{-p}} = \lim_{x \to +0} \frac{\frac{\cos x}{\sin x}}{-px^{-p-1}}$$
$$= -\frac{1}{p} \lim_{x \to +0} x^p \cdot \frac{x}{\sin x} = 0$$

であるから, 定理4.6.5より $I = \displaystyle\int_0^{\pi/2} \log \sin x \, dx$ は収束する.

念のため I の値を求めよう. $\dfrac{\pi}{2} - x = y$ とおけば $I = \displaystyle\int_0^{\pi/2} \log \cos y \, dy$ となることに注意する.

$$2I = \int_0^{\pi/2} \log \sin x \, dx + \int_0^{\pi/2} \log \cos x \, dx = \int_0^{\pi/2} \log \left(\frac{\sin 2x}{2}\right) dx$$
$$= \frac{1}{2} \int_0^{\pi} \log \sin t \, dt - \frac{\pi}{2} \log 2$$

ここで $\pi - x = z$ とおけば $\displaystyle\int_{\pi/2}^{\pi} \log \sin x \, dx = \int_0^{\pi/2} \log \sin z \, dz$ であるから

$$\int_0^{\pi} \log \sin x \, dx = \int_0^{\pi/2} \log \sin x \, dx + \int_{\pi/2}^{\pi} \log \sin x \, dx = 2I.$$

以上の関係より $I = -\dfrac{\pi \log 2}{2}$.

例題 4.6.9

(i) $\int_0^\infty \dfrac{\sin x}{x}\,dx$ は収束することを示せ.

(ii) $\int_0^\infty \dfrac{|\sin x|}{x}\,dx$ は発散することを示せ.

[解答]

(i) $\left|\dfrac{\sin x}{x}\right| \leq 1$ より $\dfrac{\sin x}{x}$ は有界な連続関数だから非有界区間での広義積分の収束性を示せばよい. $0 < p < q$ とすると

$$\left|\int_p^q \frac{\sin x}{x}dx\right| = \left|\left[-\frac{\cos x}{x}\right]_p^q - \int_p^q \frac{\cos x}{x^2}\,dx\right|$$

$$\leq \frac{1}{p} + \frac{1}{q} + \int_p^q \frac{1}{x^2}\,dx = \frac{2}{p}$$

である. 右辺 $\to 0 \ (p \to \infty)$ だから定理 4.6.6 より積分の収束がわかる.

(ii) 任意の $n \in \mathbb{N}$ に対して

$$\int_{n\pi}^{(n+1)\pi} \frac{|\sin x|}{x}dx \geq \frac{1}{(n+1)\pi}\int_{n\pi}^{(n+1)\pi} |\sin x|dx = \frac{2}{(n+1)\pi}$$

だから

$$\int_0^\infty \frac{|\sin x|}{x}dx = \sum_{n=0}^\infty \int_{n\pi}^{(n+1)\pi} \frac{|\sin x|}{x}dx \geq \sum_{n=0}^\infty \frac{2}{(n+1)\pi} = \infty.$$

問 4.9 次の積分の収束・発散を調べよ.

(i) $\int_0^1 \dfrac{\log x}{x^a}\,dx \quad (a > 0)$
(ii) $\int_0^\infty \dfrac{\sin x \cos x}{x}\,dx$
(iii) $\int_0^\infty \sin x^2\,dx$
(iv) $\int_0^\infty \cos x^2\,dx$
(v) $\int_0^\infty \dfrac{\sin x}{x^a}\,dx \quad (0 < a < 2)$
(vi) $\int_0^\infty \dfrac{x^{a-1}}{1+x}dx \quad (a > 0)$

c) ガンマ関数とベータ関数

広義積分の応用として 2 つの関数を挙げる.

例 4.6.10 積分 $I = \displaystyle\int_0^\infty e^{-x}x^{p-1}\,dx$ は $p > 0$ のとき収束する. これを示すために I の積分区間を $(0, 1]$ と $[1, \infty)$ の 2 つに分割し

4.6 広義積分

$$I_1 + I_2 := \int_0^1 e^{-x} x^{p-1}\,dx + \int_1^\infty e^{-x} x^{p-1}\,dx$$

とおく．$f(x) = e^{-x} x^{p-1}$ について $0 < x \le 1$ のとき $0 < f(x) \le x^{p-1}$，かつ $\int_0^1 x^{p-1}\,dx$ は $p > 0$ のとき収束するから，定理 4.6.5 (i) より I_1 は収束する．一方，$\lim_{x\to\infty} x^2 f(x) = \lim_{x\to\infty} e^{-x} x^{p+1} = 0$ であるから定理 4.6.7 より I_2 の収束がわかる．

この積分 I を $p > 0$ の関数とみて

$$\Gamma(p) = \int_0^\infty e^{-x} x^{p-1}\,dx$$

とおき**ガンマ関数**という．$\Gamma(p)$ は次をみたす．
 (i) $\Gamma(p+1) = p\Gamma(p) \quad (p > 0)$,
 (ii) $\Gamma(1) = 1$, かつ各 $n \in \mathbb{N}$ に対して $\Gamma(n+1) = n!$.
実際

$$\Gamma(p+1) = \lim_{R\to\infty} \int_0^R e^{-x} x^p\,dx = \lim_{R\to\infty}\left\{-\left[e^{-x} x^p\right]_0^R + p\int_0^R e^{-x} x^{p-1}\,dx\right\}$$

$$= p\int_0^\infty e^{-x} x^{p-1}\,dx = p\Gamma(p)$$

より (i) が導かれる．また

$$\Gamma(1) = \int_0^\infty e^{-x} = \lim_{R\to\infty}\left[-e^{-x}\right]_0^R = 1,$$

および (i) において $p = n \in \mathbb{N}$ とすれば，$\Gamma(n+1) = n\Gamma(n) \cdots = n!\Gamma(1) = n!$ である．

例 4.6.11 積分 $\int_0^1 x^{p-1}(1-x)^{q-1}\,dx$ は $p > 0,\ q > 0$ のとき収束し，この関数を**ベータ関数**[*1] といい $B(p,q)$ で表す．積分が収束することを示すために，積分区間を $(0, \frac{1}{2}], [\frac{1}{2}, 1)$ に分割すると $p \ge 1,\ q \ge 1$ のときには $f(x) := x^{p-1}(1-x)^{q-1}$ はそれぞれの区間で有界連続関数となる．したがって $0 < p < 1,\ 0 < q < 1$ の場合を考えればよい．

 [*1] ガンマ関数とベータ関数の関係については第 6 章, 6.5 節で説明する．

$\displaystyle\int_0^{1/2} f(x)dx$ については

$$\lim_{x\to +0} x^{1-p} f(x) = \lim_{x\to +0}(1-x)^{q-1} = 1$$

であるから,定理 4.6.5 を適用すれば $1-p<1$ (すなわち $p>0$) のときにかぎり積分は収束する.同様に $\displaystyle\int_{1/2}^{1} f(x)dx$ については $\displaystyle\lim_{x\to 1-0}(1-x)^{1-q}f(x) = \lim_{x\to 1-0} x^{p-1} = 1$ であるから,定理 4.6.5 を適用して $q>0$ のときにかぎり積分は収束することがわかる.

4.7 定積分の応用

定積分の応用として曲線の長さを定義しよう.議論を簡単にするため 2 次元の xy 平面で考える.平面内の図形 C を**連続曲線**,すなわち C がパラメータ $t\in [a,b]$ と t に関する連続関数 $\varphi(t), \psi(t)$ を用いて

$$C = \{(x,y)\mid\ x=\varphi(t),\ y=\psi(t),\ t\in [a,b]\}$$

と表されているものとする.$I=[a,b]$ の分割 $\Delta: a=t_0<t_1<t_2<\cdots<t_{n-1}<t_n=b$ に対して t_i に対する曲線上の点を $P_i=(\varphi(t_i),\psi(t_i))$ とする(図 4.3).点 $P_0, P_1,\cdots, P_n$ を順次結んで得られる折れ線の長さは

$$L_\Delta = \sum_{i=1}^{n} \overline{P_i P_{i-1}}$$

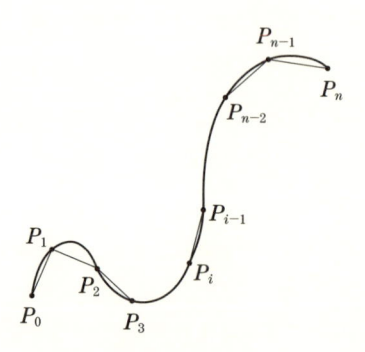

図 4.3 曲線の長さ

4.7 定積分の応用

となる．ただし 2 点 $A = (x_1, y_1)$, $B = (x_2, y_2)$ の距離は

$$\overline{AB} = \sum_{i=1}^{n} \sqrt{(x_1 - x_2)^2 + (y_1 - y_2)^2}$$

で定義する．このように L_Δ を定義し，$[a, b]$ のあらゆる分割 Δ をとったときの L_Δ の上限

$$l(C) = \sup_{\Delta} L_\Delta$$

を曲線 C の**長さ**と定義する．ただし L_Δ が有界でないときは $l(C) = \infty$ とする．

定理 4.7.1 曲線 $C : x = \varphi(t)$, $y = \psi(t)$ $(t \in [a, b])$ を表す関数 $\varphi(t), \psi(t)$ が $[a, b]$ において C^1 級の関数ならば

$$l(C) = \int_a^b \sqrt{\varphi'(t)^2 + \psi'(t)^2} dt$$

で与えられる．

［**証明**］ $I = [a, b]$ の分割を $\Delta : a = t_0 < t_1 < t_2 < \cdots < t_{n-1} < t_n = b$ に対し，平均値の定理より

$$\varphi(t_i) - \varphi(t_{i-1}) = \varphi'(\xi_i)(t_i - t_{i-1}), \quad \xi_i \in (t_{i-1}, t_i),$$
$$\psi(t_i) - \psi(t_{i-1}) = \psi'(\eta_i)(t_i - t_{i-1}), \quad \eta_i \in (t_{i-1}, t_i),$$

と表されるから

$$\begin{aligned}
L_\Delta &= \sum_{i=1}^{n} \{(\varphi(t_i) - \varphi(t_{i-1}))^2 + (\psi(t_i) - \psi(t_{i-1}))^2\}^{1/2} \\
&= \sum_{i=1}^{n} (\varphi'(\xi_i)^2 + \psi'(\eta_i)^2)^{1/2} (t_i - t_{i-1}) \qquad (4.19) \\
&= \sum_{i=1}^{n} \{(\varphi'(t_i)^2 + \psi'(t_i)^2)^{1/2} + \epsilon_i\}(t_i - t_{i-1})
\end{aligned}$$

となる．ここで

$$\epsilon_i = (\varphi'(\xi_i)^2 + \psi'(\eta_i)^2)^{1/2} - (\varphi'(t_i)^2 + \psi'(t_i)^2)^{1/2} \qquad (4.20)$$

である. 次の不等式

$$\left|\sqrt{a^2+b^2} - \sqrt{c^2+d^2}\right| \leq \sqrt{(a-c)^2+(b-d)^2}$$

を利用すると (4.20) より

$$|\epsilon_i| \leq \{(\varphi'(\xi_i) - \varphi'(t_i))^2 + (\psi'(\eta_i) - \psi'(t_i))^2\}^{1/2} \qquad (4.21)$$

が成立する. $\varphi'(t), \psi'(t)$ は $[a,b]$ で連続であるから, 定理 2.4.7 より $[a,b]$ で一様連続となる. したがって任意の $\epsilon > 0$ に対し, ある $\delta_1 > 0$ が存在して $|t-s| < \delta_1$ なるすべての $t, s \in I$ について $|\varphi'(t) - \varphi'(s)| < \epsilon$, $|\psi'(t) - \psi'(s)| < \epsilon$ が成り立つ. 分割 Δ に対し $d(\Delta) := \max\{|t_i - t_{i-1}| \mid i = 1, 2, \cdots, n\}$ と定義すると, (4.21) と $\varphi'(t), \psi'(t)$ の一様連続性より

$$d(\Delta) < \delta_1 \quad \text{ならば} \quad |\epsilon_i| < (\epsilon^2 + \epsilon^2)^{1/2} = \sqrt{2}\epsilon. \qquad (4.22)$$

一方, $\varphi'(t), \psi'(t)$ は連続だから定理 4.1.2 より任意の $\epsilon > 0$ に対し, $\delta_2 > 0$ が存在して $d(\Delta) < \delta_2$ ならば

$$\left|\sum_{i=1}^n (\varphi'(t_i)^2 + \psi'(t_i)^2)^{1/2}(t_i - t_{i-1}) - \int_a^b \sqrt{\varphi'(t)^2 + \psi'(t)^2}\, dt\right| < \epsilon \qquad (4.23)$$

となる. (4.19), (4.22), (4.23) を組み合わせると $d(\Delta) < \min\{\delta_1, \delta_2\}$ ならば

$$\left|L_\Delta - \int_a^b \sqrt{\varphi'(t)^2 + \psi'(t)^2}\, dt\right|$$
$$\leq \left|\sum_{i=1}^n \{(\varphi'(t_i)^2 + \psi'(t_i)^2)^{1/2}(t_i - t_{i-1}) - \int_a^b \sqrt{\varphi'(t)^2 + \psi'(t)^2} dt\right|$$
$$+ \sum_{i=1}^n |\epsilon_i|(t_i - t_{i-1})$$
$$< \epsilon + \sqrt{2}(b-a)\epsilon = (1 + \sqrt{2}(b-a))\epsilon$$

となる. この評価は $d(\Delta) < \min\{\delta_1, \delta_2\}$ をみたすすべての分割 Δ について成立し, しかも $\epsilon > 0$ は任意にとれるから定理の結論が得られる. ∎

定理 4.7.2

（ⅰ） $f(x)$ が $[a,b]$ 上の C^1 級の関数であるとき，曲線 $C : y = f(x)$ $(x \in [a,b])$ の長さは

$$l(C) = \int_a^b \sqrt{1 + f'(x)^2} dt$$

で与えられる．

（ⅱ） $g(\theta)$ が $[\alpha, \beta]$ 上の C^1 級の関数であるとき，極座標で表された曲線 $C : r = g(\theta)$ $(\theta \in [\alpha, \beta])$ の長さは

$$l(C) = \int_\alpha^\beta \sqrt{g(\theta)^2 + g'(\theta)^2} d\theta$$

で与えられる．

［**証明**］
（ⅰ） x 自身をパラメータとみて $x = t$, $y = f(t)$ として定理 4.7.1 を適用すればよい．

（ⅱ） $\theta = t$ をパラメータとみれば，極座標により $C : x = g(t)\cos t$, $y = g(t)\sin t$ となるから次の関係式を使えばよい．

$$\left(\frac{dx}{dt}\right)^2 + \left(\frac{dy}{dt}\right)^2 = g(t)^2 + g'(t)^2. \blacksquare$$

例題 4.7.3 曲線 $C : y = \dfrac{1}{2}x^2$ $(0 \leq x \leq 1)$ の長さを求めよ．

［**解答**］ 定理 4.7.2 より C の長さは

$$\begin{aligned} l(C) &= \int_0^1 \sqrt{1 + x^2}\, dx = \frac{1}{2}\left[x\sqrt{x^2+1} + \log(x + \sqrt{x^2+1})\right]_0^1 \\ &= \frac{\sqrt{2} + \log(1 + \sqrt{2})}{2}. \end{aligned}$$

問 4.10 次の曲線の長さを求めよ．ただし $a > 0$ である．

（ⅰ） $x^{2/3} + y^{2/3} = a^{2/3}$ $(x, y \geq 0)$ （ⅱ） $r = a(1 + \cos\theta)$ $(0 \leq \theta \leq 2\pi)$

4.8 微分方程式の解法

x を独立変数とする関数 $y = y(x)$ に対して，x と y およびその導関数 $y' = dy/dx, y'' = d^2y/dx^2, \cdots, y^{(n)} = d^n y/dx^n$ の間の関係を表す方程式

$$F(x, y, y', y'', \cdots, y^{(n)}) = 0 \tag{4.24}$$

を**微分方程式** (differential equation) という．この関係式に現れる導関数のうち最高階のものの階数が n であるとき **n 階微分方程式** (n-th order differential equation) という．(4.24) をみたす関数 $y = \varphi(x)$ が (4.24) の**解** (solution) であり，微分方程式を**解く**ということはこのような解を見つけることである．この節では

$$y' = f(x, y) \tag{4.25}$$

の形の 1 階微分方程式の解法，および簡単な 2 階線形微分方程式の解法について述べよう．

1. 1 階微分方程式の初等解法

ここでは微分方程式の解を変数変換，積分を有限回組み合わせて具体的に求める方法について解説する．

a) 微分方程式の基礎

微分方程式がどんなときに登場するか例を挙げて説明しよう．

例 4.8.1 1 階微分方程式

放射性物質（たとえば，ウラン，コバルト，プルトニウム）の質量の時間的変化を考える．時刻 t における放射性物質の質量を $u(t)$ とする．このとき単位時間当たりに崩壊する放射性物質の質量は全体の質量に比例することが知られており，この関係を数式化すると

$$\frac{du}{dt} = -ku \tag{4.26}$$

と表される．ここで k は放射性物質ごとに異なる定数である．この方程式 (4.26) は最も簡単な 1 階微分方程式の例となる．

例 4.8.1 について, $u(t) = e^{-kt}$ とおくと (4.26) をみたすから解となることがわかる. しかし, このほかにも解はあり, C を任意の定数とするとき $u(t) = Ce^{-kt}$ もやはり解である. このように一般に微分方程式 (4.25) の解を表すためには任意定数が必要となり, 任意定数を用いて表される解を**一般解**(general solution) という. したがって

$$u(t) = Ce^{-kt} \quad (C : 任意定数)$$

は (4.26) の一般解である. 一般解に現れる任意定数を定めるためには, 通常は**初期条件** (initial condition) を指定する. すなわち, x_0, y_0 を与え

$$\begin{cases} y' = f(x, y), \\ y(x_0) = y_0 \end{cases}$$

をみたすように定数を決める. この問題をみたす $y = y(x)$ を求めることを**初期値問題** (initial value problem) を解くという. 例 4.8.1 の場合, 時刻 $t = 0$ における初期条件 $u(0) = \alpha$ を指定すれば, $C = \alpha$ となり初期値問題の解 $u(t) = \alpha e^{-kt}$ が定まる.

b) 変数分離形

1 階微分方程式 (4.25) において $f(x, y)$ が x のみの関数 $X(x)$ と y のみの関数 $Y(y)$ の積に等しいとき, すなわち

$$\frac{dy}{dx} = X(x)Y(y) \tag{4.27}$$

の形の微分方程式を**変数分離形** (separable differential equation) という. これを

$$\frac{1}{Y(y)} \frac{dy}{dx} = X(x)$$

の形に変形し, x について積分すれば次のようになる.

$$\int \frac{1}{Y(y)} \frac{dy}{dx}\, dx = \int X(x)\, dx + C \quad (ただし C は積分定数)$$

上式の左辺において合成関数の積分公式を利用すれば

$$\int \frac{1}{Y(y)}\,dy = \int X(x)\,dx + C \tag{4.28}$$

となる．この関係式から y を具体的に x の関数として表すことができるとは限らないが，(4.28) を (4.27) の**一般解**と呼ぶ．なおこの手続きは (4.27) を形式的に

$$\frac{1}{Y(y)}\,dy = X(x)\,dx$$

と変形し，この式を積分して (4.28) を導くことと結局は同じことである．

以上の議論において暗黙のうちに $Y(y) \neq 0$ としていた．仮に $Y(a) = 0$ とすると，$y(x) \equiv a$ も (4.27) の解であることに注意しておこう．なお，一般解を表す式において定数 C をどのように選んでも $y(x) = a$ とはならないとき，このような解を**特異解** (singular solution) という．

例題 4.8.2 微分方程式 $\dfrac{dy}{dx} = ay$ (a：定数) の一般解を求めよ．

[**解答**] これは変数分離形であるから

$$\frac{1}{y}\,dy = a\,dx$$

と変形し，積分すれば

$$\int \frac{1}{y}\,dy = \int a\,dx + C^* \quad (C^*：積分定数)$$

これより $\log|y| = ax + C^*$，すなわち $y = \pm e^{ax+C^*}$．したがって改めて積分定数を $C = \pm e^{C^*}$ と置き換えれば一般解 $y = Ce^{ax}$ が得られる．ここで $y(x) \equiv 0$ も解であるが，一般解の表現において $C = 0$ とおけば一致することに注意しておく．

例題 4.8.3

(ⅰ) 微分方程式

$$\frac{dy}{dx} = ay(1-y) \quad (a：正定数) \tag{4.29}$$

の解をすべて求めよ．

(ii) 初期条件 $y(0) = \alpha$ のもとで (4.29) の解を求めよ．

(iii) (ii) の解のグラフを描け．

[**解答**]

(i) 変数分離形であるから

$$\frac{1}{y(1-y)}\,dy = a\,dx$$

と変形し，積分すれば

$$\int \frac{1}{y(1-y)}\,dy = \int a\,dx = ax + C^* \quad (C^* : 積分定数).$$

部分分数に展開すれば

$$\int \frac{1}{y(1-y)}\,dy = \int \left(\frac{1}{y} + \frac{1}{1-y}\right) dy = \log|y| - \log|1-y| = \log\left|\frac{y}{1-y}\right|$$

であるから

$$\frac{y}{1-y} = \pm e^{C^*} \cdot e^{ax} = Ce^{ax} \quad (ただし\ C = \pm e^{C^*}).$$

したがってこの式を整理すれば (4.29) の一般解は

$$y(x) = \frac{Ce^{ax}}{1 + Ce^{ax}} \quad (C : 任意定数) \tag{4.30}$$

で与えられる．なお $y(x) \equiv 0$, $y(x) \equiv 1$ もやはり解であるが，(4.30) において $C = 0$ とおけば $y \equiv 0$ となる．よって解は一般解 (4.30) に加え，特異解として $y(x) \equiv 1$ をもつ．

(ii) 初期条件 $y(0) = \alpha$ と (4.30) より $\dfrac{C}{1+C} = \alpha$. したがって $\alpha \neq 1$ ならば $C = \dfrac{\alpha}{1-\alpha}$ となり，(4.30) に代入して

$$y(x) = \frac{\alpha e^{ax}}{1 - \alpha + \alpha e^{ax}} \tag{4.31}$$

となる．ここで (4.31) において $\alpha = 1$ とおけば，$y(x) \equiv 1$ となるから (i) の特異解と一致する．以上より，(4.31) は初期値問題の解を与える．

(iii) $\alpha = 0, 1$ のときはそれぞれ $y(x) \equiv 0, 1$ となる．次に $0 < \alpha < 1$ の場合は $y(x)$ は $(-\infty, \infty)$ 全体で定義された単調増加な連続関数となり，さら

に $\lim_{x\to-\infty} y(x) = 0$, $\lim_{x\to\infty} y(x) = 1$ となる（図 4.4）．また $\alpha > 1$ の場合，$x^* = \dfrac{\log((\alpha-1)/\alpha)}{a} < 0$ とおけば，微分方程式の初期値問題の解 $y(x)$ は (x^*, ∞) で定義された単調減少な連続関数となり，$\lim_{x\to x^*+0} y(x) = \infty$, $\lim_{x\to\infty} y(x) = 1$ をみたす（図 4.4）．最後に $\alpha < 0$ の場合も上と同様に x^* を定義すると $x^* > 0$ となり，$y(x)$ は $(-\infty, x^*)$ で定義された単調減少な連続関数となる．このとき $\lim_{x\to-\infty} y(x) = 0$, $\lim_{x\to x^*-0} y(x) = -\infty$ である．

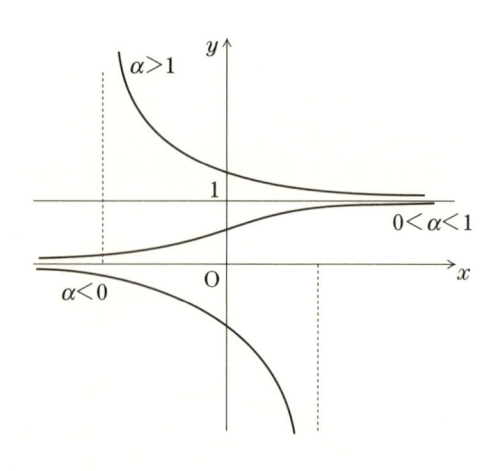

図 4.4

問 4.11 次の微分方程式の解を求めよ．

(ⅰ) $y' = \sin x \tan y$ (ⅱ) $y' = e^{ax+by}$ （a, b : 定数）
(ⅲ) $(1+x^2)y' = 1 + y^2$ (ⅳ) $xy' + y + 1 = 0$
(ⅴ) $y' = \sqrt{1-y^2}$ (ⅵ) $yy' = xe^{-y}$
(ⅶ) $y' = \sin y$ (ⅷ) $y' = x(y - y^3)$

問 4.12 例題 4.8.3 (ⅱ) において $a < 0$ の場合の初期値問題の解 $y(x)$ のグラフを描け．

問 4.13 次の微分方程式について初期条件 $y(0) = \alpha$ のもとでの解を求め，そのグラフを描け．

(ⅰ) $y' = x(1-y^2)$ (ⅱ) $y' = y^2 - 1$
(ⅲ) $y' = y^3$ (ⅳ) $y' = y - y^3$

c) 同 次 形

1階微分方程式のなかには変数分離形ではないが，適当な変数変換により変数分離形の微分方程式になるものがある．

$$\frac{dy}{dx} = f\left(\frac{y}{x}\right)$$

の形の微分方程式を**同次形** (homogeneous differential equation) という．新しく未知関数 u を $u = \dfrac{y}{x}$ によって導入すると，$y = ux$ だから微分方程式は

$$x\frac{du}{dx} = f(u) - u$$

となる．これは変数分離形だから，$u = \dfrac{y}{x}$ と x の間の関係式が求まり，結局解が求まることになる．

例題 4.8.4 微分方程式 $\dfrac{dy}{dx} = \dfrac{x^2 + y^2}{2xy}$ の一般解を求めよ．

[**解答**] 上の微分方程式の右辺は $\dfrac{x^2 + y^2}{2xy} = \dfrac{1 + \left(\dfrac{y}{x}\right)^2}{2\left(\dfrac{y}{x}\right)}$ と変形できるから同次形である．そこで $y = ux$ とおき，整理すると

$$\frac{2u}{1 - u^2}\frac{du}{dx} = \frac{1}{x}$$

となる．積分

$$\int \frac{2u}{1 - u^2}\, du = -\log|1 - u^2|, \qquad \int \frac{1}{x}\, dx = \log|x|$$

を利用すると

$$\log|x| + \log|1 - u^2| = C^* \quad (C^* : 積分定数).$$

これより $x(1 - u^2) = C \ (C = \pm e^{C^*})$，すなわち

$$x^2 - y^2 = Cx \quad (C : 積分定数).$$

例題 4.8.5 微分方程式
$$\frac{dy}{dx} = \frac{2x+y-1}{x+2y-3} \tag{4.32}$$
の一般解を求めよ．

[**解答**] (4.32) はこのままでは同次形ではない．まず連立1次方程式
$$2x_0 + y_0 - 1 = 0, \quad x_0 + 2y_0 - 3 = 0$$
を解くと $x_0 = -\frac{1}{3}$, $y_0 = \frac{5}{3}$. このとき (4.32) は
$$\frac{dy}{dx} = \frac{2(x-x_0)+(y-y_0)}{(x-x_0)+2(y-y_0)}$$
と変形できるから，$X = x - x_0$, $Y = y - y_0$ とおけば
$$\frac{dY}{dX} = \frac{dY}{dy}\frac{dy}{dx}\frac{dx}{dX} = \frac{2X+Y}{X+2Y} = \frac{2+\dfrac{Y}{X}}{1+2\dfrac{Y}{X}} \tag{4.33}$$
の同次形になる．したがって $Y = uX$ によって新しい関数 u を定義すれば
$$X\frac{du}{dX} = \frac{2(1-u^2)}{1+2u}.$$
これより
$$\int \frac{2u+1}{u^2-1}\,du = -\int \frac{2}{X}\,dX = -2\log|X| + C^* \quad (C^*: 積分定数).$$
一方
$$\int \frac{2u+1}{u^2-1}\,du = \frac{3}{2}\int \frac{1}{u-1}\,du + \frac{1}{2}\int \frac{1}{u+1}\,du = \frac{1}{2}\log|(u-1)^3(u+1)|.$$
以上を整理すれば
$$\log(|(u-1)^3(u+1)|X^4) = \log|(Y-X)^3(Y+X)| = 2C^*$$
となる．したがって (4.32) の解は $C = \pm e^{2C^*}$ とおいて
$$(Y-X)^3(Y+X) = (y-x-2)^3\left(y+x-\frac{4}{3}\right) = C.$$

問 4.14 次の微分方程式の解を求めよ．

(ⅰ) $y' = \dfrac{x+y}{2x}$

(ⅱ) $y' = \dfrac{3x-y}{x+y}$

(ⅲ) $y' = \dfrac{2xy}{3x^2+y^2}$

(ⅳ) $y' = \dfrac{x-2y+1}{2x+y-1}$

d) 線形微分方程式

y, y' について 1 次となる微分方程式

$$y' + p(x)y = q(x) \tag{4.34}$$

を **1 階線形微分方程式** (first-order linear differential equation) という．ここで $q(x) \equiv 0$ のとき微分方程式は**同次** (homogeneous)，$q(x)$ が恒等的にゼロでないとき**非同次**(non-homogeneous) であるという．

同次方程式について考えよう．$q(x) \equiv 0$ であるから，方程式 (4.34) は変数分離形となり，一般解は

$$y(x) = Ce^{-\int p(x)dx} \qquad (C: 積分定数) \tag{4.35}$$

で与えられる．

次に非同次方程式について考えよう．同次方程式の解 (4.35) に注意して (4.34) の両辺に $e^{\int p(x)dx}$ をかけると

$$y' e^{\int p(x)dx} + p(x)y e^{\int p(x)dx} = \frac{d}{dx}\left(y e^{\int p(x)dx}\right) = q(x) e^{\int p(x)dx}$$

となる．この式を積分すれば

$$y(x) e^{\int p(x)dx} = \int q(x) e^{\int p(x)dx}\, dx + C \qquad (C: 積分定数)$$

となる．したがって (4.34) の一般解について次の公式が求まる．

$$y(x) = e^{-\int p(x)dx}\left\{\int q(x) e^{\int p(x)dx}\, dx + C\right\}. \tag{4.36}$$

非同次方程式 (4.34) の一般解 (4.36) の導き方について別の解法，**定数変化法** (variation of constant formula) のアイデアを説明しよう．これは同次方程式の解から非同次方程式の解を求める方法である．同次方程式の一般解 $Ce^{-\int p(x)dx}$

について C が定数のときには決して非同次方程式の解とはならないから，C を定数ではなく x の関数であると考えて

$$y(x) = C(x)e^{-\int p(x)dx}$$

の形の解を探す．これを (4.34) に代入すると

$$y'(x) + p(x)y(x) = C'(x)e^{-\int p(x)dx} = q(x).$$

よって

$$C'(x) = q(x)e^{\int p(x)dx}$$

となり，この式を積分すれば

$$C(x) = \int q(x)e^{\int p(x)\,dx}\,dx + C^*$$

となる．これから一般解 (4.36) が得られる．

例題 4.8.6 微分方程式 $y' + 2xy = x^3$ の一般解を求めよ．

[**解答**] 解の公式 (4.36) を利用すれば容易に解は求まるが，改めて定数変化法を利用して解を求めよう．同次方程式の一般解は $y(x) = Ce^{-x^2}$ となるから，C を x の関数と考えて $y(x) = C(x)e^{-x^2}$ の形で解を探す．これを微分方程式に代入すれば $C'(x)e^{-x^2} = x^3$ となるから，$C'(x) = x^3 e^{x^2}$ となる．部分積分すれば

$$C(x) = \int x^3 e^{x^2}\,dx = \frac{x^2}{2}e^{x^2} - \int xe^{x^2}\,dx = \frac{x^2 - 1}{2}e^{x^2} + C^* \quad (C^* : \text{積分定数}).$$

以上より一般解は

$$y(x) = C^* e^{-x^2} + \frac{x^2 - 1}{2} \quad (C^* : \text{積分定数}).$$

例題 4.8.7 次の初期値問題

$$\begin{cases} y' + y = \sin x, \\ y(0) = \alpha \end{cases}$$

4.8 微分方程式の解法　　　175

の解を求めよ．

[**解答**]　一般解を定数変化法で求める．同次方程式の解は $y(x) = Ce^{-x}$ であるから，上の非同次方程式の解を $y(x) = C(x)e^{-x}$ の形で探す．方程式に代入すれば，$C'(x) = e^x \sin x$ だから

$$C(x) = \int e^x \sin x \, dx + C^* = \frac{1}{2}e^x(\sin x - \cos x) + C^* \quad (C^* : 積分定数).$$

よって一般解は

$$y(x) = C^* e^{-x} + \frac{1}{2}(\sin x - \cos x)$$

となる．最後に初期条件を考慮すると $y(0) = C^* - \frac{1}{2} = \alpha$ から

$$y(x) = (\alpha + \frac{1}{2})e^{-x} + \frac{1}{2}(\sin x - \cos x).$$

問 4.15　次の初期値問題の解を求めよ．

(ⅰ) $\begin{cases} y' - 2y = \sin x \\ y(0) = \alpha \end{cases}$ 　　(ⅱ) $\begin{cases} y' - y \sin x = \sin x \\ y(0) = \alpha \end{cases}$

(ⅲ) $\begin{cases} y' - y \tan x = 2x \\ y(0) = 1 \end{cases}$ 　　(ⅳ) $\begin{cases} y' - 2xy = xe^{-x^2} \\ y(0) = 0 \end{cases}$

(ⅴ) $\begin{cases} (1+x^2)y' = 2xy + 1 \\ y(0) = 1 \end{cases}$ 　　(ⅵ) $\begin{cases} (1+x^2)y' = xy + 1 \\ y(0) = 1 \end{cases}$

2.　2階線形微分方程式の解法

ここでは連続な関数 p, q, r に対し

$$y'' + p(x)y' + q(x)y = r(x)$$

の形の2階線形微分方程式を扱う．$r \equiv 0$ の場合は**同次** (homogeneous)，$r \not\equiv 0$ の場合は**非同次** (non-homogeneous) と呼ぶのは1階のケースと同様である．

e)　2階線形微分方程式

最初に2階線形微分方程式について一般的に成り立つことをまとめておく．同次方程式

$$y'' + p(x)y' + q(x)y = 0 \tag{4.37}$$

に対して，2つの関数 $\varphi(x), \psi(x)$ を (4.37) の解とする．方程式が線形であるとは，任意の定数 C_1, C_2 に対して $C_1\varphi(x) + C_2\psi(x)$ も (4.37) の解となることである．また

すべての x で $C_1\varphi(x) + C_2\psi(x) = 0$ ならば $C_1 = C_2 = 0$ である

とき，解 $\varphi(x), \psi(x)$ は **1次独立** (linearly independent) であるという．解 $\varphi(x), \psi(x)$ に対して**ロンスキアン** (Wronskian) $W(\varphi, \psi)(x)$ を

$$W(\varphi, \psi)(x) = \det \begin{pmatrix} \varphi(x) & \psi(x) \\ \varphi'(x) & \psi'(x) \end{pmatrix} = \varphi(x)\psi'(x) - \psi(x)\varphi'(x)$$

で定義する．このとき

$$W(\varphi, \psi)(x) = W(\varphi, \psi)(x_0) e^{-\int_{x_0}^{x} p(s)ds}$$

となることが知られている．したがって $W(\varphi, \psi)(x) \equiv 0$ または $W(\varphi, \psi)(x) \neq 0$ のいずれか一方が成り立つことがわかる．

ここで2階線形微分方程式に関する基本的な結果を証明抜きで述べておく．

定理 4.8.8 $\varphi(x), \psi(x)$ を (4.37) の解とする．

（i） $\varphi(x), \psi(x)$ が1次独立となるための必要十分条件は $W(\varphi, \psi)(x) \neq 0$ である．

（ii） $\varphi(x), \psi(x)$ が1次独立ならば (4.37) の一般解は $y(x) = C_1\varphi(x) + C_2\psi(x)$ （ただし C_1, C_2 は定数）の形で与えられる．

実は一般論より (4.37) の1次独立な解 φ, ϕ は必ず存在することが知られている．2階線形微分方程式に対する初期値問題

$$\begin{cases} y'' + p(x)y' + q(x)y = 0, \\ y(x_0) = a, \quad y'(x_0) = b \end{cases}$$

を考える．$\varphi(x), \psi(x)$ を1次独立な解とすると，定理 4.8.8 によって一般解は $y(x) = C_1\varphi(x) + C_2\psi(x)$ となり，$y(x)$ が初期条件をみたすためには C_1, C_2 に関する連立方程式

4.8 微分方程式の解法

$$\begin{pmatrix} \varphi(x_0) & \psi(x_0) \\ \varphi'(x_0) & \psi'(x_0) \end{pmatrix} \begin{pmatrix} C_1 \\ C_2 \end{pmatrix} = \begin{pmatrix} a \\ b \end{pmatrix}$$

をみたさなければならない．ここで $W(\varphi,\psi)(x_0) \neq 0$ だから，連立方程式を解くことができ，C_1, C_2 は初期条件から一意的に定まるわけである．

f) 定数係数 2 階線形常微分方程式

今まで同次 2 階線形微分方程式の 1 次独立解が 2 つあると仮定して議論してきた．ここでは 1 次独立な解をどうやって求めるかを説明する．一般には具体的な関数で解を表すのは難しいが，係数が実数の定数であるような方程式

$$y'' + ay' + by = 0 \quad (a,b: 実定数) \tag{4.38}$$

について考えよう．$y(x) = e^{\lambda x}$ の形の解を探すために (4.38) に代入すると $(\lambda^2 + a\lambda + b)e^{\lambda x} = 0$ となる．これより λ が

$$\lambda^2 + a\lambda + b = 0 \tag{4.39}$$

をみたせば，$e^{\lambda x}$ は (4.38) の解となる．(4.39) を (4.38) の**特性方程式** (characteristic equation) という．(4.39) は 2 つの解 $\lambda = \lambda_1, \lambda_2$ をもち

$$\varphi(x) = e^{\lambda_1 x}, \quad \psi(x) = e^{\lambda_2 x}$$

は (4.38) の解となる．ここで $\varphi(x), \psi(x)$ に対するロンスキアン $W(\varphi,\psi)(x)$ は

$$W(\varphi,\psi)(x) = \det \begin{pmatrix} e^{\lambda_1 x} & e^{\lambda_2 x} \\ \lambda_1 e^{\lambda_1 x} & \lambda_2 e^{\lambda_2 x} \end{pmatrix} = (\lambda_2 - \lambda_1)e^{(\lambda_1+\lambda_2)x}$$

である．

$\lambda_1 \neq \lambda_2$ ならば定理 4.8.8 より (4.38) は 2 つの 1 次独立な解 $e^{\lambda_1 x}, e^{\lambda_2 x}$ をもち，一般解は

$$y(x) = C_1 e^{\lambda_1 x} + C_2 e^{\lambda_2 x} \tag{4.40}$$

で与えられる．

とくに λ_1, λ_2 が複素数の場合に注意しておく．**オイラーの公式** (Euler's formula)

$$e^{i\theta} = \cos\theta + i\sin\theta \quad (\theta \text{ は実数})$$

を利用する．(4.39) において a, b は実数であるから

$$\lambda_1 = \alpha + i\beta, \quad \lambda_2 = \alpha - i\beta \quad (\alpha, \beta \text{ は実数}, \beta \neq 0)$$

と表され，オイラーの公式より

$$\varphi(x) = e^{\lambda_1 x} = e^{\alpha x} e^{i\beta x} = e^{\alpha x}(\cos\beta x + i\sin\beta x),$$
$$\psi(x) = e^{\lambda_2 x} = e^{\alpha x} e^{-i\beta x} = e^{\alpha x}(\cos\beta x - i\sin\beta x)$$

となる．よって一般解は

$$\begin{aligned} y(x) &= C_1\varphi(x) + C_2\psi(x) \\ &= (C_1 + C_2)e^{\alpha x}\cos\beta x + i(C_1 - C_2)e^{\alpha x}\sin\beta x \\ &= C_1^* e^{\alpha x}\cos\beta x + C_2^* e^{\alpha x}\sin\beta x \end{aligned} \tag{4.41}$$

と表すこともできる．これは $\varphi^*(x) = e^{\alpha x}\cos\beta x, \psi^*(x) = e^{\alpha x}\sin\beta x$ とおくとき，φ^*, ψ^* も 1 次独立な解となることを示している．解 $y(x)$ を実数値関数として表現したいときは，φ^*, ψ^* を用いたほうが便利である．

最後に $\lambda_1 = \lambda_2 \left(= -\dfrac{a}{2}\right)$ の場合を考える．

$$\varphi(x) = e^{\lambda_1 x}, \quad \psi(x) = xe^{\lambda_1 x} \tag{4.42}$$

とおくと

$$\psi'' + a\psi' + b\psi = (\lambda_1^2 + a\lambda_1 + b)xe^{\lambda_1 x} + (2\lambda_1 + a)e^{\lambda_1 x} = 0$$

となり φ, ψ ともに (4.38) の解となることが確かめられる．さらに

$$W(\varphi, \psi)(x) = \det\begin{pmatrix} e^{\lambda_1 x} & xe^{\lambda_1 x} \\ \lambda_1 e^{\lambda_1 x} & (1 + \lambda_1 x)e^{\lambda_1 x} \end{pmatrix} = e^{2\lambda_1 x} \neq 0.$$

これは φ, ψ が 1 次独立な解となることを示している．したがって定理 4.8.8 より，(4.42) によって φ, ψ を定義すれば一般解は $y(x) = C_1\varphi(x) + C_2\psi(x)$ で与えられることがわかる．

問 4.16 $\varphi^*(x) = e^{\alpha x}\cos\beta x, \psi^*(x) = e^{\alpha x}\sin\beta x$ は (4.38) の 1 次独立な解となることを確かめよ．

問 4.17 次の微分方程式の一般解を求めよ．
(ⅰ) $y'' - 3y' + 2y = 0$ (ⅱ) $y'' + 2y' + 2y = 0$
(ⅲ) $y'' + y = 0$ (ⅳ) $y'' - 6y' + 9y = 0$

g) 非同次 2 階線形常微分方程式

非同次方程式
$$y'' + p(x)y' + q(x)y = r(x) \tag{4.43}$$
を考える．(4.43) の解 (特別解) $y_0(x)$ が何らかの方法で見つかったとしよう．このとき $z = y - y_0$ とおけば

$$z'' + pz' + qz = (y'' + py' + qy) - (y_0'' + py_0' + qy_0) = r - r = 0$$

となり，z は同次方程式 (4.37) をみたす．したがって (4.37) の 2 つの 1 次独立な解 $\varphi(x), \psi(x)$ がわかれば，$z(x) = C_1\varphi(x) + C_2\psi(x)$ と表せる．これより (4.43) の一般解は

$$y(x) = C_1\varphi(x) + C_2\psi(x) + y_0(x) \quad (C_1, C_2 : 積分定数)$$

で与えられる．

重要なポイントは非同次方程式 (4.43) の特別解をいかにして見つけるかということであり，次の結果が成り立つ．

定理 4.8.9 φ, ψ を (4.37) の 1 次独立な解とする．このとき (4.43) の一般解は次の式で与えられる (ただし D_1, D_2 は定数):

$$y(x) = D_1\varphi(x) + D_2\psi(x) - \varphi(x)\int \frac{\psi(x)r(x)}{W(\varphi,\psi)(x)}\,dx + \psi(x)\int \frac{\varphi(x)r(x)}{W(\varphi,\psi)(x)}\,dx.$$

[証明] 1 階の線形微分方程式と同様に**定数変化法**のアイデアにより証明する．非同次方程式 (4.43) の解を

$$y(x) = C_1(x)\varphi(x) + C_2(x)\psi(x) \tag{4.44}$$

の形で求める．ここで C_1, C_2 は x の関数とみる．未知関数が 2 個あるため制約条件

$$C_1'\varphi + C_2'\psi = 0 \tag{4.45}$$

を設け，方程式を 1 つ加える．

$$y' = C_1\varphi' + C_2\psi',$$
$$y'' = C_1'\varphi' + C_2'\psi' + C_1\varphi'' + C_2\psi'',$$

を (4.43) に代入すると，

$$\begin{aligned}y'' + py' + qy &= C_1(\varphi'' + p\varphi' + q\varphi) + C_2(\psi'' + p\psi' + q\psi) + C_1'\varphi' + C_2'\psi' \\ &= C_1'\varphi' + C_2'\psi'\end{aligned}$$

だから

$$C_1'\varphi' + C_2'\psi' = r. \tag{4.46}$$

(4.45), (4.46) を連立させると

$$\begin{pmatrix} \varphi(x) & \psi(x) \\ \varphi'(x) & \psi'(x) \end{pmatrix} \begin{pmatrix} C_1'(x) \\ C_2'(x) \end{pmatrix} = \begin{pmatrix} 0 \\ r(x) \end{pmatrix}$$

となり，この連立方程式より $C_1'(x), C_2'(x)$ は一意的に定まる：

$$C_1'(x) = -\frac{\psi(x)r(x)}{W(\varphi,\psi)(x)}, \quad C_2'(x) = \frac{\varphi(x)r(x)}{W(\varphi,\psi)(x)}.$$

これらを積分すれば

$$C_1(x) = -\int \frac{\psi(x)r(x)}{W(\varphi,\psi)(x)}\,dx + D_1, \quad C_2(x) = \int \frac{\varphi(x)r(x)}{W(\varphi,\psi)(x)}\,dx + D_2$$

(D_1, D_2 は積分定数) となり，一般解が求められる． ∎

例題 4.8.10 微分方程式 $y'' - y' - 2y = x + 1$ の一般解を求めよ．

[解答 1] 対応する特性方程式は $\lambda^2 - \lambda - 2 = (\lambda - 2)(\lambda + 1) = 0$ であるから，同次方程式の 1 次独立な解は e^{2x}, e^{-x} である．したがって定理 4.8.9 を用いれば一般解 $y(x)$ は

$$\begin{aligned}y(x) &= D_1 e^{2x} + D_2 e^{-x} - e^{2x}\int \frac{e^{-x}(x+1)}{W(e^{2x},e^{-x})}dx + e^{-x}\int \frac{e^{2x}(x+1)}{W(e^{2x},e^{-x})}dx \\ &= D_1 e^{2x} + D_2 e^{-x} + \frac{e^{2x}}{3}\int e^{-2x}(x+1)dx - \frac{e^{-x}}{3}\int e^x(x+1)dx\end{aligned}$$

(D_1, D_2 は定数) で与えられる．ここで

$$\int e^{-2x}(x+1)dx = -\frac{e^{-2x}}{4}(2x+3) + D_1, \quad \int e^x(x+1)dx = xe^x + D_2$$

であるから，一般解は定数 D_1, D_2 を用いて

$$y(x) = D_1 e^{-x} + D_2 e^{2x} - \frac{2x+1}{4}$$

と表される．

[**解答 2**] この節の最初に述べたことより，特別解をどんな方法でもよいから見つけさえすればよい．非同次項が 1 次多項式であるから，多項式の形で特別解を構成しよう．この場合は方程式の形から特別解も 1 次多項式でなければならないので $y_0(x) = ax+b$ とおいて方程式に代入する．$-2ax - (a+2b) = x+1$ となるから，係数を比較して $a = -\frac{1}{2}, b = -\frac{1}{4}$ となり，特別解

$$y_0(x) = -\frac{1}{2}x - \frac{1}{4}$$

が求まる．一般解は y_0 に同次方程式の一般解を加えればよい．このように解の公式を用いないで，非同次項の形から特別解の形を推測して，解を探すほうが簡単な場合も多い．

問 4.18 次の微分方程式の一般解を求めよ．
 (i) $y'' - 4y' + 4y = x$ 　　　　　　(ii) $y'' + 4y' - 5y = x^2 + 1$
 (iii) $y'' - 3y' + 2y = e^{3x}$ 　　　　　(iv) $y'' + 6y' + 8y = \sin x$
 (v) $y'' + 5y' = \sin 2x$ 　　　　　　(vi) $y'' + y = \cos x$

演習問題 4

4.1 $m, n \in \mathbb{N}$ に対して次の積分を求めよ．

(i) $\displaystyle\int_{-\pi}^{\pi} \sin mx \sin nx \, dx$
(ii) $\displaystyle\int_{-\pi}^{\pi} \sin mx \cos nx \, dx$

4.2 次の不定積分を求めよ．

(i) $\displaystyle\int \frac{x^2+1}{x^3+1} \, dx$
(ii) $\displaystyle\int \frac{1}{x^4+1} \, dx$

(iii) $\displaystyle\int \frac{1}{x(x^2+1)^2} \, dx$
(iv) $\displaystyle\int \frac{\sqrt{x}}{1+x} \, dx$

(v) $\displaystyle\int x^2 \log(1+x^2) \, dx$
(vi) $\displaystyle\int (\log x)^n \, dx \quad (n \in \mathbb{N})$

(vii) $\displaystyle\int \sqrt{e^x+1} \, dx$
(viii) $\displaystyle\int \arcsin\left(\frac{x}{x+1}\right) dx$

4.3 次の定積分を求めよ．

(i) $\displaystyle\int_0^{\pi/2} x \sin x \sin 2x \, dx$
(ii) $\displaystyle\int_0^a x^2 \sqrt{a^2-x^2} \, dx \quad (a > 0)$

(iii) $\displaystyle\int_0^1 \frac{1}{1+\sqrt{x}+x} \, dx$
(iv) $\displaystyle\int_0^{2a} \frac{1}{\sqrt{|x(x-a)|}} \, dx \quad (a > 0)$

(v) $\displaystyle\int_0^\infty \frac{x}{(x^2+a^2)(x^2+b^2)} \, dx$
$(ab \neq 0)$
(vi) $\displaystyle\int_0^\pi \frac{1}{1+a\cos x} \, dx \quad (|a| < 1)$

(vii) $\displaystyle\int_0^{\pi/2} \frac{1}{a^2 \cos^2 x + b^2 \sin^2 x} \, dx$
$(ab \neq 0)$
(viii) $\displaystyle\int_0^1 x^a \log x \, dx \quad (a > -1)$

4.4 (i) $\displaystyle\int_0^\infty e^{-x} \sin x \, dx$ を求めよ．

(ii) 実数 m に対して

$$m^+ = \begin{cases} m & (m \geq 0) \\ 0 & (m < 0) \end{cases}, \quad m^- = \begin{cases} 0 & (m \geq 0) \\ -m & (m < 0) \end{cases}$$

と定義する．このとき次を求めよ．
$$I = \int_0^\infty e^{-x}(\sin x)^+ \, dx, \qquad J = \int_0^\infty e^{-x}(\sin x)^- \, dx$$

(iii) $\int_0^\infty e^{-x}|\sin x|\, dx$ を求めよ．

4.5 定積分を利用して次の極限を求めよ．

(i) $\displaystyle \lim_{n\to\infty}\left(\frac{1}{n}+\frac{1}{n+1}+\frac{1}{n+2}+\cdots+\frac{1}{2n}\right)$

(ii) $\displaystyle \lim_{n\to\infty}\left(\frac{1}{\sqrt{n^2+1^2}}+\frac{1}{\sqrt{n^2+2^2}}+\frac{1}{\sqrt{n^2+3^2}}+\cdots+\frac{1}{\sqrt{n^2+n^2}}\right)$

4.6 次の微分方程式の一般解を求めよ．

(i) $y' = \dfrac{x(1+y^2)}{y(1+x^2)}$ 　　(ii) $y' + y\cos x = \sin x \cos x$

4.7 次の初期値問題の解 $y(x)$ を求め，そのグラフを描け．

(i) $\begin{cases} y' = -y(y-1)(y-2) \\ y(0) = \alpha \geq 0 \end{cases}$ 　(ii) $\begin{cases} y' = -y^2 \\ y(0) = \alpha \end{cases}$

4.8 f が連続関数であるとき次の問いに答えよ．

(i) $y' + 2xy = f(x)$ の一般解を求めよ．

(ii) 初期条件 $y(0) = \alpha$ のもとで微分方程式 $y' + 2xy = f(x)$ をみたす解を f を用いて表せ．

4.9 次の微分方程式の一般解を求めよ．

(i) $y'' + 3y' + 2y = x^2 + x + 1$ 　(ii) $y'' + y' - 2y = e^x + x^2$

(iii) $y'' - 2y' + 2y = \sin x \cos x$ 　(iv) $y'' - 2y' + y = e^x$

4.10 $f(x)$ が連続関数であるとき次の初期値問題の解を求めよ．

(i) $\begin{cases} y'' + y = f(x) \\ y(0) = a, \quad y'(0) = b. \end{cases}$ 　(ii) $\begin{cases} y'' - y = f(x) \\ y(0) = a, \quad y'(0) = b. \end{cases}$

第5章

多変数関数の微分

本章では2つ以上の変数をもつ関数（多変数関数）の微分とその応用について述べる．2変数関数を中心に述べるが，後半で一般の n 変数関数の場合を説明する．

5.1 2次元ユークリッド空間

2つの実数の組 (x,y) 全体からなる集合を $\mathbb{R}^2$ で表す．実数 α, 2点 $\boldsymbol{x} = (x_1, y_1)$, $\boldsymbol{y} = (x_2, y_2)$ に対して，和とスカラー積をそれぞれ $\boldsymbol{x} + \boldsymbol{y} = (x_1 + x_2, y_1 + y_2)$, $\alpha \boldsymbol{x} = (\alpha x_1, \alpha y_1)$ と定めると $\mathbb{R}^2$ は実ベクトル空間となる．$\mathbb{R}^2$ の点 $\boldsymbol{x} = (x,y)$ に対して $|\boldsymbol{x}| = \sqrt{x^2 + y^2}$ と定め，これを $\boldsymbol{x}$ の**長さ**，または**ノルム** (norm) と呼ぶ．$|\cdot|$ は次の性質をもつ．

(i) $|\boldsymbol{x}| \geq 0$; $|\boldsymbol{x}| = 0 \iff \boldsymbol{x} = \boldsymbol{0}$ ($\boldsymbol{0} = (0,0)$ は零ベクトルを表す)

(ii) $|\alpha \boldsymbol{x}| = |\alpha||\boldsymbol{x}|$ (α は任意の実数) (5.1)

(iii) $|\boldsymbol{x} + \boldsymbol{y}| \leq |\boldsymbol{x}| + |\boldsymbol{y}|$

問 5.1 上のことを示せ．

2点 $\boldsymbol{x}, \boldsymbol{y}$ に対して $d(\boldsymbol{x}, \boldsymbol{y}) = |\boldsymbol{x} - \boldsymbol{y}|$ と定めると $d(\cdot,\cdot)$ は距離の公理

(i) $d(\boldsymbol{x}, \boldsymbol{y}) \geq 0$; $d(\boldsymbol{x}, \boldsymbol{y}) = 0 \iff \boldsymbol{x} = \boldsymbol{y}$

(ii) $d(\boldsymbol{x}, \boldsymbol{y}) = d(\boldsymbol{y}, \boldsymbol{x})$ (5.2)

(iii) $d(\boldsymbol{x}, \boldsymbol{z}) \leq d(\boldsymbol{x}, \boldsymbol{y}) + d(\boldsymbol{y}, \boldsymbol{z})$

をみたす．

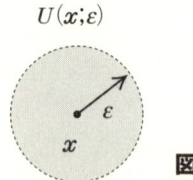

図 5.1

問 5.2 このことを示せ．

$d(\cdot,\cdot)$ を**ユークリッドの距離**と呼び，このような距離を伴ったベクトル空間 $\mathbb{R}^2$ を **2次元ユークリッド空間**と呼ぶ．$\varepsilon > 0$ に対して $U(\boldsymbol{x}; \varepsilon) = \{\boldsymbol{y} \in \mathbb{R}^2 ; d(\boldsymbol{x}, \boldsymbol{y}) < \varepsilon\}$ を点 $\boldsymbol{x}$ の ε**–近傍**と呼ぶ (図 5.1)．集合 V が点 $\boldsymbol{x}$ の適当な ε–近傍を含むとき，V を $\boldsymbol{x}$ の**近傍**と呼ぶ．

$\mathbb{R}^2$ の点列 $\{\boldsymbol{x}_n\}_{n \geq 1}$ と点 $\boldsymbol{x}_0$ について，$d(\boldsymbol{x}_n, \boldsymbol{x}_0) \to 0$ $(n \to \infty)$ となるとき，$\{\boldsymbol{x}_n\}$ は $\boldsymbol{x}_0$ に収束するといい，記号で

$$\lim_{n \to \infty} \boldsymbol{x}_n = \boldsymbol{x}_0 \quad \text{または} \quad \boldsymbol{x}_n \to \boldsymbol{x}_0 \ (n \to \infty)$$

と表す.

問 5.3 $\boldsymbol{x}_n = (x_n, y_n)$, $\boldsymbol{x}_0 = (x_0, y_0)$ とする．このとき，$\boldsymbol{x}_n \to \boldsymbol{x}_0 \ (n \to \infty)$ であるための必要十分条件は，$x_n \to x_0 \ (n \to \infty)$ かつ $y_n \to y_0 \ (n \to \infty)$ であることを示せ．

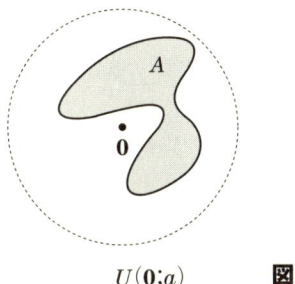

図 5.2

$\mathbb{R}^2$ の集合 A について，適当な $a > 0$ に対して $A \subset U(\boldsymbol{0}; a)$ となるとき，A は**有界集合**であるという．集合 A に属する各点 $\boldsymbol{x}$ に対して，適当に $\varepsilon > 0$ を選ぶと $U(\boldsymbol{x}; \varepsilon) \subset A$ となるとき，A を**開集合** (open set) という．A の補集合（余集合）A^c が開集合のとき A を**閉集合** (closed set) という．点 $\boldsymbol{x}$ の任意の ε–近傍が A の点と A の補集合の点を同時に含むとき，$\boldsymbol{x}$ を A の**境界点**と呼ぶ．A の境界点の全体からなる集合を A の**境界** (boundary) といい ∂A で表す．集合 A とその境界 ∂A を併せた集合 $A \cup \partial A$ を A の**閉包** (closure) と呼び $\bar{A}$ で表す．A からその境界 ∂A を取り除いてできる集合を A の**内部**といい，A° または int A で表す．開集合 G が，共通点をもたない 2 つの空でない開集合に分割することができないとき，G を**連結集合**と呼ぶ．連結開集合を**領域** (domain, region) と呼ぶ．領域とその境界を併せた集合を**閉領域**と呼ぶ．

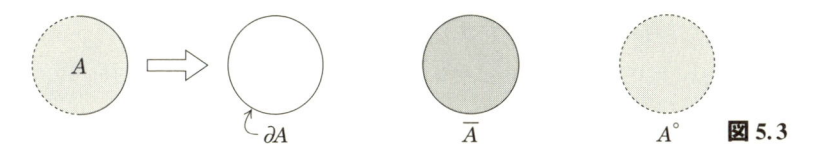

図 5.3

問 5.4

(i) F を $\mathbb{R}^2$ の閉集合とする．F の点からなる点列 $\{x_n\}_{n\geq 1}$ が点 x_0 に収束していれば，x_0 は F に属することを示せ．

(ii) F を $\mathbb{R}^2$ の部分集合とする．F の点からなる任意の収束点列 $\{x_n\}$ について，その極限点 $x_0\,(=\lim_{n\to\infty} x_n)$ が必ず F に属するとき，F は閉集合であることを示せ．

定理 5.1.1 ボルツァーノ–ワイエルシュトラスの定理

$\mathbb{R}^2$ の有界点列はある収束部分列を含む．

[証明] $\{x_n\}_{n\geq 1}$ を有界点列とする．仮定より $a > 0$ が存在して，$x_n \in U(0;a),\ n=1,2,\cdots$ である．$x_n = (x_n, y_n),\ n=1,2,\cdots$ とすると $|x_n| \leq a,\ |y_n| \leq a,\ n=1,2,\cdots$ だから数列 $\{x_n\},\ \{y_n\}$ はともに有界数列である．したがって定理 2.2.17 より $\{x_n\}$ の部分列 $\{x_{n_i}\}_{i\geq 1}$ と x_0 が存在して，$x_{n_i} \to x_0\ (i \to \infty)$ である．$\{y_{n_i}\}_{i\geq 1}$ は有界数列だからふたたび同じ定理から $\{n_i\}$ の部分列 $\{n'_i\}$ と y_0 が存在して $y_{n'_i} \to y_0\ (i \to \infty)$ となる．このとき点列 $x_{n'_i} = (x_{n'_i}, y_{n'_i}),\ i=1,2,\cdots$ は $\{x_n\}$ の部分列で $x_0 = (x_0, y_0)$ に収束する．■

$\mathbb{R}^2$ の点列 $\{x_n\}_{n\geq 1}$ が $d(x_n, x_m) \to 0\ (n,m \to \infty)$ をみたすとき，$\{x_n\}$ を **コーシー列** と呼ぶ．

定理 5.1.2 $\mathbb{R}^2$ の任意のコーシー列は収束する．

[証明] $\{x_n\}$ をコーシー列とする．このとき $x_n = (x_n, y_n),\ n=1,2,\cdots$ とおくと，数列 $\{x_n\},\ \{y_n\}$ はともにコーシー列である．したがって定理 2.2.16 より $x_0,\ y_0$ が存在して，$n \to \infty$ のとき $x_n \to x_0$ かつ $y_n \to y_0$ となる．よって $x_n \to x_0 = (x_0, y_0)\ (n \to \infty)$ である．■

$\mathbb{R}^2$ は 2 つの実数の組 (x,y) 全体からなる集合であったが，同様に 3 つの実数の組 (x,y,z) 全体からなる集合を $\mathbb{R}^3$ で，一般に n 個の実数の組 $(x_1, x_2, \cdots, x_n)$ 全体からなる集合を $\mathbb{R}^n$ で表す．実数 α および $\mathbb{R}^n$ の 2 点 $x=(x_1,\cdots,x_n),\ y=(y_1,\cdots,y_n)$ に対して，和とスカラー積をそれぞれ $x+y = (x_1+y_1, \cdots, x_n+y_n),\ \alpha x = (\alpha x_1, \cdots, \alpha x_n)$ と定めると $\mathbb{R}^n$ は実ベクトル空間となる．$\mathbb{R}^n$ の点 $x=(x_1,\cdots,x_n)$ に対してその長さ（ノルム）を $|x| = \sqrt{\sum_{i=1}^{n} x_i^2}$ と定める．$|\cdot|$ は本節の初めに述べたノルムの性質 (5.1) をもつことが示される．$\mathbb{R}^n$ の 2 点 $x,\ y$ に対して $d(x,y) = |x-y|$ と定めると $d(\cdot,\cdot)$ は距離の公理 (5.2) をみた

す．$d(\cdot,\cdot)$ を**ユークリッドの距離**と呼びこの距離を備えたベクトル空間 $\mathbb{R}^n$ を **n 次元ユークリッド空間**と呼ぶ．$\mathbb{R}^2$ の場合と全く同様に $\mathbb{R}^n$ においても ε-近傍，近傍，有界集合，開集合，閉集合，境界，閉包，内部，連結集合，領域，閉領域の概念が定義される．上記の定理 5.1.1，5.1.2 は $\mathbb{R}^n$ においても成立する．

注意 5.1.3 $\mathbb{R}^n$ の部分集合 A について，A の任意の 2 点が A 内に含まれる連続曲線で結ばれるとき，すなわち A の点 $\boldsymbol{x}$, $\boldsymbol{y}$ を任意に選んだとき，連続写像 $c(\cdot): [0,1] \mapsto \mathbb{R}^n$ が存在して，$c(0) = \boldsymbol{x}$, $c(1) = \boldsymbol{y}$, $\{c(t) \mid 0 \leq t \leq 1\} \subset A$ をみたすとき A を**弧状連結**な集合と呼ぶ．$\mathbb{R}^n$ においては開集合 G が連結であることと G が弧状連結であることとは同値である．

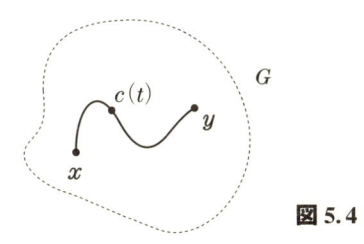

図 5.4

問 5.5 $\mathbb{R}^n$ において $|\cdot|$ がノルムの性質をもつことを示せ．さらに $d(\cdot,\cdot)$ が距離の公理をみたすことを確かめよ．

5.2 関数の極限と連続性

2 つの変数 x, y の関数 $z = f(x,y)$ を 2 変数関数，3 つの変数 x, y, z の関数 $u = f(x,y,z)$ を 3 変数関数，一般に n 個の変数 $x_1, x_2, \cdots, x_n$ の関数 $u = f(x_1, x_2, \cdots, x_n)$ を n 変数関数と呼ぶ．以下では簡単のため，関数は 2 変数関数として説明するが関数の極限，連続性，一様連続性の概念は n 変数関数に対しても全く同様に定義され，本節で述べられる定理はすべて n 変数関数についても成り立つことがらである．

$\mathbb{R}^2$ の部分集合 A 上で定義された関数 $z = f(x,y) = f(\boldsymbol{x})$ ($\boldsymbol{x} = (x,y)$) を考える．$\boldsymbol{x}_0$ を A の閉包 $\bar{A}$ の点とする．A の点 $\boldsymbol{x}$ が限りなく点 $\boldsymbol{x}_0$ に近づくとき，関数値 $f(\boldsymbol{x})$ が限りなく一定値 α に近づくことを次のように定める．

任意に与えた $\varepsilon > 0$ に対して，適当に $\delta > 0$ を選ぶと，A の点 $\boldsymbol{x} \neq \boldsymbol{x}_0$ が

$U(\boldsymbol{x}_0; \delta)$ に属するかぎり $|f(\boldsymbol{x}) - \alpha| < \varepsilon$ が成り立つ.
このとき記号で

$$\lim_{\boldsymbol{x} \to \boldsymbol{x}_0} f(\boldsymbol{x}) = \alpha \quad \text{または} \quad f(\boldsymbol{x}) \to \alpha \ (\boldsymbol{x} \to \boldsymbol{x}_0)$$

と表す. とくに $\boldsymbol{x}_0$ が A の点で

$$\lim_{\boldsymbol{x} \to \boldsymbol{x}_0} f(\boldsymbol{x}) = f(\boldsymbol{x}_0)$$

が成り立つとき, $f(\boldsymbol{x})$ は $\boldsymbol{x}_0$ において**連続** (continuous) であるという. A の各点において $f(\boldsymbol{x})$ が連続のとき $f(\boldsymbol{x})$ は A 上で連続という.

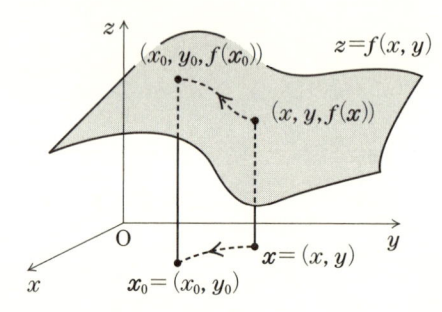

図 5.5

集合 A 上で定義された関数 $f(\boldsymbol{x})$ が次の性質をみたすとき, $f(\boldsymbol{x})$ は A 上で**一様連続** (uniformly cotinuous) であるという.

任意に与えられた $\varepsilon > 0$ に対して $\delta > 0$ が存在して, $d(\boldsymbol{x}, \boldsymbol{x}') < \delta$ をみたすすべての $\boldsymbol{x}, \boldsymbol{x}' \in A$ に対して $|f(\boldsymbol{x}) - f(\boldsymbol{x}')| < \varepsilon$ が成り立つ.

定理 5.2.1 $f(\boldsymbol{x})$ は A 上で定義された関数で, $\boldsymbol{x}_0$ は $\bar{A}$ の点とする. このとき次の (ⅰ) と (ⅱ) は同値である.
 (ⅰ) $f(\boldsymbol{x}) \to \alpha \ (\boldsymbol{x} \to \boldsymbol{x}_0)$
 (ⅱ) $\boldsymbol{x}_0$ に収束する任意の点列 $\{\boldsymbol{x}_n\}_{n \geq 1} \subset A$ に対して $f(\boldsymbol{x}_n) \to \alpha \ (n \to \infty)$.

[**証明**] (ⅰ) $\Rightarrow$ (ⅱ) を示す. (ⅰ) を仮定する. $\varepsilon > 0$ を任意に与えたとき, 仮定より $\delta > 0$ が存在して, A の点 $\boldsymbol{x}(\neq \boldsymbol{x}_0)$ が $U(\boldsymbol{x}_0; \delta)$ に属していれば $|f(\boldsymbol{x}) - \alpha| < \varepsilon$ が成り立つ. いま $\{\boldsymbol{x}_n\}$ を A の点で $\boldsymbol{x}_0$ に収束する点列とする. このとき番号 N を適当に選ぶと, $n \geq N$ なる限り $d(\boldsymbol{x}_n, \boldsymbol{x}_0) < \delta$, すなわち

5.2 関数の極限と連続性

$x_n \in U(x_0; \delta)$ となる．よって $n \geq N$ ならば $|f(x_n) - \alpha| < \varepsilon$ である．これより (ii) が示された．

次に (ii) $\Rightarrow$ (i) を示す．いま (i) が成り立たないと仮定する．このとき $\varepsilon_0 > 0$ が存在して，任意の $n \in \mathbb{N}$ に対して点 $x_n \in A$ が存在して，$x_n \in U\left(x_0; \dfrac{1}{n}\right)$ かつ $|f(x_n) - \alpha| \geq \varepsilon_0$ となる．$\{x_n\}$ の選びかたから $d(x_n, x_0) < \dfrac{1}{n}$, $n = 1, 2, \cdots$ だから $x_n \to x_0$ $(n \to \infty)$ であるが，他方 $f(x_n) \not\to \alpha$ $(n \to \infty)$ である．したがって (ii) が成り立たないこととなり，対偶が示された． ∎

定理 5.2.2 $\mathbb{R}^2$ の有界閉集合上で定義された連続関数は，その集合上で最大値および最小値をとる．

[証明] 関数 $z = f(x)$ は $\mathbb{R}^2$ の有界閉集合 K 上で定義された連続関数とする．

(i) まず $f(x)$ は K 上で有界であることを示す．$f(x)$ が有界関数でないと仮定する．このとき，任意の $n \in \mathbb{N}$ に対して K の点 x_n が存在して

$$|f(x_n)| \geq n \tag{5.3}$$

が成り立つ．K は有界集合だから点列 $\{x_n\}$ は有界点列である．したがって定理 5.1.1 により，その部分列 $\{x_{n_i}\}_{i \geq 1}$ と点 $x_0 \in \mathbb{R}^2$ が存在して $x_{n_i} \to x_0$ $(i \to \infty)$ が成り立つ．さらに K は閉集合だから x_0 は K に属さなければならない．仮定から $f(x)$ は連続関数だから $f(x_{n_i}) \to f(x_0)$ $(i \to \infty)$ となる．しかしこれは (5.3) に反する．よって $f(x)$ は K 上で有界である．

(ii) (i) より集合 $A = \{f(x) \mid x \in K\}$ は $\mathbb{R}$ における有界集合である．したがって A の上限 $\alpha = \sup A$ が存在する．上限の定義より各 $n \in \mathbb{N}$ に対して

$$\alpha - \frac{1}{n} \leq f(x_n) \leq \alpha \tag{5.4}$$

をみたす $x_n \in K$ が存在する．$\{x_n\}$ は有界点列だから定理 5.1.1 より，$\{x_n\}$ の部分列 $\{x_{n_i}\}_{i \geq 1}$，および $x_0 \in K$ が存在して $x_{n_i} \to x_0$ $(i \to \infty)$ が成り立つ．さらに $f(x)$ の連続性から $f(x_{n_i}) \to f(x_0)$ $(i \to \infty)$ となる．他方 (5.4) より $f(x_{n_i}) \to \alpha$ $(i \to \infty)$ だから $f(x_0) = \alpha$ である．以上より $f(x)$ は K 上で最大値 $\alpha = f(x_0)$ をとることが示された．$f(x)$ が K 上で最小値をとること

は集合 A の下限を考えることにより同様にして示される（あるいは上の証明を $-f(\boldsymbol{x})$ に適用してもよい）． ∎

定理 5.2.3 $\mathbb{R}^2$ の有界閉集合上で定義された連続関数はその集合上で一様連続である．

[証明] K を $\mathbb{R}^2$ における有界閉集合とし，関数 $f(\boldsymbol{x})$ は K 上で連続とする．もし $f(\boldsymbol{x})$ が K 上で一様連続でないと仮定すると，$\varepsilon_0 > 0$ が存在して，任意の $n \in \mathbb{N}$ に対して点 $\boldsymbol{x}_n, \boldsymbol{x}'_n \in K$ を適当に選ぶと $d(\boldsymbol{x}_n, \boldsymbol{x}'_n) < \dfrac{1}{n}$ かつ

$$|f(\boldsymbol{x}_n) - f(\boldsymbol{x}'_n)| \geq \varepsilon_0, \qquad n = 1, 2, \cdots \tag{5.5}$$

が成り立つ．$\{\boldsymbol{x}_n\}, \{\boldsymbol{x}'_n\}$ は有界点列で K は閉集合だから，部分列 $\{\boldsymbol{x}_{n_i}\}, \{\boldsymbol{x}'_{n_i}\}$ および $\boldsymbol{x}_0, \boldsymbol{x}'_0 \in K$ が存在して $\boldsymbol{x}_{n_i} \to \boldsymbol{x}_0$ $(i \to \infty)$ かつ $\boldsymbol{x}'_{n_i} \to \boldsymbol{x}'_0$ $(i \to \infty)$ が成り立つ．しかし $d(\boldsymbol{x}_{n_i}, \boldsymbol{x}'_{n_i}) \to 0$ $(i \to \infty)$ だから $d(\boldsymbol{x}_0, \boldsymbol{x}'_0) = 0$ となり $\boldsymbol{x}_0 = \boldsymbol{x}'_0$ である．さらに $f(\boldsymbol{x})$ は連続だから

$$f(\boldsymbol{x}_{n_i}) - f(\boldsymbol{x}'_{n_i}) \to f(\boldsymbol{x}_0) - f(\boldsymbol{x}_0) = 0 \quad (i \to \infty)$$

となるが，これは (5.5) に反する．よって $f(\boldsymbol{x})$ は K 上で一様連続である． ∎

定理 5.2.4 中間値の定理

A を $\mathbb{R}^2$ の弧状連結な集合とし，$f(\boldsymbol{x})$ を A 上の連続関数とする．$\boldsymbol{x}, \boldsymbol{y}$ を A に属する任意の点とし，μ を $f(\boldsymbol{x}) \leq \mu \leq f(\boldsymbol{y})$ または $f(\boldsymbol{y}) \leq \mu \leq f(\boldsymbol{x})$ をみたす任意の値とする．このとき A に属する点 $\boldsymbol{x}_0$ で $f(\boldsymbol{x}_0) = \mu$ となるものが存在する．

[証明] $\boldsymbol{x}, \boldsymbol{y}$ を A の 2 点とし，$c(t), t \in [0,1]$ を A に含まれる連続曲線で $c(0) = \boldsymbol{x}, c(1) = \boldsymbol{y}$ をみたすものとする．いま $g(t) = f(c(t)), 0 \leq t \leq 1$ を考えると $g(t)$ は $[0,1]$ 上の連続関数で，$g(0) = f(\boldsymbol{x}), g(1) = f(\boldsymbol{y})$ である．

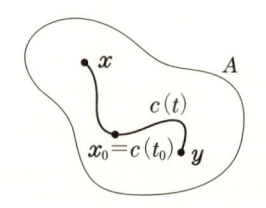

図 5.6

μ は $g(0)$ と $g(1)$ の間の値だから 1 変数関数の中間値の定理（定理 2.4.4）より $g(t_0) = \mu$ となる $t_0 \in [0,1]$ が存在する．$\boldsymbol{x}_0 = c(t_0)$ が求める点である． ∎

例題 5.2.5 次の各々の関数について，原点において連続であればその証明を与え，不連続であればその理由を述べよ．

(ⅰ) $f(x,y) = \begin{cases} x\sin\dfrac{x}{y} & (y \neq 0) \\ 0 & (y = 0) \end{cases}$

(ⅱ) $f(x,y) = \begin{cases} \dfrac{xy}{x^2+y^2} & ((x,y) \neq (0,0)) \\ 0 & ((x,y) = (0,0)) \end{cases}$

(ⅲ) $f(x,y) = \begin{cases} \dfrac{x^3+y^3}{x^2+y^2} & ((x,y) \neq (0,0)) \\ 0 & ((x,y) = (0,0)) \end{cases}$

(ⅳ) $f(x,y) = \begin{cases} \dfrac{xy}{x-y} & (x \neq y) \\ 0 & (x = y) \end{cases}$

[**解答**]

(ⅰ) $y \neq 0$ に対して $|f(x,y)| = \left|x\sin\dfrac{x}{y}\right| = |x|\left|\sin\dfrac{x}{y}\right| \leq |x|$, また $|f(x,0)| = 0 \leq |x|$ である．$(x,y) \to (0,0)$ のとき右辺 $\to 0$. よって $\lim_{(x,y)\to(0,0)} f(x,y) = f(0,0)$ が成り立ち $f(x,y)$ は原点において連続である．

(ⅱ) $y = x \neq 0$ とおくと $f(x,x) = \dfrac{1}{2}$. よって $\lim_{x\to 0} f(x,x) = \dfrac{1}{2} \neq 0$. したがって $f(x,y)$ は原点で不連続である．

(ⅲ) $(x,y) \neq (0,0)$ に対し，$|f(x,y)| \leq \dfrac{|x^3|}{x^2+y^2} + \dfrac{|y^3|}{x^2+y^2} \leq |x|\dfrac{x^2}{x^2+y^2} + |y|\dfrac{y^2}{x^2+y^2} \leq |x| + |y|$. $(x,y) \to (0,0)$ のとき右辺 $\to 0$ である．よって $\lim_{(x,y)\to(0,0)} f(x,y) = f(0,0)$ が成り立ち $f(x,y)$ は原点で連続である．

(ⅳ) $y = x - x^2$ $(x \neq 0)$ とおくと $f(x, x-x^2) = 1 - x$. したがって $\lim_{x\to 0} f(x, x-x^2) = \lim_{x\to 0}(1-x) = 1 \neq 0$ となる．よって $f(x,y)$ は原点で不連続である．なお曲線 $y = x - x^3$ に沿って点 (x,y) が $(0,0)$ に近づくとき，$f(x,y)$ の極限値は存在すらしない．直線 $y = kx$ $(k \neq 1)$ に沿って (x,y) が $(0,0)$ に

近づくとき $\lim_{x \to 0} f(x, kx) = \lim_{x \to 0} \dfrac{kx}{1-k} = 0$ である.また $\lim_{x \to 0} f(x, x) = 0$ だから,関数 $f(x, y)$ は原点を通るすべての直線に対し,その直線に沿って (x, y) が原点に近づくとき 0 に収束していることがわかる.

問 5.6 次の関数は原点で連続か.

(ⅰ) $f(x, y) = \begin{cases} \dfrac{xy^2}{x^2 + y^4} & ((x, y) \neq (0, 0)) \\ 0 & ((x, y) = (0, 0)) \end{cases}$

(ⅱ) $f(x, y) = \begin{cases} \dfrac{x^2 - 2y^2}{\sqrt{x^2 + y^2}} & ((x, y) \neq (0, 0)) \\ 0 & ((x, y) = (0, 0)) \end{cases}$

5.3 偏微分

平面 ($\mathbb{R}^2$) 内の領域 Ω で定義された関数 $z = f(x, y)$ を考える.(x_0, y_0) を Ω 内の点とする.このとき $z = f(x, y)$ の点 (x_0, y_0) における x および y に関する**偏微係数** (partial differential coefficient) をそれぞれ

$$f_x(x_0, y_0) = \lim_{h \to 0} \frac{f(x_0 + h, y_0) - f(x_0, y_0)}{h},$$
$$f_y(x_0, y_0) = \lim_{k \to 0} \frac{f(x_0, y_0 + k) - f(x_0, y_0)}{k}$$

と定める.ただし右辺の極限は有限確定とする.$f_x(x_0, y_0)$ は x の関数 $f(x, y_0)$ の x_0 における微係数であり,$f_y(x_0, y_0)$ は y の関数 $f(x_0, y)$ の y_0 における微係数である.$f_x(x_0, y_0)$ が存在するとき,$f(x, y)$ は (x_0, y_0) において x に関して偏微分可能といい,同様に $f_y(x_0, y_0)$ が存在するとき,$f(x, y)$ は (x_0, y_0) において y に関して偏微分可能であるという.$f(x, y)$ が Ω の各点 (x, y) において x に関する偏微係数をもつとき $f(x, y)$ は Ω 上で x に関して**偏微分可能**といい,$f_x(x, y)$ を x に関する**偏導関数** (partial derivative) と呼ぶ.y に関する偏導関数 $f_y(x, y)$ も同様に定義される.$z = f(x, y)$ が Ω 上で x および y について偏微分可能のとき $f(x, y)$ は Ω 上で偏微分可能という.f_x, f_y はそれぞれ $f_x = \dfrac{\partial}{\partial x} f = \dfrac{\partial f}{\partial x} = \partial_x f = z_x$, $f_y = \dfrac{\partial}{\partial y} f = \dfrac{\partial f}{\partial y} = \partial_y f = z_y$ などとも表される.$f_x(x, y)$ の x および y に関する偏導関数をそれぞれ $f_{xx}(x, y)$, $f_{xy}(x, y)$ と表す.同様に $f_y(x, y)$ の

5.3 偏微分

x および y に関する偏導関数をそれぞれ $f_{yx}(x,y)$, $f_{yy}(x,y)$ で表す．$f_{xx}(x,y)$, $f_{xy}(x,y)$, $f_{yx}(x,y)$, $f_{yy}(x,y)$ を $f(x,y)$ の **2階(2次)偏導関数**と呼ぶ．2階偏導関数はそれぞれ $f_{xx} = \dfrac{\partial^2}{\partial x^2}f = \dfrac{\partial^2 f}{\partial x^2} = z_{xx}$, $f_{xy} = \dfrac{\partial^2}{\partial y \partial x}f = \dfrac{\partial^2 f}{\partial y \partial x} = z_{xy}$, $f_{yx} = \dfrac{\partial^2}{\partial x \partial y}f = \dfrac{\partial^2 f}{\partial x \partial y} = z_{yx}$, $f_{yy} = \dfrac{\partial^2}{\partial y^2}f = \dfrac{\partial^2 f}{\partial y^2} = z_{yy}$ などとも表される．さらに 2 階偏導関数の x および y に関する偏導関数として f_{xxx}, f_{xxy}, f_{xyx}, f_{xyy}, f_{yxx}, f_{yxy}, f_{yyx}, f_{yyy} が定義されこれらを $f(x,y)$ の **3階(3次)偏導関数**と呼ぶ．一般に $f(x,y)$ の $k-1$ 階偏導関数の x および y に関する偏導関数として $f(x,y)$ の **k階(k次)偏導関数**が定義される．$f(x,y)$ の k 階偏導関数は見かけ上は 2^k 個存在する．記号で，たとえば m 階偏導関数 $f_{\underbrace{xxyx\cdots yyy}_{m}} =$
$\dfrac{\partial}{\partial y}\left(\dfrac{\partial}{\partial y}\left(\dfrac{\partial}{\partial y}\left(\cdots\left(\dfrac{\partial}{\partial x}\left(\dfrac{\partial}{\partial y}\left(\dfrac{\partial}{\partial x}\left(\dfrac{\partial}{\partial x}f(x,y)\right)\right)\right)\cdots\right)\right)\right)\right)$ は
$\dfrac{\partial^m}{\partial y^3 \cdots \partial x \partial y \partial x^2}f = \dfrac{\partial^m f}{\partial y^3 \cdots \partial x \partial y \partial x^2} = Z_{\underbrace{xxyx\cdots yyy}_{m}}$
などとも表される．Ω において $z = f(x,y)$ の m 階以下の偏導関数がすべて存在して，それらが連続のとき $f(x,y)$ は Ω において **m回連続微分可能**または **C^m 級の関数**であるといい，m 回連続微分可能な関数の全体を $C^m(\Omega)$ で表す．1 回連続微分可能であるとき単に**連続微分可能**という．

例題 5.3.1 次の関数の 2 階までの偏導関数をすべて求めよ．
　(i)　$z = x^3 + y^2 - 3xy^4$　　　(ii)　$z = \arctan \dfrac{y}{x}$
[**解答**]　x に関する偏導関数は y を固定して x についての導関数を求め，同様に y に関する偏導関数は x を固定して y についての導関数を計算すればよい．
　(i)　$z_x = 3x^2 - 3y^4$, $z_y = 2y - 12xy^3$, $z_{xx} = 6x$,
　　　$z_{xy} = -12y^3$, $z_{yx} = -12y^3$, $z_{yy} = 2 - 36xy^2$．
　(ii)　$z_x = -\dfrac{y}{x^2+y^2}$, $z_y = \dfrac{x}{x^2+y^2}$, $z_{xx} = \dfrac{2xy}{(x^2+y^2)^2}$,
　　　$z_{xy} = \dfrac{-x^2+y^2}{(x^2+y^2)^2}$, $z_{yx} = \dfrac{-x^2+y^2}{(x^2+y^2)^2}$, $z_{yy} = \dfrac{-2xy}{(x^2+y^2)^2}$.

問 5.7 次の関数の 2 階までの偏導関数をすべて求めよ．
　(i)　$z = e^{xy^2}$　　　(ii)　$z = x\log(x^2+y^2)$

2 階以上の偏微係数は一般に微分の順序に関係するが一定の条件のもとでは順序に無関係となることが示される．

定理 5.3.2 (x_0, y_0) の近傍で f_{xy}, f_{yx} がともに存在し，(x_0, y_0) においてこれらが連続ならば $f_{xy}(x_0, y_0) = f_{yx}(x_0, y_0)$ である．

[**証明**] h, k を十分小として，$\delta(h, k) = f(x_0 + h, y_0 + k) - f(x_0, y_0 + k) - f(x_0 + h, y_0) + f(x_0, y_0)$ とおく．いま $g(x) = f(x, y_0 + k) - f(x, y_0)$ とおくと，平均値の定理（定理 3.3.2）から $0 < \theta_1$, $\theta_2 < 1$ が存在して

$$\begin{aligned}\delta(h, k) &= g(x_0 + h) - g(x_0) = g'(x_0 + \theta_1 h)h \\ &= (f_x(x_0 + \theta_1 h, y_0 + k) - f_x(x_0 + \theta_1 h, y_0))h \\ &= f_{xy}(x_0 + \theta_1 h, y_0 + \theta_2 k)hk\end{aligned}$$

となる．よって

$$\lim_{(h,k) \to (0,0)} \frac{\delta(h, k)}{hk} = \lim_{(h,k) \to (0,0)} f_{xy}(x_0 + \theta_1 h, y_0 + \theta_2 k) = f_{xy}(x_0, y_0).$$

他方，$h(y) = f(x_0 + h, y) - f(x_0, y)$ とおくと，ふたたび平均値の定理から $0 < \theta_3$, $\theta_4 < 1$ が存在して

$$\begin{aligned}\delta(h, k) &= h(y_0 + k) - h(y_0) = h'(y_0 + \theta_3 k)k \\ &= (f_y(x_0 + h, y_0 + \theta_3 k) - f_y(x_0, y_0 + \theta_3 k))k \\ &= f_{yx}(x_0 + \theta_4 h, y_0 + \theta_3 k)hk\end{aligned}$$

となる．よって

$$\lim_{(h,k) \to (0,0)} \frac{\delta(h, k)}{hk} = \lim_{(h,k) \to (0,0)} f_{yx}(x_0 + \theta_4 h, y_0 + \theta_3 k) = f_{yx}(x_0, y_0).$$

したがって $f_{xy}(x_0, y_0) = f_{yx}(x_0, y_0)$ である． ∎

注意 5.3.3 定理 5.3.2 の結論はより弱い条件のもとでも成立することが知られている．すなわち，(x_0, y_0) の近傍で f_x, f_y, f_{xy} が存在し，(x_0, y_0) において f_{xy} が連続ならば f_{yx} も存在し $f_{xy}(x_0, y_0) = f_{yx}(x_0, y_0)$ が成り立つ（**シュワルツの定理**）．

例 5.3.4 関数
$$f(x,y) = \begin{cases} xy\dfrac{x^2-y^2}{x^2+y^2} & ((x,y) \neq (0,0)) \\ 0 & ((x,y) = (0,0)) \end{cases}$$

について f_{xy}, f_{yx} を求めよう.

（ⅰ） $(x,y) \neq (0,0)$ とする．このとき
$$f_x(x,y) = \frac{3x^2y - y^3}{x^2+y^2} - \frac{2(x^4y - x^2y^3)}{(x^2+y^2)^2},$$
$$f_y(x,y) = \frac{x^3 - 3xy^2}{x^2+y^2} - \frac{2(x^3y^2 - xy^4)}{(x^2+y^2)^2}.$$

さらに
$$f_{xy}(x,y) = \frac{x^2 - y^2}{x^2+y^2} + \frac{8x^2y^2(x^2-y^2)}{(x^2+y^2)^3}.$$

同様に $f_{yx}(x,y)$ が求まり $f_{xy}(x,y) = f_{yx}(x,y)$ が認められる．なおシュワルツの定理（注意 5.3.3）を用いれば f_{yx} を別に計算する必要はなく，f_{xy} は (x,y) において連続だから $f_{yx}(x,y) = f_{xy}(x,y)$ として f_{yx} が得られる．

（ⅱ） $f_x(0,0) = \lim\limits_{h \to 0} \dfrac{f(h,0) - f(0,0)}{h} = 0$, 同様に $f_y(0,0) = 0$ である．さらに（ⅰ）より $y \neq 0$ のとき $f_x(0,y) = -y$ で，$x \neq 0$ のとき $f_y(x,0) = x$ である．したがって
$$f_{xy}(0,0) = \lim_{k \to 0} \frac{f_x(0,k) - f_x(0,0)}{k} = \lim_{k \to 0} \frac{-k}{k} = -1,$$
$$f_{yx}(0,0) = \lim_{h \to 0} \frac{f_y(h,0) - f_y(0,0)}{h} = \lim_{h \to 0} \frac{h}{h} = 1.$$

よって $f_{xy}(0,0) \neq f_{yx}(0,0)$ である． ∎

5.4 微分可能性

(x,y) を領域 Ω の点とする．h, k に無関係な定数 A, B（これらは一般に (x,y) には関係する）が存在して

$$f(x+h, y+k) - f(x,y) = Ah + Bk + o(\rho), \quad \rho = \sqrt{h^2 + k^2} \qquad (5.6)$$

が成り立つとき，関数 $z = f(x,y)$ は点 (x,y) において**微分可能** (differentiable) または**全微分可能** (totally differentiable) であるという[*1]．(5.6) において，とくに $k = 0$ とおくと

$$f(x+h, y) - f(x,y) = Ah + o(h)$$

が成り立ち，したがって $A = f_x(x,y)$ となる．同様に $h = 0$ とおくことにより $B = f_y(x,y)$ が従う．領域 Ω の各点において $z = f(x,y)$ が微分可能のとき領域 Ω において微分可能であるという．

$z = f(x,y)$ が (x,y) において微分可能であるための必要十分条件は，点 $(0,0)$ において連続な関数 $\alpha(h,k), \beta(h,k)$ が存在して，$\alpha(0,0) = f_x(x,y)$, $\beta(0,0) = f_y(x,y)$ をみたし，十分小さな h, k に対して

$$f(x+h, y+k) = f(x,y) + \alpha(h,k)h + \beta(h,k)k$$

が成り立つことである．

問5.8 上の必要十分性を示せ．

定理5.4.1 領域 Ω において $f(x,y)$ が C^1 級ならば Ω において $f(x,y)$ は微分可能である．

［証明］ (x,y) を Ω の任意の点とする．1 変数関数の平均値の定理から

$$\begin{aligned} f(x+h, y+k) - f(x,y) &= (f(x+h, y+k) - f(x, y+k)) \\ &\quad + (f(x, y+k) - f(x,y)) \\ &= f_x(x+\theta_1 h, y+k)h + f_y(x, y+\theta_2 k)k \\ &= f_x(x,y)h + f_y(x,y)k + \varepsilon(h,k) \end{aligned}$$

ここで $\varepsilon(h,k) = (f_x(x+\theta_1 h, y+k) - f_x(x,y))h + (f_y(x, y+\theta_2 k) - f_y(x,y))k$ である．$\rho = \sqrt{h^2 + k^2}$ とおくとき，明らかに $\dfrac{|h|}{\rho} \leq 1$, $\dfrac{|k|}{\rho} \leq 1$ だから

[*1] $\rho = \sqrt{h^2 + k^2}$ とする．(h,k) の関数 $v = v(h,k)$ が，$\displaystyle\lim_{(h,k)\to(0,0)} \dfrac{v(h,k)}{\sqrt{h^2+k^2}} = 0$ をみたすとき，$v = o(\sqrt{h^2+k^2}) = o(\rho)$ と表す．

5.4 微分可能性

$$\left|\frac{\varepsilon(h,k)}{\rho}\right| \leq |f_x(x+\theta_1 h, y+k) - f_x(x,y)|\frac{|h|}{\rho}$$
$$+|f_y(x, y+\theta_2 k) - f_y(x,y)|\frac{|k|}{\rho}$$
$$\leq |f_x(x+\theta_1 h, y+k) - f_x(x,y)|$$
$$+|f_y(x, y+\theta_2 k) - f_y(x,y)| \tag{5.7}$$

となる．仮定より f_x, f_y は点 (x,y) において連続だから，$(h,k) \to (0,0)$ のとき (5.7) の右辺 $\to 0$ となる．よって $\varepsilon(h,k) = o(\rho)$ となり，$f(x,y)$ は (x,y) において微分可能であることがわかる． ∎

注意 5.4.2 定理 5.4.1 は証明を少し変更することにより，より弱い条件のもとでも成り立つことがわかる．すなわち点 (x,y) の近傍において $f(x,y)$ は偏微分可能で，(x,y) において f_x, f_y のどちらかが連続ならばその点で $f(x,y)$ は微分可能である．

次の例が示すように，$f(x,y)$ が偏微分可能であっても必ずしも微分可能とは限らない．

例 5.4.3 $f(x,y) = \dfrac{x^3 - y^3}{x^2 + y^2}$ $((x,y) \neq (0,0))$, $f(0,0) = 0$ で定義される関数は原点において偏微分可能であるが微分可能でない．実際，$f_x(0,0) = \lim\limits_{x \to 0} \dfrac{f(x,0) - f(0,0)}{x} = \lim\limits_{x \to 0} \dfrac{x}{x} = 1$, $f_y(0,0) = \lim\limits_{y \to 0} \dfrac{f(0,y) - f(0,0)}{y} = \lim\limits_{y \to 0} \dfrac{-y}{y} = -1$. よって，$f(x,y)$ は原点で偏微分可能．$(x,y) \neq (0,0)$ に対し，$\varepsilon(x,y) = f(x,y) - f(0,0) - f_x(0,0)x - f_y(0,0)y$ とおくとき，$\varepsilon(x,y) = \dfrac{x^3 - y^3}{x^2 + y^2} - x + y = \dfrac{x^3 - y^3 - (x-y)(x^2+y^2)}{x^2+y^2} = \dfrac{xy(x-y)}{x^2+y^2}$ である．$\eta(x,y) = \dfrac{\varepsilon(x,y)}{\sqrt{x^2+y^2}}$ とおく．ここでとくに $y = 2x$ とおくと $\lim\limits_{x \to +0} \eta(x, 2x) = -\dfrac{2}{5\sqrt{5}} \neq 0$ となり，$\lim\limits_{(x,y) \to (0,0)} \eta(x,y) \neq 0$ である（左辺の極限値は存在すらしない）．よって $f(x,y)$ は原点で微分不可能である． ∎

問 5.9 関数 $f(x,y) = \sqrt{|xy|}$ は原点で偏微分可能だが微分可能でないことを示せ．

$h = \Delta x$, $k = \Delta y$, $f(x+h, y+k) - f(x,y) = \Delta z$ とおくと (5.6) は

$$\Delta z = \frac{\partial f}{\partial x}\Delta x + \frac{\partial f}{\partial y}\Delta y + o(\rho), \quad \rho = \sqrt{(\Delta x)^2 + (\Delta y)^2}$$

と表される．上式において，$\Delta x = dx, \Delta y = dy$ とおいたとき右辺の主要部

$$dz = \frac{\partial f}{\partial x}dx + \frac{\partial f}{\partial y}dy = \left(\frac{\partial}{\partial x}dx + \frac{\partial}{\partial y}dy\right)f$$

を $z = f(x,y)$ の全微分という．

$z = f(x,y)$ は点 (x,y) において微分可能とする．このとき xyz-空間内の平面

$$\alpha: Z - z = \frac{\partial f}{\partial x}(X - x) + \frac{\partial f}{\partial y}(Y - y) \quad (z = f(x,y))$$

は点 (x,y,z) を通り

$$f(X,Y) - Z = o(\rho), \quad \rho = \sqrt{(X-x)^2 + (Y-y)^2}$$

をみたす．このような平面 α を曲面 $z = f(x,y)$ の点 (x,y,z) における接平面と呼ぶ（図 5.7）．$z = f(x,y)$ の全微分はこのような接平面を表す式とみることができる．

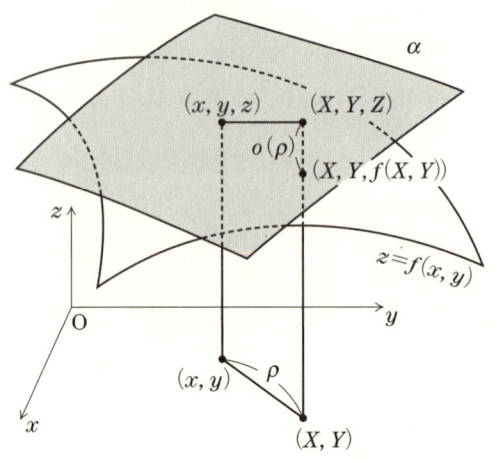

図 5.7

例 5.4.4 $z = xe^{xy}$ のとき，$dz = (1 + xy)e^{xy}dx + x^2 e^{xy}dy = e^{xy}((1 + xy)dx + x^2 dy)$．

5.5 合成関数の微分

定理 5.5.1 $z = f(x, y)$ は点 $\boldsymbol{x}_0 = (x_0, y_0)$ において微分可能とし，x, y はそれぞれ t の関数 $x = \varphi(t)$, $y = \psi(t)$ で $\varphi(t)$, $\psi(t)$ は t_0 において微分可能とする．$\boldsymbol{x}_0 = (\varphi(t_0), \psi(t_0))$ とする．このとき $f(\varphi(t), \psi(t))$ は t の関数として t_0 において微分可能で

$$\frac{d}{dt}f(\varphi(t_0), \psi(t_0)) = f_x(x_0, y_0)\varphi'(t_0) + f_y(x_0, y_0)\psi'(t_0)$$

すなわち

$$\frac{df}{dt} = \frac{\partial f}{\partial x}\frac{dx}{dt} + \frac{\partial f}{\partial y}\frac{dy}{dt}$$

が成り立つ．

[**証明**] $z = f(x, y)$ は (x_0, y_0) で微分可能だから

$$f(x_0+h, y_0+k) - f(x_0, y_0) = f_x(x_0, y_0)h + f_y(x_0, y_0)k + \varepsilon(h, k)\rho, \quad (5.8)$$

ここで $\rho = \sqrt{h^2 + k^2}$ で，$\displaystyle\lim_{(h,k)\to(0,0)}\varepsilon(h, k) = 0$ が成り立つ．$\varepsilon(0, 0) = 0$ と定めれば (5.8) は $(h, k) = (0, 0)$ のときも成立する．(5.8) において $h = \varphi(t_0 + \Delta t) - \varphi(t_0)$, $k = \psi(t_0 + \Delta t) - \psi(t_0)$ とおくと

$$\frac{1}{\Delta t}\{f(\varphi(t_0 + \Delta t), \psi(t_0 + \Delta t)) - f(\varphi(t_0), \psi(t_0))\}$$
$$= \frac{1}{\Delta t}\{f_x(x_0, y_0)(\varphi(t_0 + \Delta t) - \varphi(t_0))$$
$$\quad + f_y(x_0, y_0)(\psi(t_0 + \Delta t) - \psi(t_0))\} + \eta(\Delta t)$$
$$= f_x(x_0, y_0)\frac{\varphi(t_0+\Delta t) - \varphi(t)}{\Delta t} + f_y(x_0, y_0)\frac{\psi(t_0+\Delta t) - \psi(t_0)}{\Delta t} + \eta(\Delta t),$$
$$(5.9)$$

ここで $\displaystyle |\eta(\Delta t)| = \frac{|\varepsilon(h, k)|}{|\Delta t|}\sqrt{(\varphi(t_0+\Delta t) - \varphi(t_0))^2 + (\psi(t_0+\Delta t) - \psi(t_0))^2}$

$$= |\varepsilon(h, k)|\sqrt{\left(\frac{\varphi(t_0+\Delta t) - \varphi(t_0)}{\Delta t}\right)^2 + \left(\frac{\psi(t_0+\Delta t) - \psi(t_0)}{\Delta t}\right)^2}$$

$$\to 0 \times \sqrt{(\varphi'(t_0))^2 + (\psi'(t_0))^2} = 0 \quad (\Delta t \to 0)$$

である．よって $\Delta t \to 0$ のとき，(5.9) の右辺は $f_x(x_0, y_0)\varphi'(t_0) + f_y(x_0, y_0)\psi'(t_0)$ に収束する．これより定理が示された． ∎

例 5.5.2 $f(x, y)$ は (x_0, y_0) の近傍で n 回連続微分可能とし，十分小なる h, k を固定して $x = x_0 + th$, $y = y_0 + tk$, $P_t = (x_0 + th, y_0 + tk)$ とおく．このとき t の関数 $g(t) = f(x_0 + th, y_0 + tk)$ について，$g'(t) = f_x(P_t)h + f_y(P_t)k = \left(h\dfrac{\partial}{\partial x} + k\dfrac{\partial}{\partial y} \right) f(P_t)$, $g''(t) = f_{xx}(P_t)h^2 + 2f_{xy}(P_t)hk + f_{yy}(P_t)k^2 = \left(h\dfrac{\partial}{\partial x} + k\dfrac{\partial}{\partial y} \right)^2 f(P_t)$, 一般に

$$g^{(k)}(t) = \left(h\frac{\partial}{\partial x} + k\frac{\partial}{\partial y} \right)^k f(P_t), \qquad k = 1, 2, \cdots, n$$

が成り立つ．

定理 5.5.3 $z = f(x, y)$ は点 (x_0, y_0) において微分可能とする．さらに x, y はそれぞれ (u, v) の関数 $x = \varphi(u, v)$, $y = \psi(u, v)$ で $\varphi(u, v)$, $\psi(u, v)$ は (u_0, v_0) において u および v に関して偏微分可能とする．$x_0 = \varphi(u_0, v_0)$, $y_0 = \psi(u_0, v_0)$ とする．このとき (u, v) の関数 $f(\varphi(u, v), \psi(u, v))$ は，(u_0, v_0) において u および v に関して偏微分可能で

$$\frac{\partial}{\partial u} f(\varphi(u_0, v_0), \psi(u_0, v_0)) = f_x(x_0, y_0) \frac{\partial \varphi}{\partial u}(u_0, v_0) + f_y(x_0, y_0) \frac{\partial \psi}{\partial u}(u_0, v_0)$$
$$\frac{\partial}{\partial v} f(\varphi(u_0, v_0), \psi(u_0, v_0)) = f_x(x_0, y_0) \frac{\partial \varphi}{\partial v}(u_0, v_0) + f_y(x_0, y_0) \frac{\partial \psi}{\partial v}(u_0, v_0)$$

すなわち

$$\frac{\partial f}{\partial u} = \frac{\partial f}{\partial x}\frac{\partial x}{\partial u} + \frac{\partial f}{\partial y}\frac{\partial y}{\partial u}$$
$$\frac{\partial f}{\partial v} = \frac{\partial f}{\partial x}\frac{\partial x}{\partial v} + \frac{\partial f}{\partial y}\frac{\partial y}{\partial v}$$

が成り立つ．

[証明] $v = v_0$ と固定したとき，定理 5.5.1 より u の関数 $f(\varphi(u, v_0), \psi(u, v_0))$ は u_0 において微分可能で

$$\frac{\partial}{\partial u} f(\varphi(u_0, v_0), \psi(u_0, v_0)) = f_x(x_0, y_0) \frac{\partial \varphi}{\partial u}(u_0, v_0) + f_y(x_0, y_0) \frac{\partial \psi}{\partial u}(u_0, v_0)$$

が成り立つ．同様に $u = u_0$ と固定することにより他方の公式が得られる． ∎

例5.5.4　極座標変換

$z = f(x, y)$ は 2 回連続微分可能で，x および y はそれぞれ (r, θ) の関数で $x = r\cos\theta$，$y = r\sin\theta$ とする．

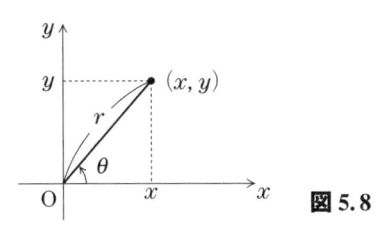

図 5.8

このとき

$$\frac{\partial z}{\partial r} = z_x x_r + z_y y_r = z_x \cos\theta + z_y \sin\theta$$

$$\frac{\partial z}{\partial \theta} = z_x x_\theta + z_y y_\theta = z_x(-r\sin\theta) + z_y(r\cos\theta)$$

$$\frac{\partial^2 z}{\partial r^2} = (z_{xx} x_r + z_{xy} y_r)\cos\theta + (z_{yx} x_r + z_{yy} y_r)\sin\theta$$

$$= z_{xx}\cos^2\theta + 2z_{xy}\cos\theta\sin\theta + z_{yy}\sin^2\theta$$

同様にして

$$\frac{\partial^2 z}{\partial r \partial \theta} = \frac{\partial^2 z}{\partial \theta \partial r} = z_{xx}(-r\cos\theta\sin\theta) + z_{xy}r(\cos^2\theta - \sin^2\theta)$$
$$+ z_{yy}r\cos\theta\sin\theta - z_x \sin\theta + z_y \cos\theta$$

$$\frac{\partial^2 z}{\partial \theta^2} = z_{xx}r^2\sin^2\theta - 2z_{xy}r^2\cos\theta\sin\theta + z_{yy}r^2\cos^2\theta$$
$$- z_x r\cos\theta - z_y r\sin\theta$$

を得る．これより

$$\frac{\partial^2 z}{\partial x^2} + \frac{\partial^2 z}{\partial y^2} = \frac{\partial^2 z}{\partial r^2} + \frac{1}{r}\frac{\partial z}{\partial r} + \frac{1}{r^2}\frac{\partial^2 z}{\partial \theta^2}$$

が成立することがわかる．

例 5.5.5 陰関数定理を応用した微分法

（i） $f(x_0, y_0) = 0$ とし，(x_0, y_0) の近傍で x, y が方程式 $f(x,y) = 0$ をみたすとする．$f_y(x_0, y_0) \neq 0$ とする．このとき陰関数定理（第 9 章参照）より (x_0, y_0) の近傍で y は x の関数 $y = \varphi(x)$ として解くことができる．したがって x_0 の近傍で $f(x, \varphi(x)) = 0$ が成り立つ．これより両辺を x で微分して $f_x + f_y \cdot \varphi' = 0$ を得る．よって $\dfrac{dy}{dx} = \varphi' = -\dfrac{f_x}{f_y}$ である．同様にして $f_x(x_0, y_0) \neq 0$ の場合は $\dfrac{dx}{dy} = -\dfrac{f_y}{f_x}$ である．

（ii） $f(x_0, y_0, z_0) = 0$ とし，(x_0, y_0, z_0) の近傍で x, y, z が方程式 $f(x, y, z) = 0$ をみたすとする．$f_z(x_0, y_0, z_0) \neq 0$ ならば陰関数定理（第 9 章参照）より (x_0, y_0, z_0) の近傍で z を (x, y) の関数 $z = \varphi(x, y)$ として解くことができる．したがって (x_0, y_0) の近傍で $f(x, y, \varphi(x, y)) = 0$ が成り立ち，この式の両辺を x および y で偏微分することにより

$$f_x + f_z \cdot \varphi_x = 0, \quad f_y + f_z \cdot \varphi_y = 0$$

を得る．これより

$$\frac{\partial z}{\partial x} = \varphi_x = -\frac{f_x}{f_z}, \quad \frac{\partial z}{\partial y} = \varphi_y = -\frac{f_y}{f_z}$$

である．

（iii） $f(x_0, y_0, z_0) = g(x_0, y_0, z_0) = 0$ とし，(x_0, y_0, z_0) の近傍で x, y, z は方程式 $f(x, y, z) = 0, g(x, y, z) = 0$ を同時にみたすとする．点 (x_0, y_0, z_0) において $\begin{vmatrix} \dfrac{\partial f}{\partial y} & \dfrac{\partial f}{\partial z} \\ \dfrac{\partial g}{\partial y} & \dfrac{\partial g}{\partial z} \end{vmatrix} \neq 0$ ならば，陰関数定理（第 9 章参照）よりその点の近傍において y, z をそれぞれ x の関数 $y = \varphi(x), z = \psi(x)$ として解くことができる．よって $f(x, \varphi(x), \psi(x)) = 0, g(x, \varphi(x), \psi(x)) = 0$ が成り立ち，これらの式を x で微分することにより

$$f_x + f_y \varphi' + f_z \psi' = 0, \quad g_x + g_y \varphi' + g_z \psi' = 0$$

を得る．これより

$$\frac{dy}{dx} = \varphi' = \frac{-f_x g_z + f_z g_x}{f_y g_z - f_z g_y}, \quad \frac{dz}{dx} = \psi' = \frac{f_x g_y - f_y g_x}{f_y g_z - f_z g_y}$$

である.

例題 5.5.6

（i） x, y が $x^3 - 3axy + y^3 = 0$ をみたすとき，$\dfrac{dy}{dx}, \dfrac{d^2y}{dx^2}$ を求めよ．ただし $y^2 - ax \neq 0$ とする．

（ii） x, y, z が $x^2 + y^2 + z^2 = 1$ をみたすとき，$\dfrac{\partial z}{\partial x}, \dfrac{\partial z}{\partial y}$ を求めよ．ただし $z \neq 0$ とする．

（iii） x, y, z が $x^2 + y^2 + z^2 = 1$, $lx + my + nz = 1$ をみたすとき，$\dfrac{dy}{dx}, \dfrac{dz}{dx}$ を求めよ．ただし $ny - mz \neq 0$ とする．

[**解答**]

（i） 与式において y を x の関数とみて両辺を x で微分することにより

$$x^2 - ay + (y^2 - ax)y' = 0 \tag{5.10}$$

が成り立つ．これより $\dfrac{dy}{dx} = y' = \dfrac{x^2 - ay}{ax - y^2}$．(5.10) の両辺をさらに x で微分することにより

$$2x - 2ay' + 2y(y')^2 + (y^2 - ax)y'' = 0$$

を得る．この式に $y' = \dfrac{x^2 - ay}{ax - y^2}$ を代入して y'' について解くと $\dfrac{d^2y}{dx^2} = y'' = \dfrac{2a^3xy}{(ax - y^2)^3}$ となる．もちろん $y' = \dfrac{x^2 - ay}{ax - y^2}$ を直接 x で微分してもよい．

（ii） z を (x, y) の関数とみて与式の両辺を x および y で偏微分することにより，$x + zz_x = 0$, $y + zz_y = 0$ が得られる．これより $\dfrac{\partial z}{\partial x} = -\dfrac{x}{z}, \dfrac{\partial z}{\partial y} = -\dfrac{y}{z}$ となる．

（iii） 仮定から y および z はそれぞれ x の関数とみなしてよい．与式の両辺を x で微分することにより

$$x + yy' + zz' = 0, \quad l + my' + nz' = 0$$

を得る．これより

$$\dfrac{dy}{dx} = y' = \dfrac{-nx + lz}{ny - mz}, \quad \dfrac{dz}{dx} = z' = \dfrac{mx - ly}{ny - mz}$$

である．

例題 5.5.7 $z = f(x,y)$, $x = u\cos\alpha - v\sin\alpha$, $y = u\sin\alpha + v\cos\alpha$ （α は定数）とする．このとき以下の関係式が成り立つことを示せ．

(ⅰ) $\left(\dfrac{\partial z}{\partial x}\right)^2 + \left(\dfrac{\partial z}{\partial y}\right)^2 = \left(\dfrac{\partial z}{\partial u}\right)^2 + \left(\dfrac{\partial z}{\partial v}\right)^2$

(ⅱ) $\dfrac{\partial^2 z}{\partial x^2} + \dfrac{\partial^2 z}{\partial y^2} = \dfrac{\partial^2 z}{\partial u^2} + \dfrac{\partial^2 z}{\partial v^2}$

[**解答**]
$$\frac{\partial z}{\partial u} = \frac{\partial z}{\partial x}\frac{\partial x}{\partial u} + \frac{\partial z}{\partial y}\frac{\partial y}{\partial u} = \frac{\partial z}{\partial x}\cos\alpha + \frac{\partial z}{\partial y}\sin\alpha$$
$$= \left(\cos\alpha\frac{\partial}{\partial x} + \sin\alpha\frac{\partial}{\partial y}\right)z$$
$$\frac{\partial z}{\partial v} = \frac{\partial z}{\partial x}\frac{\partial x}{\partial v} + \frac{\partial z}{\partial y}\frac{\partial y}{\partial v} = \frac{\partial z}{\partial x}(-\sin\alpha) + \frac{\partial z}{\partial y}\cos\alpha$$
$$= \left(-\sin\alpha\frac{\partial}{\partial x} + \cos\alpha\frac{\partial}{\partial y}\right)z$$
$$\frac{\partial^2 z}{\partial u^2} = \left(\cos\alpha\frac{\partial}{\partial x} + \sin\alpha\frac{\partial}{\partial y}\right)^2 z$$
$$\frac{\partial^2 z}{\partial v^2} = \left(-\sin\alpha\frac{\partial}{\partial x} + \cos\alpha\frac{\partial}{\partial y}\right)^2 z$$

である．これより

$$\left(\frac{\partial z}{\partial u}\right)^2 + \left(\frac{\partial z}{\partial v}\right)^2 = \left(\frac{\partial z}{\partial x}\cos\alpha + \frac{\partial z}{\partial y}\sin\alpha\right)^2$$
$$+ \left(-\frac{\partial z}{\partial x}\sin\alpha + \frac{\partial z}{\partial y}\cos\alpha\right)^2$$
$$= \left(\frac{\partial z}{\partial x}\right)^2 \cos^2\alpha + 2\frac{\partial z}{\partial x}\frac{\partial z}{\partial y}\cos\alpha\sin\alpha$$
$$+ \left(\frac{\partial z}{\partial y}\right)^2 \sin^2\alpha + \left(\frac{\partial z}{\partial x}\right)^2 \sin^2\alpha$$
$$- 2\frac{\partial z}{\partial x}\frac{\partial z}{\partial y}\cos\alpha\sin\alpha + \left(\frac{\partial z}{\partial y}\right)^2 \cos^2\alpha$$
$$= \left(\frac{\partial z}{\partial x}\right)^2 + \left(\frac{\partial z}{\partial y}\right)^2.$$

$$\begin{aligned}
\frac{\partial^2 z}{\partial u^2} + \frac{\partial^2 z}{\partial v^2} &= \left(\cos\alpha\frac{\partial}{\partial x} + \sin\alpha\frac{\partial}{\partial y}\right)^2 z \\
&\quad + \left(-\sin\alpha\frac{\partial}{\partial x} + \cos\alpha\frac{\partial}{\partial y}\right)^2 z \\
&= \left(\cos^2\alpha\frac{\partial^2}{\partial x^2} + 2\cos\alpha\sin\alpha\frac{\partial^2}{\partial x\partial y}\right. \\
&\quad + \sin^2\alpha\frac{\partial^2}{\partial y^2} + \sin^2\alpha\frac{\partial^2}{\partial x^2} \\
&\quad \left. - 2\cos\alpha\sin\alpha\frac{\partial^2}{\partial x\partial y} + \cos^2\alpha\frac{\partial^2}{\partial y^2}\right) z \\
&= \left(\frac{\partial^2}{\partial x^2} + \frac{\partial^2}{\partial y^2}\right) z = \frac{\partial^2 z}{\partial x^2} + \frac{\partial^2 z}{\partial y^2}.
\end{aligned}$$

長さ 1 のベクトル $\boldsymbol{a} = (a,b)$ に対して

$$\lim_{t \to 0} \frac{f(x_0+ta, y_0+tb) - f(x_0, y_0)}{t}$$

が存在するとき, $z = f(x,y)$ は (x_0, y_0) において $\boldsymbol{a}$ 方向に微分可能といい, それを $\dfrac{\partial f}{\partial \boldsymbol{a}}(x_0, y_0)$ で表す. とくに $\boldsymbol{a} = (1,0)$ のとき $\dfrac{\partial f}{\partial \boldsymbol{a}}$ は $f(x,y)$ の x に関する偏微係数で, $\boldsymbol{a} = (0,1)$ のとき y に関する偏微係数となる. $z = f(x,y)$ が点 (x_0, y_0) で微分可能ならば $f(x,y)$ はすべての方向に微分可能である.

問 5.10 このことを示せ.

定理 5.5.8 テイラーの定理

$f(x,y)$ は領域 Ω 上で n 回連続微分可能で, (x_0, y_0), (x_0+h, y_0+k) を Ω の点とする. さらに 2 点 (x_0, y_0) と (x_0+h, y_0+k) を結ぶ線分は Ω に含まれているとする. このとき

$$\begin{aligned}
f(x_0+h, y_0+k) &= f(x_0, y_0) + \left(h\frac{\partial}{\partial x} + k\frac{\partial}{\partial y}\right) f(x_0, y_0) \\
&\quad + \frac{1}{2!}\left(h\frac{\partial}{\partial x} + k\frac{\partial}{\partial y}\right)^2 f(x_0, y_0) + \cdots \\
&\quad \cdots + \frac{1}{(n-1)!}\left(h\frac{\partial}{\partial x} + k\frac{\partial}{\partial y}\right)^{n-1} f(x_0, y_0)
\end{aligned}$$

$$+\frac{1}{n!}\left(h\frac{\partial}{\partial x}+k\frac{\partial}{\partial y}\right)^n f(x_0+\theta h, y_0+\theta k)$$

となる $\theta(0<\theta<1)$ が存在する．

[**証明**] t の関数 $g(t)=f(x_0+th,y_0+tk),\ 0\leq t\leq 1$ を考える．$g(t)$ は 1 変数関数のテイラーの定理（定理 3.4.1）の条件をみたし，$g(0)=f(x_0,y_0)$, $g(1)=f(x_0+h,y_0+k)$ である．したがって適当な $0<\theta<1$ に対して

$$g(1)=g(0)+g'(0)+\frac{g''(0)}{2!}+\cdots+\frac{g^{(n-1)}(0)}{(n-1)!}+\frac{g^{(n)}(\theta)}{n!}$$

が成立する．例 5.5.2 より

$$\begin{aligned}g^{(k)}(0) &= \left(h\frac{\partial}{\partial x}+k\frac{\partial}{\partial y}\right)^k f(x_0,y_0), \quad k=1,2,\cdots,n-1 \\ g^{(n)}(\theta) &= \left(h\frac{\partial}{\partial x}+k\frac{\partial}{\partial y}\right)^n f(x_0+\theta h, y_0+\theta k)\end{aligned}$$

だから，これより定理が示された． ∎

上の定理でとくに $n=1$ の場合を考えると

$$\begin{aligned}f(x_0+h,y_0+k)-f(x_0,y_0) &= f_x(x_0+\theta h, y_0+\theta k)h \\ &+f_y(x_0+\theta h, y_0+\theta k)k \quad (0<\theta<1)\end{aligned}$$

が導かれる．これが 2 変数関数の平均値の定理である．

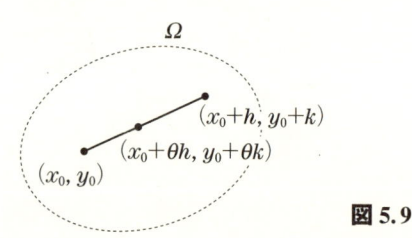

図 5.9

5.6 極値問題,条件付き極値問題

a) 極値問題

領域 Ω で定義された関数 $z = f(x, y)$ が Ω の点 $P_0 = (x_0, y_0)$ の近傍で最大となるとき,すなわち適当に $\delta > 0$ を選ぶと P_0 の近傍 $U(P_0; \delta)$ に属するすべての点 $P = (x, y)$ に対して $f(P) \leq f(P_0)$ が成り立つとき $f(x, y)$ は $P_0 = (x_0, y_0)$ において**極大**であるといい $f(P_0)$ を $f(x, y)$ の**極大値**という.P_0 と異なるすべての点 $P \in U(P_0; \delta)$ に対して $f(P) < f(P_0)$ となるとき $f(x, y)$ は P_0 において**狭義の極大**であるという.同様に**極小**,**狭義の極小**の概念が上記の定義で不等号の向きを反対にしたもので与えられる.極大,極小を総称して**極値** (extremal value) と呼ぶ.

2 変数関数の極値問題は 1 変数関数の場合と比べてはるかに複雑であるが,2 変数関数のテイラーの定理を用いることにより一定の結論が得られる.

定理 5.6.1 $f(x, y)$ は $P_0 = (x_0, y_0)$ の近傍において 2 回連続微分可能とする.

(i) $z = f(x, y)$ が点 $P_0 = (x_0, y_0)$ において極値をとるための必要条件は

$$\frac{\partial f}{\partial x}(P_0) = \frac{\partial f}{\partial y}(P_0) = 0 \tag{5.11}$$

(ii) (5.11) が成り立ち,さらに

$$D(P_0) = \{f_{xy}(P_0)\}^2 - f_{xx}(P_0)f_{yy}(P_0) < 0$$

ならば P_0 において $f(x, y)$ は極値をとり,$f_{xx}(P_0) > 0$ なら P_0 において狭義の極小,$f_{xx}(P_0) < 0$ なら P_0 において狭義の極大となる.

(iii) (5.11) が成り立ち,さらに $D(P_0) > 0$ ならば $f(x, y)$ は P_0 において極値をとらない.

注意 5.6.2 $D(P_0) = 0$ の場合,P_0 において $f(x, y)$ が極値をとる場合ととらない場合があり確定したことはいえない(例 5.6.3 をみよ).(5.11) をみたす点 P_0 を**停留点** (stationary point) または**臨界点** (critical point) と呼び,$D(P_0) > 0$ である停留点 P_0 は**鞍点** (saddle point) と呼ばれる(定理 5.7.6 も参照).

[定理の証明]

(i) $z = f(x,y)$ が点 $P_0 = (x_0, y_0)$ において極値をとるとする．このとき関数 $g(x) = f(x, y_0)$ は $x = x_0$ において極値をとるから $g'(x_0) = f_x(x_0, y_0) = 0$ である．同様に $h(y) = f(x_0, y)$ は $y = y_0$ において極値をとることから $h'(y_0) = f_y(x_0, y_0) = 0$ である．

(ii) $D(P_0) < 0$ で $f_{xx}(P_0) > 0$ とする．テイラーの定理（定理5.5.8）および (5.11) より

$$f(x_0 + h, y_0 + k)$$
$$= f(x_0, y_0) + \frac{1}{2}(f_{xx}(x_0 + \theta h, y_0 + \theta k)h^2 + 2f_{xy}(x_0 + \theta h, y_0 + \theta k)hk$$
$$+ f_{yy}(x_0 + \theta h, y_0 + \theta k)k^2), \qquad 0 < \theta < 1 \qquad (5.12)$$

が成り立つ．(5.12) の右辺第2項を $\frac{1}{2}\alpha(h,k)$ とおき $\alpha(h,k)$ の符号を調べる．$\alpha(h,k)$ は

$$\alpha(h,k) = f_{xx}(P_0)h^2 + 2f_{xy}(P_0)hk + f_{yy}(P_0)k^2 + \varepsilon(h,k),$$

ここで $\varepsilon(h,k) = (f_{xx}(P_\theta) - f_{xx}(P_0))h^2 + 2(f_{xy}(P_\theta) - f_{xy}(P_0))hk + (f_{yy}(P_\theta) - f_{yy}(P_0))k^2$ $(P_\theta = (x_0 + \theta h, y_0 + \theta k))$ と表される．いま $A = f_{xx}(P_0)$, $B = f_{xy}(P_0)$, $C = f_{yy}(P_0)$, $\rho = \sqrt{h^2 + k^2}$ とおくと，$(h,k) \neq (0,0)$ に対して

$$\alpha(h,k) = \rho^2 \left\{ A\left(\frac{h}{\rho}\right)^2 + 2B\left(\frac{h}{\rho}\right)\left(\frac{k}{\rho}\right) + C\left(\frac{k}{\rho}\right)^2 + \eta(h,k) \right\} \qquad (5.13)$$

ここに $\lim_{(h,k)\to(0,0)} \eta(h,k) = 0$ である．仮定より $D(P_0) = B^2 - AC < 0$ で $A > 0$ である．したがってすべての (u,v), $u^2 + v^2 = 1$ に対して

$$Au^2 + 2Buv + Cv^2 > 0$$

となる．単位円 $S = \{(u,v) \mid u^2 + v^2 = 1\}$ は有界閉集合だから定理5.2.2 より連続関数 $\varphi(u,v) = Au^2 + 2Buv + Cv^2$ は S 上で最小値 $m > 0$ をとる．$\lim_{(h,k)\to(0,0)} \eta(h,k) = 0$ だから，$\delta > 0$ を適当に選ぶと $U(\mathbf{0}; \delta)$ に属するすべての $(h,k) \neq \mathbf{0}$ に対して $|\eta(h,k)| \leq \frac{m}{2}$ とできる．よって (5.13) より $U(\mathbf{0}; \delta)$ に属す

るすべての $(h,k) \neq \mathbf{0}$ に対して $\alpha(h,k) \geq \rho^2 \left(m - \dfrac{m}{2}\right) = \dfrac{\rho^2 m}{2} > 0$ となる．したがって (5.12) より $(h,k) \neq \mathbf{0}$ が $U(\mathbf{0};\delta)$ に属するとき $f(x_0+h, y_0+k) > f(x_0, y_0)$ が成立する．よって $P_0 = (x_0, y_0)$ で $f(x,y)$ は狭義の極小となる．$f_{xx}(P_0) < 0$ の場合に P_0 において $f(x,y)$ が狭義の極大となることも同様にして示される（証明は読者自ら試みられたい）．

(iii) $D(P_0) = B^2 - AC > 0$ とする．このとき $\varphi(u,v) = Au^2 + 2Buv + Cv^2$ は単位円 S 上において正の値と負の値の両方をとる．$\varphi(u_1, v_1) > 0$, $\varphi(u_2, v_2) < 0$ ($(u_1, v_1), (u_2, v_2) \in S$) とする．$\displaystyle\lim_{(h,k)\to(0,0)} \eta(h,k) = 0$ だから適当に $\delta > 0$ を選ぶと，$U(\mathbf{0};\delta)$ に属するすべての $(h,k) \neq \mathbf{0}$ に対して $|\eta(h,k)| < \dfrac{1}{2}\varphi(u_1, v_1)$ かつ $|\eta(h,k)| < -\dfrac{1}{2}\varphi(u_2, v_2)$ とできる．任意に与えた $\varepsilon > 0$ に対して $0 < \rho < \min\{\varepsilon, \delta\}$ なるとき $(\rho u_1, \rho v_1)$, $(\rho u_2, \rho v_2)$ はともに $U(\mathbf{0};\varepsilon)$ に属し，(5.13) より

$$\alpha(\rho u_1, \rho v_1) = \rho^2\{\varphi(u_1, v_1) + \eta(\rho u_1, \rho v_1)\} > \dfrac{1}{2}\rho^2 \varphi(u_1, v_1) > 0,$$
$$\alpha(\rho u_2, \rho v_2) = \rho^2\{\varphi(u_2, v_2) + \eta(\rho u_2, \rho v_2)\} < \dfrac{1}{2}\rho^2 \varphi(u_2, v_2) < 0$$

が成り立つ．したがって $f(x,y)$ は P_0 において極値をとらないことがわかる． ∎

例 5.6.3

(i) $f(x,y) = x^4 + y^4$ は明らかに $(0,0)$ において（狭義の）極小値 $f(0,0) = 0$ をとるが，$D(0,0) = \{f_{xy}(0,0)\}^2 - f_{xx}(0,0)f_{yy}(0,0) = 0$ である．

(ii) $f(x,y) = 2x^4 - 3x^2 y + y^2$ の極値を調べる．

$$f_x = 8x^3 - 6xy, \quad f_y = -3x^2 + 2y,$$
$$f_{xx} = 24x^2 - 6y, \quad f_{xy} = -6x, \quad f_{yy} = 2$$

である．$f_x = f_y = 0$ より $(x,y) = (0,0)$ を得る．$(0,0)$ において $D(0,0) = \{f_{xy}(0,0)\}^2 - f_{xx}(0,0)f_{yy}(0,0) = 0$ となる．いま $y = mx^2$ とすると $f(x, mx^2) = (m-1)(m-2)x^4$ である．したがって，任意の $x \neq 0$ について $m < 1$ のとき $f(x, mx^2) > 0$, $1 < m < 2$ のとき $f(x, mx^2) < 0$, $m > 2$ のとき $f(x, mx^2) > 0$ となることがわかる．これより $f(0,0) = 0$ は $f(x,y)$ の極値ではない（図 5.10）．

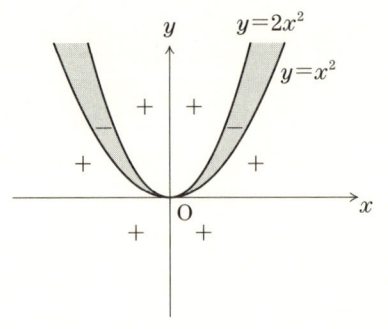

図 5.10

例 5.6.4 $f(x,y) = xy(x^2+y^2-1)$ の極値を調べる．$f_x = y(3x^2+y^2-1)$, $f_y = x(x^2+3y^2-1)$, $f_{xx} = 6xy$, $f_{xy} = 3x^2+3y^2-1$, $f_{yy} = 6xy$ である．$f_x = f_y = 0$ とおいて，x, y についてとくと解は

$$(0,0), \quad (0,-1), \quad (0,1), \quad (-1,0), \quad (1,0)$$
$$\left(\frac{1}{2}, \frac{1}{2}\right), \quad \left(\frac{1}{2}, -\frac{1}{2}\right), \quad \left(-\frac{1}{2}, \frac{1}{2}\right), \quad \left(-\frac{1}{2}, -\frac{1}{2}\right)$$

の9通りである．$D(x,y) = \{f_{xy}(x,y)\}^2 - f_{xx}(x,y)f_{yy}(x,y)$ に代入すると，$D(0,0) = 1$, $D(0,1) = D(0,-1) = D(1,0) = D(-1,0) = 4 > 0$ となり，これらの5点においては $f(x,y)$ は極値をとらない．他の4点においてはいずれも $D(x,y)$ の値が負の値 -2 をとる．したがってこれらの点においては $f(x,y)$ は極値をとる．$f_{xx}\left(\frac{1}{2}, \frac{1}{2}\right) = f_{xx}\left(-\frac{1}{2}, -\frac{1}{2}\right) = \frac{3}{2} > 0$ だから $\left(\frac{1}{2}, \frac{1}{2}\right)$, $\left(-\frac{1}{2}, -\frac{1}{2}\right)$ において $f(x,y)$ は極小値 $-\frac{1}{8}$ をとり，$f_{xx}\left(-\frac{1}{2}, \frac{1}{2}\right) = f_{xx}\left(\frac{1}{2}, -\frac{1}{2}\right) = -\frac{3}{2} < 0$ だから $\left(\frac{1}{2}, -\frac{1}{2}\right)$, $\left(-\frac{1}{2}, \frac{1}{2}\right)$ において $f(x,y)$ は極大値 $\frac{1}{8}$ をとる．

問 5.11 次の関数の極値を調べよ．
(ⅰ) $f(x,y) = x^3 + y^3 - 9xy$ (ⅱ) $f(x,y) = (x^2 + 2y^2)e^{-x^2-y^2}$

5.6 極値問題，条件付き極値問題

b) 条件付き極値問題

点 (x,y) が与えられた制約条件 $\varphi(x,y) = 0$ をみたす集合上を動くとき関数 $f(x,y)$ の極大，極小問題について考える．

定理5.6.5 $\varphi(x,y)$, $f(x,y)$ は点 $P_0 = (x_0, y_0)$ の近傍で連続微分可能とし，$|\varphi_x(P_0)| + |\varphi_y(P_0)| \neq 0$ とする．条件 $\varphi(x,y) = 0$ のもとで関数 $f(x,y)$ が点 $P_0 = (x_0, y_0)$ で極値をとるとする．このとき適当な定数 λ_0 が存在して

$$f_x(P_0) - \lambda_0 \varphi_x(P_0) = 0, \quad f_y(P_0) - \lambda_0 \varphi_y(P_0) = 0$$

が成立する．いいかえると λ を補助変数として (x,y,λ) の関数 $F(x,y,\lambda) = f(x,y) - \lambda\varphi(x,y)$ を考えたとき，$P_0 = (x_0, y_0)$ が $f(x,y)$ の条件付き極値を与えるならば，適当な λ_0 に対して

$$\frac{\partial F}{\partial x}(x_0, y_0, \lambda_0) = \frac{\partial F}{\partial y}(x_0, y_0, \lambda_0) = \frac{\partial F}{\partial \lambda}(x_0, y_0, \lambda_0) = 0$$

が成立する．

[証明] $\varphi_y(P_0) \neq 0$ とする（$\varphi_x(P_0) \neq 0$ のときも同様である）．このとき陰関数定理（第9章参照）より P_0 の近傍で y を x の関数 $y = g(x)$ として表すことができる．$\varphi(x, g(x)) = 0$ の両辺を x で微分することにより，P_0 において

$$\varphi_x(P_0) + \varphi_y(P_0) g'(x_0) = 0 \tag{5.14}$$

が成り立つことがわかる．一方 $f(x, g(x))$ が $x = x_0$ で極値をとることから

$$f_x(P_0) + f_y(P_0) g'(x_0) = 0 \tag{5.15}$$

が成り立つ．よって (5.14), (5.15) から

$$f_x(P_0) \varphi_y(P_0) = f_y(P_0) \varphi_x(P_0) \tag{5.16}$$

となる．したがって $\lambda_0 = f_y(P_0)/\varphi_y(P_0)$ とおくと

$$f_x(P_0) - \lambda_0 \varphi_x(P_0) = f_y(P_0) - \lambda_0 \varphi_y(P_0) = 0$$

が成り立つ.

上の定理において導入した補助変数 λ を**ラグランジュの未定乗数**と呼び，このようにして極値を与える点を探す方法を**ラグランジュの未定乗数法**という．

条件 $\varphi(x,y) = 0$ のもとで $f(x,y)$ が $P_0 = (x_0, y_0)$ において極値 c_0 をとれば，2つの曲線 $\varphi(x,y) = 0$ と $f(x,y) = c_0$ は点 P_0 において接線 l を共有する（図 5.11）．両者の接線の傾きが等しいことから (5.16) が成り立つことがわかる．

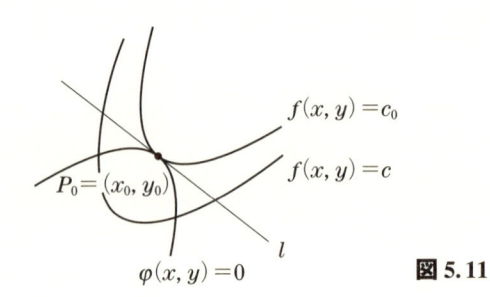

図 5.11

例 5.6.6 条件 $xy = k$ $(k \neq 0)$ のもとで関数 $f(x,y) = x^2 + y^2$ の極値を考える．λ をラグランジュの未定乗数として関数 $F(x, y, \lambda) = x^2 + y^2 - \lambda(xy - k)$ を考える．$F_x = F_y = F_\lambda = 0$ より

$$2x - \lambda y = 0, \quad 2y - \lambda x = 0, \quad xy = k$$

である．これより $\lambda = \pm 2$ となり，

$$k > 0 \text{ のとき}, \quad \lambda = 2 \text{ で}, \quad x = y = \pm\sqrt{k}$$
$$k < 0 \text{ のとき}, \quad \lambda = -2 \text{ で}, \quad x = -y = \pm\sqrt{-k}$$

が得られる．よって $k > 0$ のとき $(x,y) = (\pm\sqrt{k}, \pm\sqrt{k})$ で $f(x,y)$ は最小値 $2k$ をとり，$k < 0$ のとき $(x,y) = (\pm\sqrt{-k}, \mp\sqrt{-k})$ において最小値 $-2k$ をとる（複合同順）．

例 5.6.7 条件 $x^2 + y^2 = 1$ のもとで関数 $Q(x, y) = ax^2 + 2bxy + cy^2$ の最大，最小問題を考える．λ をラグランジュの未定乗数として関数

$$F(x, y, \lambda) = ax^2 + 2bxy + cy^2 - \lambda(x^2 + y^2 - 1)$$

5.6 極値問題, 条件付き極値問題

を考える. $\dfrac{\partial F}{\partial x} = \dfrac{\partial F}{\partial y} = \dfrac{\partial F}{\partial \lambda} = 0$ より

$$2ax + 2by - 2\lambda x = 0, \quad 2bx + 2cy - 2\lambda y = 0 \quad x^2 + y^2 - 1 = 0$$

これより

$$ax + by = \lambda x, \quad bx + cy = \lambda y \tag{5.17}$$

が成り立つ. (5.17) の第 1 式の両辺に x をかけ, 第 2 式の両辺に y をかけて辺々加えると

$$ax^2 + 2bxy + cy^2 = \lambda(x^2 + y^2) = \lambda$$

を得る. (5.17) を書き直すと

$$\begin{cases} (a-\lambda)x + by = 0 \\ bx + (c-\lambda)y = 0 \end{cases}$$

となる. これが $(x,y) = (0,0)$ 以外の解をもつためには

$$\begin{vmatrix} a-\lambda & b \\ b & c-\lambda \end{vmatrix} = 0 \tag{5.18}$$

でなければならない.

$A = \begin{pmatrix} a & b \\ b & c \end{pmatrix}$, $\boldsymbol{x} = {}^t(x,y)$ とおくとき[*2], $Q(x,y) = {}^t\boldsymbol{x}A\boldsymbol{x}$ と表され, (5.18) は行列 A の固有方程式を表し, λ は A の固有値を表している. したがって $Q(x,y)$ の最大値, 最小値はそれぞれ A の最大固有値 $\lambda_{\max}$, 最小固有値 $\lambda_{\min}$ である. そして $Q(x,y)$ が最大および最小となる点 (x,y) はそれぞれ $\lambda_{\max}$, $\lambda_{\min}$ に対応する長さ 1 の固有ベクトルであることがわかる.

たとえば $Q(x,y) = x^2 + xy + y^2$ とすると, $A = \begin{pmatrix} 1 & \frac{1}{2} \\ \frac{1}{2} & 1 \end{pmatrix}$ で, 固有方程式は

$$\begin{vmatrix} 1-\lambda & \frac{1}{2} \\ \frac{1}{2} & 1-\lambda \end{vmatrix} = (1-\lambda)^2 - \frac{1}{4} = 0$$

[*2] 行列またはベクトル M に対して, ${}^tM$ (M^T とも表す) は M の転置行列または転置ベクトルを表す.

これより $\lambda = \dfrac{1}{2}, \dfrac{3}{2}$ したがって $\lambda_{\max} = \dfrac{3}{2}$, $\lambda_{\min} = \dfrac{1}{2}$ である．これらの固有値に対応する固有ベクトルは方程式

$$A \begin{pmatrix} x \\ y \end{pmatrix} = \lambda \begin{pmatrix} x \\ y \end{pmatrix}$$

を解いて得られる．$\lambda_{\max}$ に対応する長さ 1 の固有ベクトルは $\left(\dfrac{1}{\sqrt{2}}, \dfrac{1}{\sqrt{2}}\right)$, $\left(-\dfrac{1}{\sqrt{2}}, -\dfrac{1}{\sqrt{2}}\right)$ で，$\lambda_{\min}$ に対応する長さ 1 の固有ベクトルは $\left(\dfrac{1}{\sqrt{2}}, -\dfrac{1}{\sqrt{2}}\right)$, $\left(-\dfrac{1}{\sqrt{2}}, \dfrac{1}{\sqrt{2}}\right)$ で与えられる．したがって $Q(x,y)$ は点 $\left(\dfrac{1}{\sqrt{2}}, \dfrac{1}{\sqrt{2}}\right)$, $\left(-\dfrac{1}{\sqrt{2}}, -\dfrac{1}{\sqrt{2}}\right)$ で最大値 $\dfrac{3}{2}$ をとり，点 $\left(\dfrac{1}{\sqrt{2}}, -\dfrac{1}{\sqrt{2}}\right)$, $\left(-\dfrac{1}{\sqrt{2}}, \dfrac{1}{\sqrt{2}}\right)$ において最小値 $\dfrac{1}{2}$ をとる． ∎

問 5.12 条件：$x^2 + y^2 = 1$ のもとで $f(x,y) = 2x^2 - 3xy + y^2$ の最大値，最小値を求めよ．

5.7 n 変数関数の微分

これまでは 2 変数関数 $z = f(x,y)$ について偏微分とその応用を学んだが，3 変数関数 $u = f(x,y,z)$ あるいはより一般に n 変数関数 $u = f(x_1, x_2, \cdots, x_n)$ についても同様のことがらが成り立つ．証明は 2 変数の場合と本質的には同じであるので本節では結論のみを述べる．

$u = f(x_1, \cdots, x_n)$ は $\mathbb{R}^n$ の領域 Ω で定義された関数で $\boldsymbol{x}_0 = (x_1^0, \cdots, x_n^0)$ を Ω の点とする．もし

$$\lim_{h \to 0} \frac{f(x_1^0, \cdots, x_{i-1}^0, x_i^0 + h, x_{i+1}^0, \cdots, x_n^0) - f(x_1^0, \cdots, x_{i-1}^0, x_i^0, x_{i+1}^0, \cdots, x_n^0)}{h}$$

が存在するとき，この極限値を $f_{x_i}(\boldsymbol{x}_0)$, $\dfrac{\partial}{\partial x_i} f(\boldsymbol{x}_0)$, $\dfrac{\partial f}{\partial x_i}(\boldsymbol{x}_0)$, あるいは $u_{x_i}(\boldsymbol{x}_0)$ と表し，$\boldsymbol{x}_0$ における $u = f(x_1, \cdots, x_n)$ の x_i に関する偏微係数と呼ぶ．偏微係数 $f_{x_i}(\boldsymbol{x}_0)$ が存在するとき，$\boldsymbol{x}_0$ において $f(\boldsymbol{x})$ は x_i に関して偏

5.7 n 変数関数の微分

微分可能という．Ω の各点 $\boldsymbol{x} = (x_1, \cdots, x_n)$ において偏微係数 $f_{x_i}(\boldsymbol{x})$ が存在するとき，$f_{x_i}(\boldsymbol{x})$ を $f(\boldsymbol{x})$ の x_i に関する偏導関数という．$f_{x_i}(\boldsymbol{x})$ の x_j に関する偏導関数を $f_{x_i x_j}(\boldsymbol{x})$，$\dfrac{\partial^2}{\partial x_j \partial x_i} f(\boldsymbol{x})$，$\dfrac{\partial^2 f}{\partial x_j \partial x_i} f(\boldsymbol{x})$，あるいは $u_{x_i x_j}(\boldsymbol{x})$ と表し，これを $f(\boldsymbol{x})$ の 2 階 (2 次) 偏導関数と呼ぶ．3 階 (3 次) 以上の偏導関数も同様に定義される．Ω 上で $f(\boldsymbol{x})$ の m 階以下の偏導関数がすべて存在してそれらが連続のとき，$f(\boldsymbol{x})$ を m 回連続微分可能または C^m 級の関数といい，Ω 上の C^m 級の関数の全体を $C^m(\Omega)$ で表す．

定理 5.7.1 $f(x_1, \cdots, x_n)$ は C^2 級の関数とする．このときすべての i, j について
$$f_{x_i x_j}(x_1, \cdots, x_n) = f_{x_j x_i}(x_1, \cdots, x_n)$$
が成り立つ．

$h_1, \cdots, h_n$ に無関係な定数 $A_1, \cdots, A_n$（これらは一般には $(x_1^0, \cdots, x_n^0)$ に関係する）が存在して

$$f(x_1^0 + h_1, \cdots, x_n^0 + h_n) = f(x_1^0, \cdots, x_n^0) + \sum_{i=1}^n A_i h_i + o(\rho),$$
$$\rho = \sqrt{\sum_{i=1}^n h_i^2} \qquad (5.19)$$

が成り立つとき，$u = f(x_1, \cdots, x_n)$ は点 $\boldsymbol{x}_0 = (x_1^0, \cdots, x_n^0)$ において微分可能（または全微分可能）という．2 変数の場合と同様に $u = f(x_1, \cdots, x_n)$ が $\boldsymbol{x}_0$ において微分可能のとき，(5.19) における A_i は必然的に $A_i = \dfrac{\partial f}{\partial x_i}(\boldsymbol{x}_0)$，$i = 1, \cdots, n$ となることが示される．

問 5.13 このことを確かめよ．

$u = f(x_1, \cdots, x_n)$ が点 $\boldsymbol{x}_0 = (x_1^0, \cdots, x_n^0)$ において微分可能であることは次と同値である．点 $\boldsymbol{x}_0$ において連続な関数 $\alpha_i(x_1, \cdots, x_n)$，$i = 1, \cdots, n$ が存在して，$\alpha_i(x_1^0, \cdots, x_n^0) = f_{x_i}(x_1^0, \cdots, x_n^0)$，$i = 1, \cdots, n$ をみたし

$$f(x_1, \cdots, x_n) = f(x_1^0, \cdots, x_n^0) + \sum_{i=1}^n \alpha_i(x_1, \cdots, x_n)(x_i - x_i^0)$$

が $\boldsymbol{x}_0$ の近傍で成り立つ.

2変数関数の場合と同様に,$f(x_1,\cdots,x_n)$ が C^1 級の関数ならば微分可能であることが示される.また,$f(x_1,\cdots,x_n)$ が微分可能のとき

$$du(=df) = \sum_{i=1}^{n}\frac{\partial f}{\partial x_i}dx_i = \left(\sum_{i=1}^{n}\frac{\partial}{\partial x_i}dx_i\right)f$$

を $u = f(x_1,\cdots,x_n)$ の全微分という.

定理 5.7.2　合成関数の微分

$u = f(x_1,\cdots,x_n)$ は $\boldsymbol{x}_0 = (x_1^0,\cdots,x_n^0)$ において微分可能で,各 x_i は t の関数 $x_i = \varphi_i(t),\ i = 1,\cdots,n$ であるとする.さらに $\varphi_i(t)$ は t_0 において微分可能で $\boldsymbol{x}_0 = (\varphi_1(t_0),\cdots,\varphi_n(t_0))$ とする.このとき $u = f(\varphi_1(t),\cdots,\varphi_n(t))$ は t_0 において微分可能で

$$\frac{d}{dt}f(\varphi_1(t_0),\cdots,\varphi_n(t_0)) = \sum_{i=1}^{n}f_{x_i}(\boldsymbol{x}_0)\varphi_i'(t_0)$$

すなわち

$$\frac{df}{dt} = \sum_{i=1}^{n}\frac{\partial f}{\partial x_i}\frac{dx_i}{dt}$$

が成り立つ.

例 5.7.3　$f(x_1,\cdots,x_n)$ は C^n 級の関数とする.$h_1,\cdots,h_n$ を固定して t の関数 $g(t) = f(x_1^0 + th_1,\cdots,x_n^0 + th_n)$ を考える.このとき $g(t)$ は t について n 回微分可能で,$x_i = x_i^0 + th_i\ (i = 1,\cdots,n)$ とおけば

$$\begin{aligned}g'(t) &= \frac{\partial f}{\partial x_1}(x_1,\cdots,x_n)h_1 + \cdots + \frac{\partial f}{\partial x_n}(x_1,\cdots,x_n)h_n \\ &= \left(\sum_{i=1}^{n}h_i\frac{\partial}{\partial x_i}\right)f(x_1,\cdots,x_n) \\ g''(t) &= \sum_{i=1}^{n}\sum_{j=1}^{n}\frac{\partial^2 f}{\partial x_i \partial x_j}(x_1,\cdots,x_n)h_i h_j \\ &= \left(\sum_{i=1}^{n}h_i\frac{\partial}{\partial x_i}\right)^2 f(x_1,\cdots,x_n)\end{aligned}$$

一般に

$$g^{(k)}(t) = \left(\sum_{i=1}^n h_i \frac{\partial}{\partial x_i}\right)^k f(x_1,\cdots,x_n), \qquad k=1,2,\cdots,n$$

である．

定理 5.7.4　合成関数の偏微分

$u = f(x_1,\cdots,x_n)$ は $\boldsymbol{x}_0 = (x_1^0,\cdots,x_n^0)$ において微分可能とし，各 x_i は $(t_1,\cdots,t_m)$ の関数

$$x_i = \varphi_i(t_1,\cdots,t_m), \qquad i=1,2,\cdots,n$$

であるとする．さらに各 φ_i は $\boldsymbol{t}_0 = (t_1^0,\cdots,t_m^0)$ において $t_j, j=1,\cdots,m$ に関して偏微分可能で，$\boldsymbol{x}_0 = (\varphi_1(\boldsymbol{t}_0),\cdots,\varphi_n(\boldsymbol{t}_0))$ とする．このとき $f(\varphi_1(t_1,\cdots,t_m),\cdots,\varphi_n(t_1,\cdots,t_m))$ は $\boldsymbol{t}_0$ において各 t_j に関して偏微分可能で

$$\frac{\partial}{\partial t_j} f(\varphi_1(\boldsymbol{t}_0),\cdots,\varphi_n(\boldsymbol{t}_0)) = \sum_{i=1}^n f_{x_i}(\boldsymbol{x}_0) \frac{\partial \varphi_i}{\partial t_j}(\boldsymbol{t}_0)$$

すなわち

$$\frac{\partial f}{\partial t_j} = \sum_{i=1}^n \frac{\partial f}{\partial x_i} \frac{\partial x_i}{\partial t_j}, \qquad j=1,\cdots,m$$

が成り立つ．

定理 5.7.5　n 変数関数のテイラーの定理

$f(x_1,\cdots,x_n)$ は，$\mathbb{R}^n$ の領域 Ω において C^m 級の関数とする．$\boldsymbol{x}_0 = (x_1^0,\cdots,x_n^0)$，$\boldsymbol{x}_1 = (x_1^0+h_1,\cdots,x_n^0+h_n)$ を Ω の点とし，2 点 $\boldsymbol{x}_0$ と $\boldsymbol{x}_1$ を結ぶ線分は Ω に含まれるとする．このとき

$$\begin{aligned}f(x_1^0+h_1,\cdots,x_n^0+h_n) =&\ f(x_1^0,\cdots,x_n^0) + \left(\sum_{i=1}^n h_i \frac{\partial}{\partial x_i}\right) f(x_1^0,\cdots,x_n^0) \\ &+ \frac{1}{2!}\left(\sum_{i=1}^n h_i \frac{\partial}{\partial x_i}\right)^2 f(x_1^0,\cdots,x_n^0) + \cdots\end{aligned}$$

$$+\frac{1}{(m-1)!}\left(\sum_{i=1}^{n}h_i\frac{\partial}{\partial x_i}\right)^{m-1}f(x_1^0,\cdots,x_n^0)$$
$$+\frac{1}{m!}\left(\sum_{i=1}^{n}h_i\frac{\partial}{\partial x_i}\right)^{m}f(x_1^0+\theta h_1,\cdots,x_n^0+\theta h_n)$$

となる $\theta(0<\theta<1)$ が存在する.

$f(x_1,\cdots,x_n)$ を C^2 級の関数とする. n 次行列

$$H(\boldsymbol{x}_0)=\begin{bmatrix}\dfrac{\partial^2 f}{\partial x_1^2}(\boldsymbol{x}_0) & \dfrac{\partial^2 f}{\partial x_1\partial x_2}(\boldsymbol{x}_0) & \cdots & \dfrac{\partial^2 f}{\partial x_1\partial x_n}(\boldsymbol{x}_0) \\ \dfrac{\partial^2 f}{\partial x_2\partial x_1}(\boldsymbol{x}_0) & \dfrac{\partial^2 f}{\partial x_2^2}(\boldsymbol{x}_0) & \cdots & \dfrac{\partial^2 f}{\partial x_2\partial x_n}(\boldsymbol{x}_0) \\ \vdots & & \ddots & \vdots \\ \dfrac{\partial^2 f}{\partial x_n\partial x_1}(\boldsymbol{x}_0) & \dfrac{\partial^2 f}{\partial x_n\partial x_2}(\boldsymbol{x}_0) & \cdots & \dfrac{\partial^2 f}{\partial x_n^2}(\boldsymbol{x}_0)\end{bmatrix}$$

を曲面 $u=f(x_1,\cdots,x_n)$ の点 $\boldsymbol{x}_0$ における**ヘッセ行列** (Hessian matrix) と呼ぶ.

定理5.7.6[*3] $f(x_1,\cdots,x_n)$ は $\boldsymbol{x}_0=(x_1^0,\cdots,x_n^0)$ の近傍で定義された C^2 級の関数とする. $u=f(x_1,\cdots,x_n)$ が点 $\boldsymbol{x}_0$ において極値をとるための必要条件は

$$\frac{\partial f}{\partial x_i}(\boldsymbol{x}_0)=0,\qquad i=1,\cdots,n$$

である (この条件をみたす点 $\boldsymbol{x}_0$ を f の停留点という).

さらに停留点 $\boldsymbol{x}_0$ において, ヘッセ行列 $H(\boldsymbol{x}_0)$ が正定値行列のときは点 $\boldsymbol{x}_0$ において $f(\boldsymbol{x})$ は狭義の極小となり, $H(\boldsymbol{x}_0)$ が負定値行列のときは $\boldsymbol{x}_0$ において $f(\boldsymbol{x})$ は狭義の極大となる. $H(\boldsymbol{x}_0)$ の行列式 $|H(\boldsymbol{x}_0)|\neq 0$ で $H(\boldsymbol{x}_0)$ が定値でない場合は $f(\boldsymbol{x})$ は $\boldsymbol{x}_0$ で極値をとらない (このような $\boldsymbol{x}_0$ は鞍点と呼ばれる).

[*3] n 変数関数 $f(x_1,\cdots,x_n)$ の極大, 極小の概念は2変数関数の場合と全く同様に定義される (5.6節を参照).

定理 5.7.7 n 変数関数の条件付き極値

$f(x_1,\cdots,x_n)$, $\varphi_1(x_1,\cdots,x_n),\cdots,\varphi_m(x_1,\cdots,x_n)$ $(m<n)$ は点 $\boldsymbol{x}_0$ の近傍で連続微分可能とし，$\boldsymbol{x}_0$ において (m,n) 行列

$$\begin{bmatrix} \dfrac{\partial \varphi_1}{\partial x_1}(\boldsymbol{x}_0) & \cdots & \dfrac{\partial \varphi_1}{\partial x_n}(\boldsymbol{x}_0) \\ \vdots & & \vdots \\ \dfrac{\partial \varphi_m}{\partial x_1}(\boldsymbol{x}_0) & \cdots & \dfrac{\partial \varphi_m}{\partial x_n}(\boldsymbol{x}_0) \end{bmatrix}$$

の階数は m とする．このとき

$$\text{条件：}\varphi_1(x_1,\cdots,x_n)=0,\cdots,\varphi_m(x_1,\cdots,x_n)=0 \qquad (5.20)$$

のもとで関数 $f(x_1,\cdots,x_n)$ が点 $\boldsymbol{x}_0=(x_1^0,\cdots,x_n^0)$ で極値をとるための必要条件は，適当な定数 $\lambda_1^0,\cdots,\lambda_m^0$ に対して

$$\frac{\partial f}{\partial x_i}(\boldsymbol{x}_0) - \sum_{j=1}^m \lambda_j^0 \frac{\partial \varphi_j}{\partial x_i}(\boldsymbol{x}_0) = 0, \qquad i=1,\cdots,n$$

をみたすことである．すなわち，$\lambda_1,\cdots,\lambda_m$ を補助変数として $n+m$ 変数の関数

$$F(x_1,\cdots,x_n,\lambda_1,\cdots,\lambda_m) = f(x_1,\cdots,x_n) - \sum_{j=1}^m \lambda_j \varphi_j(x_1,\cdots,x_n)$$

を考えたとき，点 $\boldsymbol{x}_0=(x_1^0,\cdots,x_n^0)$ が制約 (5.20) のもとで $f(x_1,\cdots,x_n)$ の極値を与える点であるならば，適当に $\boldsymbol{\lambda}_0=(\lambda_1^0,\cdots,\lambda_m^0)$ を選んだとき点 $(\boldsymbol{x}_0,\boldsymbol{\lambda}_0)$ において関数 F は

$$\frac{\partial F}{\partial x_1} = \frac{\partial F}{\partial x_2} = \cdots = \frac{\partial F}{\partial x_n} = \frac{\partial F}{\partial \lambda_1} = \frac{\partial F}{\partial \lambda_2} = \cdots = \frac{\partial F}{\partial \lambda_m} = 0 \qquad (5.21)$$

をみたさなければならない．

定理 5.7.7 により，条件付き極値を与える点 $\boldsymbol{x}_0$ の候補者は，$n+m$ 個の方程式 (5.21) を解くことにより得られる．

この定理における $\lambda_1,\cdots,\lambda_m$ をラグランジュの未定乗数，このようにして極値を与える点を探す方法をラグランジュの未定乗数法という．

例 5.7.8 $f(x,y,z)$, $\varphi(x,y,z)$ はともに $\boldsymbol{x}_0 = (x_0, y_0, z_0)$ の近傍で連続微分可能で，$|\varphi_x(\boldsymbol{x}_0)| + |\varphi_y(\boldsymbol{x}_0)| + |\varphi_z(\boldsymbol{x}_0)| \neq 0$ とする．

$$\text{条件}: \varphi(x,y,z) = 0$$

のもとで関数 $f(x,y,z)$ の極値問題を考える．これは定理 5.7.7 で $n = 3$, $m = 1$ の場合である．点 $\boldsymbol{x}_0 = (x_0, y_0, z_0)$ において $f(x,y,z)$ が条件付き極値をとったとする．いま $\varphi_z(\boldsymbol{x}_0) \neq 0$ と仮定する．このとき陰関数定理（第 9 章参照）から，z を $\boldsymbol{x}_0$ の近傍において (x,y) の関数 $z = g(x,y)$ として解くことができる．$\varphi(x,y,g(x,y)) = 0$ の両辺を x および y で偏微分することにより

$$\begin{cases} \varphi_x(\boldsymbol{x}_0) + \varphi_z(\boldsymbol{x}_0) g_x(x_0, y_0) = 0 \\ \varphi_y(\boldsymbol{x}_0) + \varphi_z(\boldsymbol{x}_0) g_y(x_0, y_0) = 0 \end{cases} \tag{5.22}$$

を得る．一方 $f(x, y, g(x,y))$ が (x_0, y_0) において極値をとることから

$$\begin{cases} f_x(\boldsymbol{x}_0) + f_z(\boldsymbol{x}_0) g_x(x_0, y_0) = 0 \\ f_y(\boldsymbol{x}_0) + f_z(\boldsymbol{x}_0) g_y(x_0, y_0) = 0 \end{cases} \tag{5.23}$$

が成り立つ．(5.22) と (5.23) より

$$\frac{f_x(\boldsymbol{x}_0)}{\varphi_x(\boldsymbol{x}_0)} = \frac{f_y(\boldsymbol{x}_0)}{\varphi_y(\boldsymbol{x}_0)} = \frac{f_z(\boldsymbol{x}_0)}{\varphi_z(\boldsymbol{x}_0)} \quad (= \lambda_0 \text{ とおく})$$

が成り立ち，したがって

$$f_x(\boldsymbol{x}_0) - \lambda_0 \varphi_x(\boldsymbol{x}_0) = 0, \quad f_y(\boldsymbol{x}_0) - \lambda_0 \varphi_y(\boldsymbol{x}_0) = 0,$$
$$f_z(\boldsymbol{x}_0) - \lambda_0 \varphi_z(\boldsymbol{x}_0) = 0$$

を得る．$\varphi_x(\boldsymbol{x}_0) \neq 0$ あるいは $\varphi_y(\boldsymbol{x}_0) \neq 0$ の場合も同様である．

以上のことを幾何学的に説明すると次のようになる．曲面 $\varphi(x,y,z) = 0$ 上の点 $\boldsymbol{x}_0 = (x_0, y_0, z_0)$ におけるこの曲面の接平面 α の方程式は

$$\alpha: \varphi_x(\boldsymbol{x}_0)(x - x_0) + \varphi_y(\boldsymbol{x}_0)(y - y_0) + \varphi_z(\boldsymbol{x}_0)(z - z_0) = 0$$

で，その方向余弦は

$$(\varphi_x(\boldsymbol{x}_0), \varphi_y(\boldsymbol{x}_0), \varphi_z(\boldsymbol{x}_0)) \Big/ \sqrt{(\varphi_x(\boldsymbol{x}_0))^2 + (\varphi_y(\boldsymbol{x}_0))^2 + (\varphi_z(\boldsymbol{x}_0))^2}$$

で与えられる．他方，曲面 $f(x,y,z) = c_0$ が点 $\boldsymbol{x}_0$ を通るとき，$\boldsymbol{x}_0$ におけるこの曲面の接平面 β の方程式は

$$\beta:\ f_x(\boldsymbol{x}_0)(x-x_0) + f_y(\boldsymbol{x}_0)(y-y_0) + f_z(\boldsymbol{x}_0)(z-z_0) = 0$$

で，その方向余弦は

$$(f_x(\boldsymbol{x}_0), f_y(\boldsymbol{x}_0), f_z(\boldsymbol{x}_0))\Big/\sqrt{(f_x(\boldsymbol{x}_0))^2 + (f_y(\boldsymbol{x}_0))^2 + (f_z(\boldsymbol{x}_0))^2}$$

である．点 $\boldsymbol{x}_0$ で $f(x,y,z)$ が条件付き極値をとるならば 2 つの接平面 α と β は一致しなければならない．したがってこれより

$$\frac{f_x(\boldsymbol{x}_0)}{\varphi_x(\boldsymbol{x}_0)} = \frac{f_y(\boldsymbol{x}_0)}{\varphi_y(\boldsymbol{x}_0)} = \frac{f_z(\boldsymbol{x}_0)}{\varphi_z(\boldsymbol{x}_0)}$$

が導かれる．

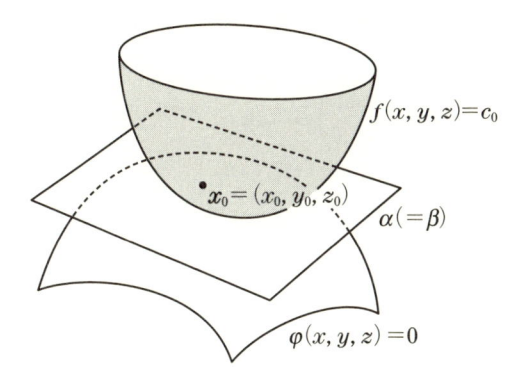

図 5.12

例題 5.7.9 x, y, z が条件：$x^2 + y^2 + z^2 = a^2\ (a > 0)$ をみたすとき，関数 $f(x,y,z) = yz + zx + xy$ の最大値を求めよ．ただし $x > 0,\ y > 0,\ z > 0$ とする．

[**解答**] λ をラグランジュの未定乗数として関数 $F(x,y,z,\lambda) = yz + zx + xy - \lambda(x^2 + y^2 + z^2 - a^2)$ を考える．$F_x = z + y - 2\lambda x$，$F_y = z + x - 2\lambda y$，$F_z = y + x - 2\lambda z$ である．ここで $F_x = F_y = F_z = F_\lambda = 0$ とおくことにより

$$z + y = 2\lambda x,\quad z + x = 2\lambda y,\quad y + x = 2\lambda z \tag{5.24}$$

および

$$x^2 + y^2 + z^2 = a^2 \tag{5.25}$$

が導かれる．(5.24) において辺々を加えることにより

$$2(x + y + z) = 2\lambda(x + y + z)$$

を得る．仮定より $x > 0$, $y > 0$, $z > 0$ だから $x + y + z > 0$ よって $\lambda = 1$ が導かれる．これを (5.24) に代入し，(5.25) を考慮して x, y, z を求めると $x = y = z = \dfrac{a}{\sqrt{3}}$ が得られる．したがって $\left(\dfrac{a}{\sqrt{3}}, \dfrac{a}{\sqrt{3}}, \dfrac{a}{\sqrt{3}}\right)$ は条件付き極値を与える点の候補者である．関数 $f(x,y,z) = yz + zx + xy$ は有界閉集合 $\Omega = \{(x,y,z) \in \mathbb{R}^3 \mid x^2 + y^2 + z^2 = a^2, x \geq 0, y \geq 0, z \geq 0\}$ において連続だから最大値をその集合上でとる（定理 5.2.2）．他方，$x > 0, y > 0, z > 0$ をみたす Ω の部分で $f(x,y,z)$ は最大となることは明らかだから，$\left(\dfrac{a}{\sqrt{3}}, \dfrac{a}{\sqrt{3}}, \dfrac{a}{\sqrt{3}}\right)$ で最大値 a^2 をとることがわかる．なおこの例題は初等的には，「不等式 $f(x,y,z) = yz + zx + xy \leq x^2 + y^2 + z^2 = a^2$ において等号成立条件から $x = y = z = \dfrac{a}{\sqrt{3}}$ が導かれ，これより $\left(\dfrac{a}{\sqrt{3}}, \dfrac{a}{\sqrt{3}}, \dfrac{a}{\sqrt{3}}\right)$ において $f(x,y,z)$ は最大値 a^2 をとる」として解くこともできるが，ここでは一般的解法であるラグランジュの未定乗数法を用いた解法を示した．

問 5.14 条件 $x^2 + y^2 + z^2 = 1$ のもとで関数 $f(x,y,z) = xyz$ の最大値，最小値を求めよ．

例 5.7.10 $\boldsymbol{x} = {}^t(x_1, \cdots, x_n)$ とし，$A = \begin{bmatrix} a_{11} & \cdots & a_{1n} \\ \vdots & & \vdots \\ a_{n1} & \cdots & a_{nn} \end{bmatrix}$ を n 次対称行列とする．条件：$|\boldsymbol{x}| = 1$ のもとで関数 $Q(\boldsymbol{x}) = {}^t\boldsymbol{x} A \boldsymbol{x}$ の最大・最小問題を考える．λ をラグランジュの未定乗数として関数

$$\begin{aligned} F(x_1, \cdots, x_n, \lambda) &= {}^t\boldsymbol{x} A \boldsymbol{x} - \lambda(|\boldsymbol{x}|^2 - 1) \\ &= \sum_{i=1}^{n} \sum_{j=1}^{n} a_{ij} x_i x_j - \lambda \left(\sum_{i=1}^{n} x_i^2 - 1 \right) \end{aligned}$$

を考える．$\dfrac{\partial F}{\partial x_i} = 0, \quad i = 1, \cdots, n$ より

5.7 n 変数関数の微分

$$\sum_{j=1}^n a_{ij}x_j - \lambda x_i = 0, \quad i=1,\cdots,n$$

となる.よって

$$A\boldsymbol{x} = \lambda \boldsymbol{x} \qquad (5.26)$$

が成り立つ.これより (5.26) が $\boldsymbol{0}$ と異なる解 $\boldsymbol{x}$ をもつとき λ は A の固有値であり $\boldsymbol{x}$ はそれに対応する固有ベクトルであることがわかる.(5.26) が $\boldsymbol{x} \neq \boldsymbol{0}$ なる解をもつためには

$$|A - \lambda I| = 0 \qquad (I \text{ は } n \text{ 次単位行列}) \qquad (5.27)$$

でなければならない.固有値 λ は固有方程式 (5.27) を解くことにより得られ,対応する固有ベクトル $\boldsymbol{x} = {}^t(x_1,\cdots,x_n)$ は $x_1,\cdots,x_n$ に関する連立一次方程式 (5.26) を解くことにより求められる.(5.26) の両辺に左から ${}^t\boldsymbol{x}$ をかけると

$$ {}^t\boldsymbol{x}A\boldsymbol{x} = \lambda\, {}^t\boldsymbol{x}\boldsymbol{x} = \lambda$$

となる.したがって $Q(\boldsymbol{x}) = {}^t\boldsymbol{x}A\boldsymbol{x}$ の条件付き最大値,最小値はそれぞれ行列 A の最大固有値および最小固有値に等しく,これらの固有値に対応する長さ 1 の固有ベクトルが $Q(\boldsymbol{x})$ の条件付きの最大,最小を与える点である.

演習問題 5

5.1 次の関数の 2 階までの偏導関数をすべて求めよ．
 （ i ） $z = x\sin(2x - y)$ （ii） $z = \arccos\dfrac{y}{x}$
 （iii） $z = e^{y/x}$ （iv） $z = (x^2 + y)\log(x + y)$

5.2 （ i ） $z = \log\sqrt{x^2 + y^2}$ および $z = \arctan\dfrac{y}{x}$ は
$$\frac{\partial^2 z}{\partial x^2} + \frac{\partial^2 z}{\partial y^2} = 0$$
をみたすことを示せ．
 （ii） $u = \dfrac{1}{\sqrt{x^2 + y^2 + z^2}}$ は，$\dfrac{\partial^2 u}{\partial x^2} + \dfrac{\partial^2 u}{\partial y^2} + \dfrac{\partial^2 u}{\partial z^2} = 0$ をみたすことを示せ．

5.3 $z = xf(x + 2y) + yg(x + 2y)$ のとき，
$$4\frac{\partial^2 z}{\partial x^2} - 4\frac{\partial^2 z}{\partial x \partial y} + \frac{\partial^2 z}{\partial y^2} = 0$$
が成り立つことを示せ．

5.4 $x = e^u \cos v$, $y = e^u \sin v$ とする．このとき，$\dfrac{\partial x}{\partial u} = (x^2 + y^2)\dfrac{\partial u}{\partial x}$, $\dfrac{\partial x}{\partial v} = (x^2 + y^2)\dfrac{\partial v}{\partial x}$ を示せ．

5.5 $z = f(x, y)$ が xy の関数であるための必要十分条件は
$$x\frac{\partial z}{\partial x} = y\frac{\partial z}{\partial y}$$
であることを示せ．

5.6 $x^2 + y^2 + z^2 = 1$, $x^2 + y^2 = x$ のとき，$\dfrac{dy}{dx}$, $\dfrac{dz}{dx}$ を求めよ．

5.7 $\dfrac{x^2}{a^2} + \dfrac{y^2}{b^2} + \dfrac{z^2}{c^2} = 1$ のとき，$\dfrac{\partial z}{\partial x}$, $\dfrac{\partial z}{\partial y}$, $\dfrac{\partial^2 z}{\partial x^2}$, $\dfrac{\partial^2 z}{\partial x \partial y}$, $\dfrac{\partial^2 z}{\partial y^2}$ を求めよ．

5.8 次の関数の極大，極小を調べよ．
 （ i ） $z = x^3 - x^2 y + y^2$ （ii） $z = x^4 + y^4 + 4xy - 2x^2 - 2y^2$

5.9 $x^3 + y^3 - 3xy = 0$ のもとで，$x^2 + y^2$ の極値を調べよ．

5.10 $u = f(x, y, z)$, $x = r\sin\theta\cos\varphi$, $y = r\sin\theta\sin\varphi$, $z = r\cos\theta$ とする. このとき次の関係式を示せ.

$$\frac{\partial^2 u}{\partial x^2} + \frac{\partial^2 u}{\partial y^2} + \frac{\partial^2 u}{\partial z^2} = \frac{\partial^2 u}{\partial r^2} + \frac{1}{r^2}\frac{\partial^2 u}{\partial \theta^2} + \frac{1}{r^2\sin^2\theta}\frac{\partial^2 u}{\partial \varphi^2} + \frac{2}{r}\frac{\partial u}{\partial r} + \frac{\cot\theta}{r^2}\frac{\partial u}{\partial \theta}$$

5.11 $u = f(r)$, $r = \sqrt{\sum_{i=1}^{n} x_i^2}$ のとき,

$$\sum_{i=1}^{n} \frac{\partial^2 u}{\partial x_i^2} = \frac{\partial^2 u}{\partial r^2} + \frac{n-1}{r}\frac{\partial u}{\partial r}$$

が成り立つことを示せ.

5.12 $f(x_1, \cdots, x_n)$ は

$$f(\lambda x_1, \cdots, \lambda x_n) = \lambda^k f(x_1, \cdots, x_n)$$

をみたすとする(このような $f(x_1, \cdots, x_n)$ を $x_1, \cdots, x_n$ に関する k 次の同次関数という).このとき以下のことを示せ.

(i) f が C^1 級のとき,$x_1 \dfrac{\partial f}{\partial x_1} + \cdots + x_n \dfrac{\partial f}{\partial x_n} = kf$ が成り立つ.

(ii) f が C^m 級のとき,

$$\left(x_1\frac{\partial}{\partial x_1} + \cdots + x_n\frac{\partial}{\partial x_n}\right)^m f(x_1,\cdots,x_n) = k(k-1)\cdots(k-m+1)f(x_1,\cdots,x_n)$$

が成り立つ.

5.13 関数 $f(x_1, \cdots, x_n)$ は C^1 級で

$$x_1\frac{\partial f}{\partial x_1} + \cdots + x_n\frac{\partial f}{\partial x_n} = kf$$

をみたすとする.このとき f は $x_1, \cdots, x_n$ に関する k 次の同次関数であることを示せ.

$\left(\text{ヒント}: x_1, \cdots, x_n \text{を固定し,} \lambda \text{の関数} \quad g(\lambda) = \dfrac{f(\lambda x_1, \cdots, \lambda x_n)}{\lambda^k} \text{を考えよ}\right)$

5.14 (i) Ω を $\mathbb{R}^n$ における凸領域とする.すなわち Ω は,任意の 2 点 $\boldsymbol{x}, \boldsymbol{y} \in \Omega$ および α $(0 < \alpha < 1)$ に対して,$\alpha\boldsymbol{x} + (1-\alpha)\boldsymbol{y} \in \Omega$ をみたす領域とする.$u = f(\boldsymbol{x})$ は Ω 上の C^2 級の関数で,Ω の各点 $\boldsymbol{x}$ で,そのヘッセ行列 $H(\boldsymbol{x}) \geq 0$ (非負値) と

する.このとき,$f(\boldsymbol{x})$ は Ω において凸関数である.すなわち,すべての $\boldsymbol{x},\ \boldsymbol{y} \in \Omega$ および $0 < \alpha < 1$ に対して

$$f(\alpha\boldsymbol{x} + (1-\alpha)\boldsymbol{y}) \leq \alpha f(\boldsymbol{x}) + (1-\alpha)f(\boldsymbol{y}) \tag{5.28}$$

が成り立つ.このことを示せ.

(ii) さらに,点 $\boldsymbol{x}_0 \in \Omega$ において,ヘッセ行列 $H(\boldsymbol{x}_0) > 0$(正定値)とする.このとき,$\boldsymbol{x}_0$ の適当な近傍 U において,$u = f(\boldsymbol{x})$ は狭義の凸関数である.すなわち,すべての $\boldsymbol{x},\ \boldsymbol{y}\ (\boldsymbol{x} \neq \boldsymbol{y}) \in U$ および $0 < \alpha < 1$ に対して,(5.28) が等号なしの不等式で成立する.このことを示せ.

参考文献

本書の執筆にあたり，以下の図書を参照させていただいた．
(1) 福井常孝，上村外茂男，入江昭二，宮寺功，前原昭二，境正一郎：解析学入門（内田老鶴圃）
(2) 入江昭二，垣田高夫，杉山昌平，宮寺功：微分積分上，下（内田老鶴圃）
(3) 笠原晧司：微分積分学（サイエンス社）
(4) 溝畑茂：数学解析上，下（朝倉書店）
(5) 高木貞治：解析概論（岩波書店）
(6) 入江昭二：位相解析入門（岩波書店）
(7) W. ルディン（近藤基吉，柳原二郎訳）：現代解析学（共立出版）

I 巻の微分方程式については，本書ではごく入門的な部分しか書くことができなかった．微分方程式を一般的に扱った書物は数多く出版されており，定評ある成書も多い．

本書に引き続き，さらに深く学ぼうとする読者のために，本書のレベルからスムーズに読み進められるものとして
(8) 柳田英二，栄伸一郎：常微分方程式論（朝倉書店）
(9) 川野日郎，薩摩順吉，四ツ谷昌二：微分積分＋微分方程式（裳華房）
(10) 笠原晧司：微分方程式の基礎（朝倉書店）

を挙げておく．(8)は基礎から力学系の理論に至るまで，記述が丁寧で読みやすい本である．(9)は微分積分から微分方程式へのつながりが重視されており，例題の解法も丁寧である．また，(10)はオーソドックスな微分方程式の，理論的にもしっかりした入門書である．

II 巻のベクトル解析についてさらに深く学ぶためには，曲線，曲面の扱い，曲率等については
(11) 初瀬弘平：微分幾何学講義（共立出版）
(12) 砂田利一：曲面の幾何（岩波書店）

を参考にして頂きたい．またグリーンの定理，ガウスの発散定理，ストークスの定理等に統一的な記述を与え，さらに $\mathbb{R}^n$ における k 曲面上で類似の議論を

展開するためには微分形式（differential form）を用いるのがよい．微分形式に関しては

(13) M. スピヴァック（斉藤正彦 訳）：多変数解析学（東京図書）

を薦める．

　ベクトル解析は力学，電磁気学等に広範な応用をもつ．これらについては残念ながら触れることができなかった．それらについては各専門書に任せたい．

微分積分I 略解

第1章 序論

問 1.2 (i) $-\dfrac{2\sin x\cos x+\cos x}{(\sin^2 x+\sin x+1)^2}$, (ii) $\dfrac{\cos^2 x+2\cos x+\sin x}{(\cos x+2)^2}e^{\sin x}$.

問 1.3 (i) (1) $\dfrac{2x^{\log x}\log x}{x}$, (2) $(x^x)^x(2x\log x+x)$, (ii) $x>2$ のとき $x^{(x^x)} > (x^x)^x$, $0<x<1$ および $1<x<2$ のとき $x^{(x^x)} < (x^x)^x$, $x=1,2$ のとき $x^{(x^x)} = (x^x)^x$.

問 1.5 (i) 1対1でも，上への写像でもない，(ii) 1対1かつ上への写像である，(iii) 1対1ではないが，上への写像である，(iv) 1対1であるが，上への写像ではない．

演習問題 1

1.1 $(\sec x)' = \dfrac{\sin x}{\cos^2 x}$, $(\operatorname{cosec} x)' = -\dfrac{\cos x}{\sin^2 x}$, $(\cot x)' = -\dfrac{1}{\sin^2 x}$.

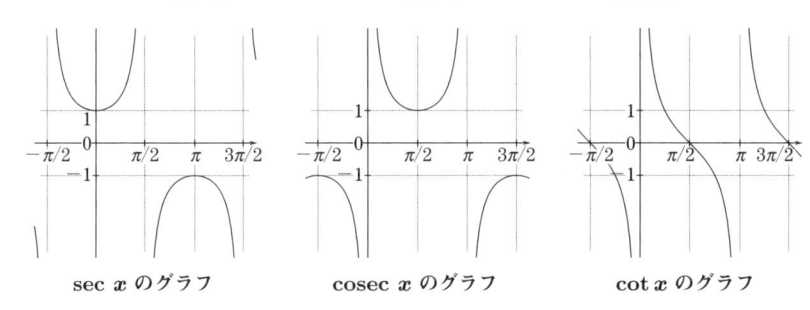

sec x のグラフ　　cosec x のグラフ　　cot x のグラフ

1.2 $(\operatorname{arcsec} x)' = \dfrac{1}{|x|\sqrt{x^2-1}}$, $(\operatorname{arccosec} x)' = -\dfrac{1}{|x|\sqrt{x^2-1}}$,
$(\operatorname{arccot} x)' = -\dfrac{1}{1+x^2}$.

arcsec x のグラフ

arccosec x のグラフ

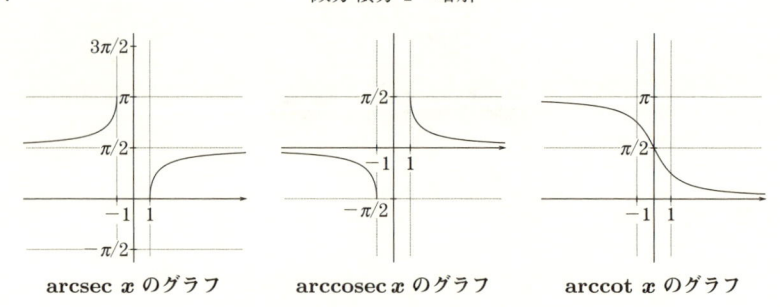

arccot x のグラフ

1.4 (i) $x = -1$ のとき最大値 $\dfrac{\pi}{2}$ をとる．最小値は存在しない．

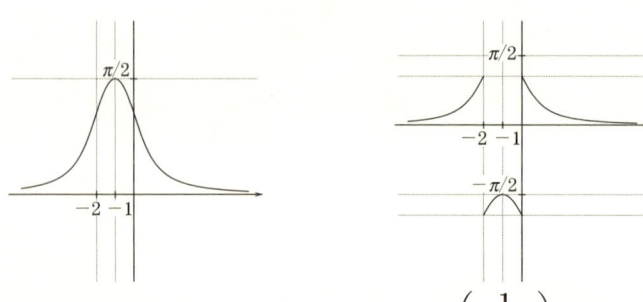

$y = \arctan(x+2) - \arctan(x)$ のグラフ

$y = \mathrm{arccot}\left(\dfrac{1}{x+2}\right) - \mathrm{arccot}\left(\dfrac{1}{x}\right)$ のグラフ

(ii) $\mathrm{arccot}\, x + \arctan x = \dfrac{\pi}{2}$ に注意しよう．$f(x) = \mathrm{arccot}\left(\dfrac{1}{x+2}\right) - \mathrm{arccot}\left(\dfrac{1}{x}\right) = -\arctan\left(\dfrac{1}{x+2}\right) + \arctan\left(\dfrac{1}{x}\right)$ に注意して微分すると

$$f'(x) = -\dfrac{4(x+1)}{(x^2+1)(x^2+4x+5)}$$

ここで $x = 0, -2$ で関数は不連続であり

$$\lim_{x \to \pm 0} f(x) = -\arctan(1/2) \pm \dfrac{\pi}{2}, \quad \lim_{x \to -2\pm 0} f(x) = \mp \dfrac{\pi}{2}$$

に注意してほしい．最大値，最小値は存在しない．$x = -1$ で極大値 $-\dfrac{\pi}{2}$ をとる．

1.5　(i) $1 - \sqrt{1-a^2}$,　(ii) $a \arcsin a - 1 + \sqrt{1-a^2}$.

1.7　(i) 略,　(ii)　$(\mathrm{arcsinh}\, x)' = \dfrac{1}{\sqrt{1+x^2}}$,　$(\mathrm{arccosh}\, x)' = \dfrac{1}{\sqrt{x^2-1}}$,

$(\mathrm{arctanh}\, x)' = \dfrac{1}{1-x^2}$.

第2章 実数と連続性

問 **2.2** （i）0, （ii）$\dfrac{1}{3}$, （iii）0, （iv）0.　　問 **2.5**　e

問 **2.6** （i）$\lim\limits_{n\to\infty} a_n = \dfrac{1+\sqrt{5}}{2}$, （ii）$\lim\limits_{n\to\infty} b_n = \sqrt{2}$.

問 **2.7** （i）1, （ii）e, （iii）1, （iv）$\dfrac{1}{\log a}$, （v）0, （vi）1.

問 **2.9**　$f(x) = x^2$ （$|x|<1$）, $f(x) = \dfrac{x}{2}$ （$|x|>1$）, $f(x) = \dfrac{2}{3}$ （$x=1$）, $f(x) = 0$ （$x=-1$）となり, f は $x \neq \pm 1$ で連続, $x = \pm 1$ で不連続となる.

問 **2.14** （i）発散, （ii）発散, （iii）収束, （iv）収束.

問 **2.15** （i）収束, （ii）収束, （iii）収束, （iv）収束, （v）収束.

問 **2.16** （i）収束, （ii）$p>1$ のとき収束, $p\leq 1$ のとき発散.

演習問題 2

2.1 （i）1, （ii）0, （iii）b, （iv）e^c.

2.3 （i）$0 < a_1 < 3$ のとき $\lim\limits_{n\to\infty} a_n = 1$, $a_1 = 3$ のとき $a_n = 3$ だから $\lim\limits_{n\to\infty} a_n = 3$, $a_1 > 3$ のとき $\lim\limits_{n\to\infty} a_n$ は発散する, （ii）$\lim\limits_{n\to\infty} a_n = \dfrac{a_1 + \sqrt{a_1^2 + 4}}{2}$.

2.6　$f(x) = ax$ （ただし a は $a = f(1)$ で定まる定数）.

2.7 （i）$\lim\limits_{n\to\infty} a_n = 0$, $\lim\limits_{n\to\infty} a_n^{1/n} = \left(\dfrac{2}{e}\right)^2$, （ii）$\sum a_n$ は収束,

（iii）$\lim\limits_{n\to\infty} a_n = \infty$, $\lim\limits_{n\to\infty} a_n^{1/n} = \left(\dfrac{3}{e}\right)^3$, $\sum a_n$ は発散.

2.8 （i）$p>1$ で収束, $p \leq 1$ で発散, （ii）$0 < a < 1$ で収束, $a \geq 1$ で発散.

2.9 （i）絶対収束, （ii）条件収束.

第3章 1変数関数の微分

問 3.2 $y^{(n)} = (x^2 - n(n-1))\sin\left(x + \frac{n\pi}{2}\right) - 2nx\cos\left(x + \frac{n\pi}{2}\right)$

問 3.3 $y'(0) = 1,\ y^{(n)}(0) = \begin{cases} 0 & (n \text{ が偶数}) \\ (n-2)^2(n-4)^2 \cdots 5^2 3^2 & (n(\geq 3) \text{ が奇数}) \end{cases}$

問 3.4 （ⅰ）$-2xe^{-x^2}$, （ⅱ）$-\sin(2\cos x)\cdot \sin x$.

問 3.5 （ⅰ）$\dfrac{1}{x(1+(\log|x|)^2)}$, （ⅱ）$\dfrac{1}{\arcsin x} \cdot \dfrac{1}{\sqrt{1-x^2}}$.

問 3.6 （ⅰ）$\alpha(\alpha-1)\cdots(\alpha-n+1)(1+x)^{\alpha-n}$, （ⅱ）$(-1)^{n-1}\dfrac{(n-1)!}{(1+x)^n}$, （ⅲ）$\dfrac{(n-1)!}{x}$, （ⅳ）$\dfrac{n!}{2}\left\{\dfrac{1}{(1-x)^{n+1}} + (-1)^n \dfrac{1}{(1+x)^{n+1}}\right\}$.

問 3.7 （ⅰ）$-\dfrac{b}{a}\tan t$, （ⅱ）$\dfrac{t(2-t^3)}{1-2t^3}$. **問 3.8** $\xi = \dfrac{1}{3}$

問 3.13 （ⅰ）0, （ⅱ）$\dfrac{1}{3}$, （ⅲ）1, （ⅳ）$\dfrac{b^2}{a^2}$. **問 3.16** 0.739085

演習問題 3

3.1 （ⅰ）$\dfrac{a}{2\sqrt{x}}e^{a\sqrt{x}}$, （ⅱ）$\dfrac{1}{\sin x + \cos x + 1}$, （ⅲ）$\dfrac{-1}{2(1+\sqrt{x})\sqrt{x}\sqrt{1-x}}$, （ⅳ）$\dfrac{1}{2\sqrt{(x+a)(b-x)}}$ $(-a < x < b)$, $\dfrac{-1}{2\sqrt{(x+a)(b-x)}}$ $(-a > x > b)$, （ⅴ）$\dfrac{1}{x\log a}$, （ⅵ）$x^{\sin x}\cos x \log x + x^{\sin x - 1}\sin x$.

3.5 （ⅰ）$s_0 = \log\dfrac{a}{p} - \log\dfrac{1-a}{1-p}$.

3.7 （ⅰ）0, （ⅱ）1, （ⅲ）$\log\dfrac{a}{b}$, （ⅳ）$\dfrac{1}{2}$. **3.8** $y^{(n)}(0) = \begin{cases} 0 & (n = 0, 1, 2) \\ n! & (n \geq 3) \end{cases}$

3.9 （ⅰ）$x + \sum_{k=1}^{\infty} \dfrac{2k(2k-2)(2k-4)\cdots 4\cdot 2}{(2k+1)(2k-1)(2k-3)\cdots 3\cdot 1}x^{2k+1}$, （ⅱ）$2\sum_{k=0}^{\infty}\dfrac{x^{2k+1}}{2k+1}$.

3.10 （ⅰ）$(1+x^2)y^{(n+2)} + (2n+1)xy^{(n+1)} + (n^2-1)y^{(n)} = 0$, （ⅱ）$y^{(n+2)} + 2xy^{(n+1)} + 2(n+1)y^{(n)} = 0$.

3.12 $p_1 = p_2 = \cdots = p_n = \dfrac{1}{n}$ のとき $f(p_1, \cdots, p_n)$ は最大値 $\log n$ をとる．

第 4 章　1 変数関数の積分

問 4.3　（ i ）$\dfrac{m!n!}{(m+n+1)!}$,　（ii）$\dfrac{2n(2n-2)\cdots 2}{(2n+1)(2n-1)\cdots 3\cdot 1}$,　（iii）$\dfrac{2}{15}$,
（iv）$\dfrac{1}{24}$,　（ v ）$\dfrac{2(7\sqrt{2}-8)}{15}$,　（vi）$\log(\sqrt{2}+1)$.

問 4.4　（ i ）$\dfrac{1}{2}(x^2+1)\log(x^2+1) - \dfrac{x^2}{2} + C$,　（ii）$x\arctan x - \dfrac{1}{2}\log(x^2+1) + C$,
（iii）$\arctan e^x + C$,　（iv）$2\log(\sin x + 2) - \log(\sin x + 1) + C$.

問 4.5　（ i ）$\dfrac{1}{2}\log\dfrac{|x(x+2)|}{(x+1)^2} + C$,　（ii）$\dfrac{1}{3}\log|x+1| - \dfrac{1}{6}\log(x^2 - x + 1)$
$+ \dfrac{1}{\sqrt{3}}\arctan\left(\dfrac{2x-1}{\sqrt{3}}\right) + C$.

問 4.6　（ i ）$-\dfrac{2}{1+\tan\dfrac{x}{2}} + C$,　（ii）$\dfrac{1}{2}\{x - \log(\sin x + 1)\} + C$,
（iii）$\dfrac{1}{a^2+b^2}(ax + b\log|a\cos x + b\sin x|) + C$,　（iv）$\sqrt{2}\arctan(\sqrt{2}\tan x) - x + C$.

問 4.7　（ i ）$x - 2\sqrt{x+2} + \dfrac{8}{3}\log(\sqrt{x+2}+2) - \dfrac{2}{3}\log|\sqrt{x+2}-1| + C$,
（ii）$\sqrt{1-x^2} - 2\arctan\sqrt{\dfrac{1-x}{1+x}} + C$,　（iii）$\log(x + \sqrt{x^2+1}) + \dfrac{1}{x} - \dfrac{\sqrt{x^2+1}}{x} +$
C,　（iv）$\dfrac{1}{2}\left\{x\sqrt{x^2+a} + a\log|x + \sqrt{x^2+a}|\right\} + C$,　（ v ）$\arcsin\left(\dfrac{x-1}{\sqrt{2}}\right) -$
$\sqrt{1+2x-x^2} + C$,　（vi）$\dfrac{1}{2\sqrt{2}}\log\left|\dfrac{\sqrt{1+x^2}+\sqrt{2}x}{\sqrt{1+x^2}-\sqrt{2}x}\right| + C$.

問 4.8　（ i ）-1,（ii）π,（iii）$\dfrac{a}{a^2+b^2}$,（iv）$\dfrac{b}{a^2+b^2}$,（ v ）$\dfrac{2\pi}{3\sqrt{3}}$,（vi）$\dfrac{\pi}{2ab(a+b)}$,
（vii）$\dfrac{(n-1)(n-3)\cdots 2}{n(n-2)\cdots 3}a^n$ （$n =$ 奇数）,　$\dfrac{(n-1)(n-3)\cdots 1}{n(n-2)\cdots 2}\cdot\dfrac{\pi}{2}a^n$ （$n =$ 偶数）,
（viii）$\dfrac{2}{a^3}$.

問 4.9　（ i ）$0 < a < 1$ で収束，$a \geq 1$ で発散，（ii）収束，（iii）収束，（iv）収束，
（ v ）収束，（vi）$0 < a < 1$ で収束，$a \geq 1$ で発散．

問 4.10 （ i ）$\frac{3}{2}a$, （ii）$8a$.

問 4.11 （ i ）$\sin y = Ce^{-\cos x}$, （ii）$ae^{-by} + be^{ax} = C$, （iii）$y = \dfrac{x+C}{1-Cx}$, （iv）$x(y+1) = C$, （ v ）$y = \sin(x+C)$, （vi）$(y-1)e^y = \dfrac{1}{2}x^2 + C$, （vii）$\cos y = \dfrac{1-Ce^{2x}}{1+Ce^{2x}}$, （viii）$y^2 = \dfrac{Ce^{x^2}}{Ce^{x^2}-1}$.

問 4.13 （ i ）$y(x) = \dfrac{(1+\alpha)e^{x^2} + \alpha - 1}{(1+\alpha)e^{x^2} + 1 - \alpha}$, （ii）$y(x) = \dfrac{1+\alpha+(\alpha-1)e^{2x}}{1+\alpha+(1-\alpha)e^{2x}}$, （iii）$y(x) = \dfrac{\alpha}{\sqrt{1-2\alpha^2 x}}$, （iv）$y(x) = \dfrac{\alpha e^x}{\sqrt{\alpha^2 e^{2x} - \alpha^2 + 1}}$.

問 4.14 （ i ）$(y-x)^2 = Cx$, （ii）$(y+3x)(y-x) = C$, （iii）$y^3 = C(x^2+y^2)$, （iv）$y^2 + 4xy - x^2 - 2x - 2y = C$.

問 4.15 （ i ）$y(x) = \left(\alpha + \dfrac{1}{5}\right)e^{2x} - \dfrac{1}{5}(2\sin x + \cos x)$, （ii）$y(x) = (\alpha+1)e^{1-\cos x} - 1$, （iii）$y(x) = 2x\tan x - \dfrac{1}{\cos x} + 2$, （iv）$y(x) = \dfrac{1}{4}(e^{x^2} - e^{-x^2})$, （ v ）$y(x) = x^2 + \dfrac{1}{2}x + 1 + \dfrac{1}{2}(x^2+1)\arctan x$, （vi）$y(x) = x + \sqrt{x^2+1}$.

問 4.16 $W(\varphi^*, \psi^*)(x) = \beta e^{2\alpha x} \neq 0$ となるから φ^*, ψ^* は 1 次独立である．

問 4.17 （ i ）$y(x) = C_1 e^x + C_2 e^{2x}$, （ii）$y(x) = C_1 e^{-x} \cos x + C_2 e^{-x} \sin x$, （iii）$y(x) = C_1 \cos x + C_2 \sin x$, （iv）$y(x) = C_1 e^{3x} + C_2 x e^{3x}$.

問 4.18 （ i ）$y(x) = C_1 e^{2x} + C_2 x e^{2x} + \dfrac{1}{4}(x+1)$, （ii）$y(x) = C_1 e^x + C_2 e^{-5x} - \dfrac{1}{5}x^2 - \dfrac{8}{25}x - \dfrac{67}{125}$, （iii）$y(x) = C_1 e^x + C_2 e^{2x} + \dfrac{1}{2}e^{3x}$, （iv）$y(x) = C_1 e^{-2x} + C_2 e^{-4x} - \dfrac{6}{85}\cos x + \dfrac{7}{85}\sin x$, （ v ）$y(x) = C_1 + C_2 e^{-5x} - \dfrac{5}{58}\cos 2x - \dfrac{1}{29}\sin 2x$, （vi）$y(x) = C_1 \cos x + C_2 \sin x + \dfrac{1}{2}x\sin x$.

演習問題 4

4.1 （ i ）$\delta_{mn}\pi$, （ii）0.

4.2 （ i ）$\dfrac{1}{3}\log|x^3+1| + \dfrac{1}{3}\log|x+1| - \dfrac{1}{6}\log(x^2-x+1) + \dfrac{1}{\sqrt{3}}\arctan\left(\dfrac{2x-1}{\sqrt{3}}\right) + C$,

(ii) $\dfrac{1}{4\sqrt{2}}\log\left(\dfrac{x^2+\sqrt{2}x+1}{x^2-\sqrt{2}x+1}\right)+\dfrac{1}{2\sqrt{2}}\arctan\left(\dfrac{\sqrt{2}x}{1-x^2}\right)+C$, (iii) $\log\left(\dfrac{|x|}{\sqrt{x^2+1}}\right)$
$+\dfrac{1}{2(x^2+1)}+C$, (iv) $2\sqrt{x}-2\arctan\sqrt{x}+C$, (v) $\dfrac{1}{3}x^3\log(1+x^2)-\dfrac{2}{9}x^3$
$+\dfrac{2}{3}x-\dfrac{2}{3}\arctan x+C$, (vi) $\displaystyle\sum_{k=0}^{n}\dfrac{(-1)^k n!}{(n-k)!}x(\log x)^{n-k}+C$, (vii) $2\sqrt{e^x+1}$
$+\log\left(\dfrac{\sqrt{e^x+1}-1}{\sqrt{e^x+1}+1}\right)+C$, (viii) $(x+1)\arcsin\left(\dfrac{x}{x+1}\right)-\sqrt{2x+1}+C$.

4.3 (i) $\dfrac{3\pi-4}{9}$, (ii) $\dfrac{\pi a^4}{16}$, (iii) $\log 3-\dfrac{\pi}{3\sqrt{3}}$, (iv) $\pi+2\log(\sqrt{2}+1)$,
(v) $\dfrac{1}{a^2-b^2}\log\left|\dfrac{a}{b}\right|$ $(a\neq b)$, $\dfrac{1}{2a^2}$ $(a=b)$, (vi) $\dfrac{\pi}{\sqrt{1-a^2}}$, (vii) $\dfrac{\pi}{2ab}$,
(viii) $-\dfrac{1}{(a+1)^2}$.

4.4 (i) $\dfrac{1}{2}$, (ii) $I=\dfrac{e^{\pi}}{2(e^{\pi}-1)}$, $J=\dfrac{1}{2(e^{\pi}-1)}$, (iii) $\dfrac{e^{\pi}+1}{2(e^{\pi}-1)}$.

4.5 (i) $\log 2$, (ii) $\log(1+\sqrt{2})$.

4.6 (i) $y^2=C(x^2+1)-1$, (ii) $y=Ce^{-\sin x}+\sin x-1$.

4.7 (i) $\dfrac{y(y-2)}{(y-1)^2}=\dfrac{\alpha(\alpha-2)}{(\alpha-1)^2}e^{-2x}$ $(\alpha\neq 0,1,2)$, $y=0$ $(\alpha=0)$, $y=1$ $(\alpha=1)$,
$y=2$ $(\alpha=2)$, (ii) $y=\dfrac{\alpha}{1+\alpha x}$.

4.8 (i) $y=Ce^{-x^2}+e^{-x^2}\displaystyle\int_0^x f(z)e^{z^2}dz$, (ii) $y=\alpha e^{-x^2}+e^{-x^2}\displaystyle\int_0^x f(z)e^{z^2}dz$.

4.9 (i) $y=C_1e^{-x}+C_2e^{-2x}+\dfrac{1}{2}x^2-x+\dfrac{3}{2}$, (ii) $y=C_1e^x+C_2e^{-2x}+\dfrac{1}{3}xe^x-$
$\dfrac{1}{2}x^2-\dfrac{1}{2}x-\dfrac{3}{4}$, (iii) $y=C_1e^x\cos x+C_2e^x\sin x+\dfrac{1}{10}\cos 2x-\dfrac{1}{20}\sin 2x$,
(iv) $y=C_1e^x+C_2xe^x+\dfrac{1}{2}x^2e^x$.

4.10 (i) $y(x)=a\cos x+b\sin x+\displaystyle\int_0^x \sin(x-t)f(t)dt$, (ii) $y(x)=\dfrac{a+b}{2}e^x+$
$\dfrac{a-b}{2}e^{-x}+\dfrac{1}{2}\displaystyle\int_0^x e^{(x-t)}f(t)dt-\dfrac{1}{2}\displaystyle\int_0^x e^{-(x-t)}f(t)dt$.

第5章 多変数関数の微分

問 5.6 （ⅰ）原点で連続でない，（ⅱ）原点で連続．

問 5.7 （ⅰ）$z_x = y^2 e^{xy^2}$, $z_y = 2xye^{xy^2}$, $z_{xx} = y^4 e^{xy^2}$,
$z_{xy} = z_{yx} = 2y(1+xy^2)e^{xy^2}$, $z_{yy} = 2x(1+2xy^2)e^{xy^2}$.

（ⅱ）$z_x = \log(x^2+y^2) + \dfrac{2x^2}{x^2+y^2}$, $z_y = \dfrac{2xy}{x^2+y^2}$, $z_{xx} = \dfrac{2x(x^2+3y^2)}{(x^2+y^2)^2}$,
$z_{xy} = z_{yx} = \dfrac{2y(-x^2+y^2)}{(x^2+y^2)^2}$, $z_{yy} = \dfrac{2x(x^2-y^2)}{(x^2+y^2)^2}$.

問 5.11 （ⅰ）点 $(3,3)$ で $f(x,y)$ は（狭義）極小値 -27 をとる．

（ⅱ）点 $(0,0)$ で $f(x,y)$ は（狭義）極小値 0 をとり，点 $(0,1)$, $(0,-1)$ で（狭義）極大値 $2e^{-1}$ をとる．

問 5.12 点 $\left(\pm\dfrac{\sqrt{10+\sqrt{10}}}{\sqrt{20}}, \mp\dfrac{\sqrt{10-\sqrt{10}}}{\sqrt{20}}\right)$ で $f(x,y)$ は最大値 $\dfrac{3+\sqrt{10}}{2}$ をとり，

点 $\left(\pm\dfrac{\sqrt{10-\sqrt{10}}}{\sqrt{20}}, \pm\dfrac{\sqrt{10+\sqrt{10}}}{\sqrt{20}}\right)$ で最小値 $\dfrac{3-\sqrt{10}}{2}$ をとる．（複合同順）

問 5.14 点 $\left(\dfrac{1}{\sqrt{3}}, \dfrac{1}{\sqrt{3}}, \dfrac{1}{\sqrt{3}}\right)$, $\left(\dfrac{1}{\sqrt{3}}, -\dfrac{1}{\sqrt{3}}, -\dfrac{1}{\sqrt{3}}\right)$, $\left(-\dfrac{1}{\sqrt{3}}, -\dfrac{1}{\sqrt{3}}, \dfrac{1}{\sqrt{3}}\right)$,
$\left(-\dfrac{1}{\sqrt{3}}, \dfrac{1}{\sqrt{3}}, -\dfrac{1}{\sqrt{3}}\right)$ で $f(x,y,z)$ は最大値 $\dfrac{1}{3\sqrt{3}}$ をとり，$\left(\dfrac{1}{\sqrt{3}}, \dfrac{1}{\sqrt{3}}, -\dfrac{1}{\sqrt{3}}\right)$,
$\left(\dfrac{1}{\sqrt{3}}, -\dfrac{1}{\sqrt{3}}, \dfrac{1}{\sqrt{3}}\right)$, $\left(-\dfrac{1}{\sqrt{3}}, \dfrac{1}{\sqrt{3}}, \dfrac{1}{\sqrt{3}}\right)$, $\left(-\dfrac{1}{\sqrt{3}}, -\dfrac{1}{\sqrt{3}}, -\dfrac{1}{\sqrt{3}}\right)$ で最小値 $-\dfrac{1}{3\sqrt{3}}$ をとる．

演習問題 5

5.1 （ⅰ）$z_x = \sin(2x-y) + 2x\cos(2x-y)$, $z_y = -x\cos(2x-y)$,
$z_{xx} = 4\cos(2x-y) - 4x\sin(2x-y)$, $z_{xy} = z_{yx} = -\cos(2x-y) + 2x\sin(2x-y)$,
$z_{yy} = -x\sin(2x-y)$.

（ⅱ）$x > 0$ のとき，$z_x = \dfrac{y}{x\sqrt{x^2-y^2}}$, $z_y = -\dfrac{1}{\sqrt{x^2-y^2}}$,
$z_{xx} = \dfrac{y^3 - 2x^2 y}{x^2(x^2-y^2)\sqrt{x^2-y^2}}$, $z_{xy} = z_{yx} = \dfrac{x}{(x^2-y^2)\sqrt{x^2-y^2}}$,

$$z_{yy} = \frac{-y}{(x^2-y^2)\sqrt{x^2-y^2}}.$$

$x < 0$ のときは，上式において符号をすべて反対にしたもので与えられる．

(iii) $z_x = -\dfrac{y}{x^2}e^{y/x}$, $z_y = \dfrac{1}{x}e^{y/x}$, $z_{xx} = \dfrac{y}{x^4}(2x+y)e^{y/x}$,
$z_{xy} = z_{yx} = -\dfrac{1}{x^3}(x+y)e^{y/x}$, $z_{yy} = \dfrac{1}{x^2}e^{y/x}$.

(iv) $z_x = 2x\log(x+y) + \dfrac{x^2+y}{x+y}$, $z_y = \log(x+y) + \dfrac{x^2+y}{x+y}$, $z_{xx} = 2\log(x+y) + \dfrac{4x}{x+y} - \dfrac{x^2+y}{(x+y)^2}$, $z_{xy} = z_{yx} = \dfrac{2x+1}{x+y} - \dfrac{x^2+y}{(x+y)^2}$, $z_{yy} = \dfrac{2}{x+y} - \dfrac{x^2+y}{(x+y)^2}$.

5.6 $\dfrac{dy}{dx} = \dfrac{1-2x}{2y}$, $\dfrac{dz}{dx} = -\dfrac{1}{2z}$.

5.7 $\dfrac{\partial z}{\partial x} = -\dfrac{c^2}{a^2}\cdot\dfrac{x}{z}$, $\dfrac{\partial z}{\partial y} = -\dfrac{c^2}{b^2}\cdot\dfrac{y}{z}$, $\dfrac{\partial^2 z}{\partial x^2} = \dfrac{c^4}{a^2}\cdot\dfrac{1}{z^3}\left(\dfrac{y^2}{b^2} - 1\right)$,
$\dfrac{\partial^2 z}{\partial x \partial y} = -\dfrac{c^4}{a^2 b^2}\cdot\dfrac{xy}{z^3}$, $\dfrac{\partial^2 z}{\partial y^2} = \dfrac{c^4}{b^2}\cdot\dfrac{1}{z^3}\left(\dfrac{x^2}{a^2} - 1\right)$.

5.8 (ⅰ) 極値は存在しない，(ⅱ) 点 $(\sqrt{2}, -\sqrt{2})$, $(-\sqrt{2}, \sqrt{2})$ で z は極小値 -8 をとる．

5.9 点 $(0,0)$ で x^2+y^2 は極小値（最小値）0 をとり，$\left(\dfrac{3}{2}, \dfrac{3}{2}\right)$ で極大値 $\dfrac{9}{2}$ をとる．

索　引

あ
アルキメデスの公理 ・・・・・・・・・・・・・・ 29
鞍点 ・・・・・・・・・・・・・・・・・・・・・・・ 209, 220

い
1 階線形微分方程式 ・・・・・・・・・・・・・ 173
1 次独立 ・・・・・・・・・・・・・・・・・・・・・・・ 176
1 対 1 写像 ・・・・・・・・・・・・・・・・・・・・・・ 9
一様連続 ・・・・・・・・・・・・・・・・・・・ 53, 190
一般解 ・・・・・・・・・・・・・・・・・・・・・・・・ 167
ε-近傍 ・・・・・・・・・・・・・・・・・・・・ 186, 189
陰関数定理 ・・・・・・・・・・・・・・・・・・・・ 204

う
上に有界 ・・・・・・・・・・・・・・・・・・・・・・・ 28
上への写像 ・・・・・・・・・・・・・・・・・・・・・・ 9

え
n 回連続微分可能 ・・・・・・・・・・・・・・・ 78
n 次元ユークリッド空間 ・・・・・・・・ 189
m 回連続微分可能 ・・・・・・・・・・ 195, 217

お
オイラーの公式 ・・・・・・・・・・・・・・・・ 177
凹関数 ・・・・・・・・・・・・・・・・・・・・・・・・ 101

か
解 ・・・・・・・・・・・・・・・・・・・・・・・・・・・・ 166
　　微分方程式の―― ・・・・・・・・・ 166
開区間 ・・・・・・・・・・・・・・・・・・・・・・・・・・ 8
　　半―― ・・・・・・・・・・・・・・・・・・・・・・ 8
開集合 ・・・・・・・・・・・・・・・・・・・・ 187, 189
解析的 ・・・・・・・・・・・・・・・・・・・・・・・・・ 94
下界 ・・・・・・・・・・・・・・・・・・・・・・・・・・・ 29
下極限 ・・・・・・・・・・・・・・・・・・・・・・・・・ 39
下限 ・・・・・・・・・・・・・・・・・・・・・・・・・・・ 29
関数 ・・・・・・・・・・・・・・・・・・・・・・・・ 9, 47
　　――の極限 ・・・・・・・・・・・・・・・・ 42
ガンマ関数 ・・・・・・・・・・・・・・・・・・・・ 161

き
逆関数 ・・・・・・・・・・・・・・・・・・・・・・・・・ 52
　　――の微分 ・・・・・・・・・・・・・・・・ 83
逆写像 ・・・・・・・・・・・・・・・・・・・・・・・・・ 10
逆正弦関数 ・・・・・・・・・・・・・・・・・・・・・ 13
逆正接関数 ・・・・・・・・・・・・・・・・・・・・・ 16
逆余弦関数 ・・・・・・・・・・・・・・・・・・・・・ 13
級数 ・・・・・・・・・・・・・・・・・・・・・・・・・・・ 56
　　――の収束 ・・・・・・・・・・・・・・・・ 57
　　――の積 ・・・・・・・・・・・・・・・・・・ 67
　　――の発散 ・・・・・・・・・・・・・・・・ 57
　　正項―― ・・・・・・・・・・・・・・・・・・ 59
　　無限―― ・・・・・・・・・・・・・・・・・・ 57
境界 ・・・・・・・・・・・・・・・・・・・・・・ 187, 189
　　――点 ・・・・・・・・・・・・・・・・・・・ 187
狭義単調減少 ・・・・・・・・・・・・・・・・・・・ 11
狭義単調増加 ・・・・・・・・・・・・・・・・・・・ 10
狭義の極小 ・・・・・・・・・・・・・・・・ 111, 209
狭義の極大 ・・・・・・・・・・・・・・・・ 111, 209
極限 ・・・・・・・・・・・・・・・ 19, 30, 42, 44
　　下―― ・・・・・・・・・・・・・・・・・・・・ 39
　　関数の―― ・・・・・・・・・・・・・・・・ 42
　　上―― ・・・・・・・・・・・・・・・・・・・・ 39
　　数列の―― ・・・・・・・・・・・・・・・・ 30

極座標変換 ･･････････････････ 203
極小 ･･････････････････ 111, 209
　　狭義の―― ･･････････ 111, 209
　　――値 ････････････････ 111
曲線の長さ ･･････････････････ 163
極大 ･･････････････････ 111, 209
　　狭義の―― ･･････････ 111, 209
　　――値 ････････････ 111, 209
極値 ･･････････････････ 111, 209
　　条件つき―― ････････ 213, 221
近傍 ････････････････････ 186, 189

く
区間 ････････････････････････ 8
区分的連続 ･･････････････････ 135

け
k 階 (k 次) 偏導関数 ････････････ 195
原始関数 ････････････････････ 137
減少の状態 ････････････････････ 88

こ
広義積分 ････････････････････ 154
交項級数 ････････････････････ 65
合成関数 ･････････････････ 201, 218
　　――の微分 ･･････････ 82, 218
　　――の偏微分 ･･･････････ 219
交代級数 ････････････････････ 65
コーシー–シュワルツの不等式 ････ 118
コーシーの主値 ････････････････ 156
コーシーの剰余 ･･････････････ 92, 93
コーシーの判定法 ･･･････････ 47, 62
コーシーの平均値の定理 ･････････ 88
コーシー列 ････････････････ 40, 188
弧状連結 ････････････････････ 189

さ
最小値 ････････････････････････ 29
最大値 ････････････････････････ 28
最大値と最小値の存在 ･･･････････ 50
3 階 (3 次) 偏導関数 ･･････････ 195
三角関数の積分 ･･････････････ 146

し
C^m 級の関数 ･･･････････ 78, 195, 217
指数関数 ････････････････････ 54
指数法則 ････････････････････ 55
自然対数関数 ････････････････ 56
下に有界 ････････････････････ 29
実数の連続性公理 ････････････ 29
写像 ･･････････････････ 7, 9, 10
集合 ････････････････････････ 8
収束 ･･････････････････ 30, 153
　　級数の―― ････････････ 57
　　条件―― ･･････････････ 66
　　数列の―― ････････････ 30
　　積分の―― ･･･････････ 153
　　絶対―― ･･････････････ 66
シュワルツの定理 ････････････ 196
シュワルツの不等式 ･･････････ 118
上界 ････････････････････････ 28
上極限 ･･････････････････････ 39
上限 ････････････････････････ 28
条件収束 ････････････････････ 66
条件付き極値 ･･･････････････ 221
　　――問題 ･･････････････ 213
初期条件 ･･･････････････････ 167
初期値問題 ･････････････････ 167

せ
正項級数 ････････････････････ 59
正の無限大に発散 ････････････ 31
積分 ･･････････････････････ 128

広義——・・・・・・・・・・・・・・・・・ 154
三角関数の——・・・・・・・・・・・ 146
　　——可能・・・・・・・・・・・・・・ 128
　　——定数・・・・・・・・・・・・・・ 138
　　——の収束・・・・・・・・・・・・ 153
　　——の発散・・・・・・・・・・・・ 153
　　——の平均値定理・・・・・・・ 135
定——・・・・・・・・・・・・・・ 128, 134
不定——・・・・・・・・・・・・・・・・ 138
部分——・・・・・・・・・・・・・・・・ 139
無理関数の——・・・・・・・・・・・ 148
有理関数の——・・・・・・・・・・・ 143
絶対収束・・・・・・・・・・・・・・・・・・・・ 66
　　——級数・・・・・・・・・・・・・・・ 66
全微分・・・・・・・・・・・・・・・・・・・・ 218
　　——可能・・・・・・・・・・ 198, 217

そ
像・・・・・・・・・・・・・・・・・・・・・・・・・・ 7
増加の状態・・・・・・・・・・・・・・・・・ 88

た
対数関数・・・・・・・・・・・・・・・・・・・ 56
ダランベールの判定法・・・・・・・・ 62
単調減少・・・・・・・・・・・・・・・ 11, 37
　　狭義——・・・・・・・・・・・・・・ 11
　　　　——数列・・・・・・・・・・・ 37
単調増加・・・・・・・・・・・・・・・ 10, 36
　　狭義——・・・・・・・・・・・・・・ 11
　　　　——数列・・・・・・・・・・・ 37

ち
置換積分の公式・・・・・・・・・・・・ 141
中間値の定理・・・・・・・・・・ 51, 192

て
定義域・・・・・・・・・・・・・・・・・・・・・・ 7

定数変化法・・・・・・・・・・・・ 173, 179
定積分・・・・・・・・・・・・・・・・ 128, 134
テイラー展開・・・・・・・・・・・・・・・ 94
テイラーの定理・・・・・・ 90, 93, 207, 219
停留点・・・・・・・・・・・・・・・・ 209, 220
転置行列・・・・・・・・・・・・・・・・・・ 215
転置ベクトル・・・・・・・・・・・・・・ 215

と
導関数・・・・・・・・・・・・・・・・・・・・・ 78
同次・・・・・・・・・・・・・・・・・・ 173, 175
　　——形・・・・・・・・・・・・・・・ 171
　　非——・・・・・・・・・・・・ 173, 175
　　微分方程式の——・・・・・・・ 173
特異解・・・・・・・・・・・・・・・・・・・・ 168
特性方程式・・・・・・・・・・・・・・・・ 177
特別解・・・・・・・・・・・・・・・・・・・・ 179
凸関数・・・・・・・・・・・・・・・・・・・・ 101

な
内部・・・・・・・・・・・・・・・・・・ 187, 189
長さ・・・・・・・・・・・・・・・・・・・・・・ 186

に
2階線形微分方程式・・・・・・・・・ 175
2階(2次)偏導関数・・・・・・ 195, 217
2次元ユークリッド空間・・・・・・ 186
ニュートンの反復法・・・・・・・・・ 119
ニュートン–ラプソン法・・・・・・ 119

ね
ネピアの数・・・・・・・・・・・・・・・・・ 37

の
ノルム・・・・・・・・・・・・・・・・・・・・ 186

は

はさみうちの定理 ················· 32
発散 ······················· 31, 153
  級数の―― ················· 57
  数列の―― ·················· 31
  積分の―― ················· 153
半開区間 ························ 8
半無限区間 ······················ 8

ひ

比較判定法 ····················· 60
微係数 ························ 74
左極限 ························ 44
非同次 ···················· 173, 175
  微分方程式の―― ············ 173
微分 ·························· 78
  逆関数の―― ················ 83
  合成関数の―― ·········· 82, 218
  全―― ···················· 218
  ――の性質 ················ 3, 85
  ――の平均値定理 ············ 86
微分可能 ············· 74, 198, 217
  n 回 (m 回) 連続――
    ··················· 78, 195, 217
  全―― ··············· 198, 217
  無限回―― ················· 78
  ――性 ···················· 197
  連続―― ·················· 195
微分積分学の基本定理 ··········· 138
微分方程式 ···················· 166
  n 階―― ················· 166
  同次の―― ················ 173
  非同次の―― ·············· 173
  ――の解 ·················· 166

ふ

不定形の極限 ·················· 106

不定積分 ······················ 138
負の無限大に発散 ················ 32
部分積分の公式 ················· 139
分割 ························· 126

へ

平均値の定理 ··············· 86, 135
  コーシーの―― ············· 88
閉区間 ························· 8
閉集合 ···················· 187, 189
閉包 ······················ 187, 189
閉領域 ···················· 187, 189
ベータ関数 ···················· 161
巾関数 ························ 54
ヘッセ行列 ···················· 220
ヘルダーの不等式 ··············· 118
ベルヌーイの剰余 ············ 92, 94
変曲点 ······················· 113
変数分離形 ···················· 167
偏導関数 ·················· 194, 217
  k 階―― ·················· 195
  3 階―― ··················· 195
  2 階―― ·············· 195, 217
偏微係数 ·················· 194, 216
偏微分 ······················· 194
  ――可能 ·············· 194, 216

ほ

ボルツァーノ-ワイエルシュトラスの定理
   ····················· 41, 188

ま

マクローリン展開 ················ 94

み

右極限 ························ 44

む

無限回微分可能 · · · · · · · · · · · · · · · · · 78
無限級数 · 57
無限小 · 76
無理関数の積分 · · · · · · · · · · · · · · · 148

ゆ

有界 · 29
───集合 · · · · · · · · · · · · · · · 187, 189
ユークリッドの距離 · · · · · · · · 186, 189
有理関数 · 143
───の積分 · · · · · · · · · · · · · · · · · 143
有理数の稠密性 · · · · · · · · · · · · · · · · · 30

ら

ライプニッツの公式 · · · · · · · · · · · · · 80
ライプニッツの定理 · · · · · · · · · · · · · 65
ラグランジュの剰余 · · · · · · · · · 90, 93
ラグランジュの未定乗数 · · · · · 214, 221
───法 · · · · · · · · · · · · · · · 214, 221

り

リーマン積分可能 · · · · · · · · · · · · · 128
領域 · 187, 189
臨界点 · 209

れ

連結集合 · · · · · · · · · · · · · · · · · · 187, 189
連続 · 47, 190
連続関数 · 48
───の有界性 · · · · · · · · · · · · · · · · 50
連続曲線 · 162
連続微分可能 · · · · · · · · · · · · · · · · · 195

ろ

ロールの定理 · · · · · · · · · · · · · · · · · · 85
ロッシュ-シュレミルヒの剰余 · · · 91, 93
ロピタルの定理 · · · · · · · · · · · · · · · 106
ロンスキアン · · · · · · · · · · · · · · · · · 176

著者紹介

鈴木　武（すずき　たける）
1969年　大阪市立大学大学院理学研究
　　　　科数学専攻修士課程修了
　　　　理学博士（大阪市立大学）
現　在　早稲田大学理工学術院 教授

柴田　良弘（しばた　よしひろ）
1977年　東京教育大学大学院理学研究
　　　　科数学専攻修士課程修了
　　　　理学博士（筑波大学）
現　在　早稲田大学理工学術院 教授

山田　義雄（やまだ　よしお）
1975年　東京大学大学院理学系研究科
　　　　数学専攻修士課程修了
　　　　理学博士（名古屋大学）
現　在　早稲田大学理工学術院 教授

田中　和永（たなか　かずなが）
1984年　早稲田大学大学院理工学研究
　　　　科数学専攻修士課程修了
　　　　理学博士（早稲田大学）
現　在　早稲田大学理工学術院 教授

理工系のための
微分積分 I

2007年4月10日　第1版発行
2010年6月30日　第2版発行

著　者ⓒ　鈴木　　武
　　　　　山田　義雄
　　　　　柴田　良弘
　　　　　田中　和永
発行者　　内田　　学
印刷者　　山岡　景仁

発行所　株式会社　内田老鶴圃　〒112-0012 東京都文京区大塚3丁目34番3号
　　　　電話 03(3945)6781(代)・FAX 03(3945)6782
http://www.rokakuho.co.jp　　印刷/三美印刷 K.K.・製本/榎本製本 K.K.

Published by UCHIDA ROKAKUHO PUBLISHING CO., LTD.
3-34-3 Otsuka, Bunkyo-ku, Tokyo, Japan
ISBN 978-4-7536-0181-3 C3041　　U. R. No. 552-2

応用解析の基礎 1
微分積分（上）（下）
入江昭二・垣田高夫　共著　（上）A5・216頁・定価1785円（本体1700円）
宮寺　功・杉山昌平　　　　（下）A5・216頁・定価1785円（本体1700円）

応用解析の基礎 2
複素関数論
入江昭二・垣田高夫　共著　A5・220頁・定価2310円（本体2200円）

応用解析の基礎 3
常微分方程式
入江昭二・垣田高夫　共著　A5・216頁・定価2415円（本体2300円）

応用解析の基礎 4
フーリエの方法
入江昭二・垣田高夫　共著　A5・124頁・定価1470円（本体1400円）

応用解析の基礎 5
ルベーグ積分入門
洲之内治男　著　A5・264頁・定価2520円（本体2400円）

解析学入門
福井・上村・入江　共著　A5・416頁・定価2940円（本体2800円）
宮寺・前原・境

線型代数学入門
福井・上村・入江　共著　A5・344頁・定価2625円（本体2500円）
宮寺・前原・境

ルベーグ積分論
柴田良弘　著　A5・392頁・定価4935円（本体4700円）

現代解析の基礎
直感から論理へ　論理から直感へ
荷見守助・堀内利郎　共著　A5・302頁・定価2940円（本体2800円）

ベクトル解析
鶴丸孝司・久野昇司　共著　A5・142頁・定価1785円（本体1700円）
渡部　敏・志賀野洋

定価は税込み（本体価格＋税5％）です．